Otto Molerus

Schüttgutmechanik

Grundlagen und Anwendungen in der Verfahrenstechnik

Mit 157 Abbildungen

Springer-Verlag
Berlin Heidelberg New York Tokyo 1985

Dr.-Ing. OTTO MOLERUS

o. Professor, Lehrstuhl für Mechanische Verfahrenstechnik
Universität Erlangen-Nürnberg

CIP-Kurztitelaufnahme der Deutschen Bibliothek:

Molerus, Otto:
Schüttgutmechanik:
Grundlagen u. Anwendungen in d. Verfahrenstechnik / Otto Molerus. –
Berlin; Heidelberg; New York; Tokyo: Springer, 1985.

ISBN 978-3-540-15428-0   ISBN 978-3-642-50228-6 (eBook)
DOI 10.1007/978-3-642-50228-6

Vorwort

Als Teildisziplin der Verfahrenstechnik hat die Schüttgutmechanik seit ihren Anfängen in den fünfziger Jahren einen Stand erreicht, der es erlaubt, sowohl das Fließverhalten von Schüttgütern aus den Partikelwechselwirkungen als auch das Betriebsverhalten von Anlagen aus dem Fließverhalten der Schüttgüter zu erklären. Dieser Kenntnisstand mag eine zusammenhängende Darstellung des Gebietes rechtfertigen. Das vorliegende Buch soll in die Schüttgutmechanik einführen. Eine vollständige Dokumentation der bisher veröffentlichten einschlägigen Literatur war daher nicht beabsichtigt.

In den Text sind auch die Ergebnisse von Forschungsvorhaben eingeflossen, die am Lehrstuhl für Mechanische Verfahrenstechnik der Universität Erlangen/Nürnberg durchgeführt wurden, so vor allem in den Kapiteln 4, 5 und 6 über eine Theorie der Fließeigenschaften, in Kapitel 11 über Auslegungsdiagramme für Massenflußbunker, in Kapitel 12 zur experimentellen Überprüfung der Vorhersagen über das Verhalten von Massenflußbunkern und in Kapitel 15 über das Fluidisationsverhalten feinkörniger Partikeln.

Der Verfasser ist seinen früheren Mitarbeitern Dr.-Ing. P.-R. Schöneborn, Dipl.-Ing. B. Limmer und Dr.-Ing. B. Egerer in diesem Zusammenhang zu Dank verpflichtet. Herr Schöneborn hat die Zustandsdiagramme des Kapitels 11 berechnet und die in Kapitel 12 beschriebene Bunkerzentrifuge entwickelt. Frl. Limmer hat die ebenfalls in Kapitel 12 beschriebene Versuchssiloanlage entworfen und zur Funktionsfähigkeit gebracht. Herr Egerer schließlich hat die in Kapitel 12 beschriebene experimentelle Bestätigung der Theorie im Rahmen seiner Erlanger Dissertation erarbeitet.

Es ist mir eine angenehme Pflicht, an dieser Stelle Herrn Dr.-Ing. J. Möller (Fa. Johannes Möller, Hamburg) für tatkräftige Unterstützung einschlägiger Forschungsarbeiten des Lehrstuhls zu danken.

VI

Bunkerzentrifuge und Versuchssiloanlage sind von Bauaufwand bzw. Baugröße her eher aufwendige Apparaturen. Beide Anlagen wurden vollständig von der Arbeitsgemeinschaft Industrieller Forschungsvereinigungen (AIF) über die Forschungsgesellschaft Verfahrenstechnik (GVT) finanziert. Beiden Institutionen sei an dieser Stelle für die Förderung unserer Arbeiten gedankt.

Mein Dank gilt den Damen Dachlauer, Hable und Rucker, die in mehreren Iterationsschritten die Reinschrift des Manuskripts besorgt haben, sowie Frl. Scheffler und Herrn Bachmaier, die sämtliche Zeichnungen angefertigt haben.

Erlangen, im Januar 1985   O. Molerus

Inhaltsverzeichnis

X

1 Einführung

1.1 Wechselwirkungen zwischen Technologie und Wissenschaft

In einem frühen Stand entwickelten sich die älteren Technologien in der Regel auf rein empirischer Basis, d.h. auf der Grundlage von Versuch und Irrtum. Sobald ein bestimmter Stand erreicht war, ließ sich weiterer Fortschritt jedoch nur mit wissenschaftlichen Methoden erzielen.

Die industrielle Energieerzeugung mittels fossiler Brennstoffe z.B. begann mehr als ein Jahrhundert vor Robert Mayers Entdeckung des Gesetzes der Energieerhaltung. Rund fünfzig Jahre nach Mayers Entdeckung wurde das Prinzip des Dieselmotors aus den Gesetzen der Thermodynamik, d.h. auf einer wissenschaftlichen Basis abgeleitet. Rund weitere hundert Jahre später müssen wir bestürzt feststellen, daß die gesamte Technologie der industriellen Energieerzeugung nur dann weiter toleriert werden kann, wenn es durch erhebliche wissenschaftliche und technologische Anstrengungen gelingt, deren verheerende Einwirkungen auf die Umwelt drastisch zu reduzieren. Die Luftfahrt begann z.B. mit der Imitation des Vogelfluges. Die Entwicklung neuzeitlicher Überschallflugzeuge benötigt dagegen das gesamte Arsenal der Strömungsmechanik, etwa Gasdynamik, Tragflügel- und Grenzschichttheorie.

Die beiden hier angezogenen Beispiele decken im wesentlichen eine Periode von rund zweihundert Jahren ab. Diese Zeitspanne ist kurz im Vergleich zur technologischen Seite der Schüttgutmechanik. Bei der Verarbeitung von Nahrungsmitteln, der Gewinnung von Farbstoffen oder etwa beim Hausbau mit Hilfe von austrocknendem Lehm ist die Schüttguttechnologie tief mit den Anfängen der menschlichen Zivilisation verbunden.

Für den in der Verfahrenstechnik genutzten Bereich der Schüttgutmechanik läßt sich die Einführung wissenschaftlicher Methoden recht
exakt mit den Pionierarbeiten Jenikes und seiner Mitarbeiter zu
Beginn der fünfziger Jahre dieses Jahrhunderts datieren.

Zu den Ahnen der Schüttgutmechanik zählt auch die weit ältere, von
den Bauingenieuren entwickelte Bodenmechanik. Zweifelsohne besitzen
Bodenmechanik und Schüttgutmechanik gemeinsame Prinzipien und Methoden. Im Einzelfall gibt die Bodenmechanik jedoch zur Lösung der
Probleme der Schüttgutmechanik in der Verfahrenstechnik nicht allzuviel her. Dies hat zwei Gründe: Einmal definiert in der Bodenmechanik
Bewegung der Partikelmassen, z.B. beim Einsturz eines Erddammes, die
Katastrophe, während der stabile Zustand der Ruhe den Auslegungszustand darstellt. Umgekehrt beschreibt in der Schüttgutmechanik der
Zustand ruhender Partikelmassen, z.B. bei der Blockade des Auslaufes
eines Silos das Versagen der Apparatur, während Bewegung der Partikelmassen den gewünschten Auslegungszustand definiert. Zum zweiten
ist das Lastniveau im Erdschwerefeld im Inneren eines Erddammes um
Größenordnungen höher als z.B. in Auslaufnähe eines Massenflußsilos.

Im Vergleich zu den beiden zuvor angezogenen Beispielen, Energieerzeugung bzw. Luftfahrt weist die Schüttgutmechanik also eine erheblich ältere Geschichte ihrer technologischen Seite, gleichzeitig
aber eine merklich jüngere Geschichte der wissenschaftlichen Methoden
auf. Ein Grund für diese Situation ist darin zu suchen, daß die
Schüttgutmechanik eine weit bescheidenere Rolle spielt als die
Energieerzeugung, die das Tor zum technischen Zeitalter öffnete bzw.
die Luftfahrt, die dem Menschen buchstäblich eine neue Dimension
zugänglich machte. Außer diesem äußeren Grund gibt es aber einen
zweiten, inneren, der mit dem merkwürdigen Zwittercharakter feinkörniger Schüttgüter zu tun hat.

1.2 Der Zwittercharakter feinkörniger Schüttgüter

Von den Einsatzstoffen wie von der Produktpalette der entsprechenden
Industrien her hat es die Schüttgutmechanik in der Regel mit feinkörnigen Pulvern zu tun, beispielsweise mit feingemahlenen Eisenerzen,
Kunststoffpulvern, Zement oder Pigmentfarbstoffen. Als Größenordnung
der Partikelabmessungen kann etwa der Wert 10 µm, d.h. 10^{-5} m angesehen werden. Auf einer logarithmischen Skala befinden sich daher
feinkörnige Partikeln in der Mitte zwischen der makroskopischen Welt

menschlicher Abmessungen ($\approx 10^0$ m) und der Welt atomarer bzw. molekularer Dimensionen ($\approx 10^{-10}$ m).

Hinsichtlich ihrer Eigenschaften gehören daher feinkörnige Partikeln beiden Welten an: Einerseits spielt die Gravitation eine wesentliche Rolle, andernfalls wäre das Ausfließen aus Silos unter der alleinigen Wirkung der Erdschwere unmöglich. Andererseits ist die für die beobachteten Fließschwierigkeiten maßgebliche Kohäsion zwischen den Partikeln eine Manifestation molekularer Wechselwirkungen.

Dieser Zwittercharakter feinkörniger Partikeln kommt auch in der theoretischen Behandlung zum Ausdruck. So wird einerseits - zumindest in der klassischen Version - die für die Kohäsion oft maßgebliche van der Waals - Wechselwirkung durch Summation über Paarwechselwirkungen zwischen Molekülen berechnet [1,2,3], während die Repulsivkräfte zwischen Partikeln mit Hilfe der Hertzschen Gleichungen (siehe z.B. [4,5]), d.h. auf rein kontinuumsmechanischer Basis berechnet werden.

Nicht nur hinsichtlich ihrer Korngröße, sondern auch in ihrem mechanischen Verhalten nehmen feinkörnige Schüttgüter eine merkwürdige Zwitterstellung ein. Ein elastischer Festkörper, etwa ein mehrere Meter langer Stahlstab kann ohne sonstige Unterstützung von einer Decke abgehängt werden. Ein Newtonsches Fluid, etwa Wasser, bedarf zu seiner Lagerung eines Gefäßes, es füllt nämlich, abgesehen von geringen Oberflächenspannungseffekten, jeden angebotenen Raum aus. Ein feinkörniges Schüttgut ist dagegen nur in geringem Maße fähig Zugspannungen zu übertragen, es bedarf daher zu seiner Lagerung der Unterstützung. Auf einen flachen Boden ausgeschüttet, breitet es sich jedoch nicht wie eine Flüssigkeit hemmungslos aus, sondern kommt in einem mehr oder weniger stumpfen Schüttgutkegel zur Ruhe. Je nach den gewählten Bedingungen verhält sich daher ein Schüttgut wie ein ziemlich unvollkommener Festkörper oder wie eine ebenfalls ziemlich unvollkommene Flüssigkeit. Angesichts dieses problematischen Materialverhaltens und der bislang kurzen Historie seiner Erforschung ist es verständlich, daß zum gegenwärtigen Zeitpunkt bezüglich der Grundlagen nur eingeschränkte Antworten auf eingeschränkte Fragestellungen gegeben werden können. Diese Fragestellungen lauten im wesentlichen: Unter welchen Grenzbedingungen setzt sich ein zuvor verfestigtes Schüttgut in Bewegung, bzw. wie spielt sich langsames, stationäres Fließen ab? Die Beantwortung dieser Fragen ist Gegenstand der Kapitel 2 bis 10.

1.3 Prinzipien der Partikeltechnologie

Wenn es möglich war, Technologien auf einer rein empirischen Basis
von Versuch und Irrtum zu entwickeln, so sollte es konsequenterweise
auch möglich sein, die genutzten Prinzipien in der Gestalt von
Anweisungen zum Handeln und nicht notwendig als Katalog physikali-
scher Prinzipien darzustellen. Gemäß dieser Maxime lassen sich die
in der Partikeltechnologie eingesetzten mechanischen Verfahren wie
folgt einteilen:

   a) Einwirkung äußerer Kräfte (= Kontaktkräfte oder Feldkräfte),
      z.B.: Zerkleinern, elektrostatische Gasreinigung.

   b) Manipulation der Größenordnung der Wechselwirkungen zwischen
      Partikeln, z.B.: Aufbaugranulation, Tablettieren.

   c) Einstellen eines gezielten Wettbewerbs zwischen Kräften ver-
      schiedener physikalischer Ursache (Schwerkraft gegen Strömungs-
      kraft oder Fliehkraft gegen Strömungskraft), z.B.: Fluidisa-
      tion, Windsichtung.

Schüttgutmechanik in der Verfahrenstechnik bedeutet dann die Erkun-
dung der Umstände, unter denen bei in Kontakt befindlichen oder
geratenden Partikeln durch Partikelwechselwirkungen derartige Prozesse erleichtert oder erst ermöglicht, bzw. erschwert oder gegebenenfalls sogar verhindert werden. Zu allen drei der vorgenannten
Kategorien a) b) c) werden im Nachstehenden exemplarische Beispiele
vorgestellt:

In den Kapiteln 11 bis 13 zum Fließen von Partikelmassen im Erdschwerefeld, in Kapitel 14 zur Verstärkung der Wechselwirkung zwischen
Partikeln durch Kompaktieren im Walzenspalt und in Kapitel 15 zur
Wechselwirkung zwischen Schwerkraft, Strömungskräften und Haftkräften
am Beispiel der Fluidisation von Feststoffen mit Gasen.

1.4 Methodische Aspekte

Die drei zuvor genannten unterschiedlichen Probleme der Praxis wurden auch unter dem Aspekt der Darstellung unterschiedlicher Methoden ausgewählt. So ist die Frage nach dem Wiederausfließen eines Schüttgutes aus einem Silo bei einem erneuten Öffnen voll mit der Problematik der Abhängigkeit des Materialverhaltens von der Beanspruchungsvorgeschichte belastet. Auf der anderen Seite sind die infrage stehenden Silogeometrien (konisch bzw. keilförmig) derart, daß bezüglich der rechnerischen Behandlung drastische Vereinfachungen getroffen werden können.

Umgekehrt ist bei der Erstverfestigung eines Schüttgutes im Walzenspalt das Materialverhalten einfacher zugänglich, dagegen die Geometrie so kompliziert, daß bei der rechnerischen Behandlung aufwendigere Methoden eingesetzt werden müssen.

Schließlich zeigt die Problematik des Fluidisationsverhaltens feinkörniger Schüttgüter, daß - dem Verfahrenstechniker nicht unbekannt - sehr komplexe Vorgänge auch dann einer vernünftigen Darstellung zugänglich werden, wenn es auf der Basis der Analyse der physikalischen Wechselwirkungen gelingt, beobachtete Effekte auch dann richtig einzuordnen, wenn es nicht möglich ist, theoretische Lösungen zu gewinnen.

2 Die Rolle der Partikelwechselwirkungen in der Schüttgutmechanik

2.1 Die Korngrößenabhängigkeit der Kohäsion

Die Schüttgutmechanik entwickelte sich zunächst auf rein phänomenologischer Basis und inspiriert von den bekannten Methoden der Kontinuumsmechanik. Von den Modellvorstellungen der Kontinuumsmechanik führt aber kein brauchbarer Weg zum Verständnis einer wohlbekannten und grundlegenden Eigenschaft trockener Schüttgüter, nämlich der Korngrößenabhängigkeit der Kohäsion: Ein und dasselbe Material, grobkörnig mit einer mittleren Korngröße von ca. 1 mm kann völlig kohäsionslos sein, während dasselbe Material, aufgemahlen auf eine mittlere Korngröße von ca. 20 µm sich merklich kohäsiv verhalten kann. Da in der Praxis beide Kornverteilungen i.a. durch Zerkleinern entstanden sind, kann man davon ausgehen, daß in beiden Fällen die Mikrostrukturen der Oberflächen gleichartig sind. Üblicherweise beobachtet man beim Übergang von grobkörnigem zu feinkörnigem Gut eine Veränderung der Packungsdichte und damit eine Veränderung der Koordinationszahl, d.h. eine Veränderung der mittleren Zahl kontaktierender Nachbarn pro Partikel. Diese Veränderung überstreicht aber sicher nicht eine Größenordnung. Die Eigenschaft, welche beim Übergang von grobkörnigem zu feinkörnigem Gut sich um Größenordnungen ändert, ist die mittlere, pro Partikelkontakt übertragene Last. In dieser Eigenschaft muß daher die Ursache für die Korngrößenabhängigkeit der Kohäsion gesucht werden. Diese Eigenschaft ist aber nur einer solchen Betrachtungsweise zugänglich, bei welcher der Aufbau einer Schüttung aus Partikeln mit endlichen Abmessungen in Rechnung gestellt wird. Derartige Überlegungen führen dann zu einem Verständnis der Rolle der Partikelwechselwirkungen in der Schüttgutmechanik.

2.2 Die Janssenformel

In der technischen Praxis interessiert das Fließverhalten kohäsiver
Schüttgüter im Zusammenhang mit Problemen des Ausflusses aus Vorrats-
gefäßen mit Abmessungen in der Größenordnung von mehreren Metern.
Die Vertikaldruckverteilung im Innern eines Silos läßt sich grob mit
der altbekannten Formel von Janssen [6] abschätzen. Das Gleichgewicht
an einem scheibenförmigen Element von der Dicke dx und dem Durchmesser D (vergl. Abb. 2.1) liefert

$$\frac{d\sigma_v}{dx} + \frac{4}{D}\,\tau_w = \rho_{sch}g \;. \tag{2.1}$$

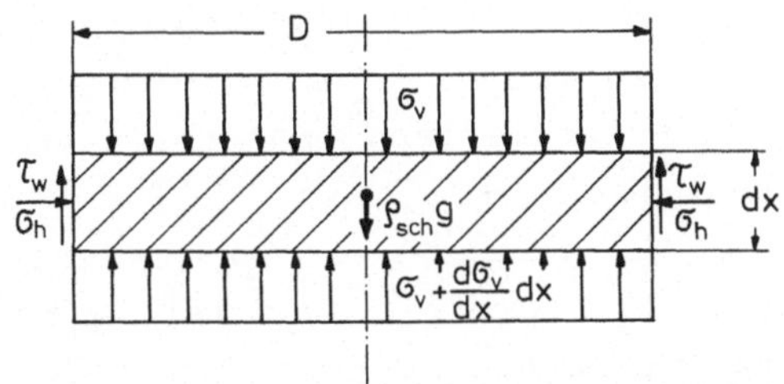

Abb. 2.1:   Herleitung der Janssenformel, Gleichgewicht eines
             scheibenförmigen Schüttgutelementes

In Gl. (2.1) bezeichnen: σ_v den über den Querschnitt gemittelten
Vertikaldruck, τ_w die Wandschubspannung, ρ_{sch} die Schüttdichte des
Materials und g die Erdbeschleunigung.

Einführung der hypothetischen Materialkonstanten:

$$\text{Druckverhältnis} \quad \lambda_p \equiv \frac{\sigma_h}{\sigma_v}\;, \tag{2.2}$$

Wandreibungswinkel Φ_w aus

$$\tan \Phi_w \equiv \frac{\tau_w}{\sigma_h} \tag{2.3}$$

liefert aus (2.1) nach Integration bei Beachtung der Randbedingung

am oberen Ende der Schüttgutsäule σ_v (x = 0) = 0 den Vertikaldruck-
verlauf in dimensionsloser Darstellung

$$\frac{\sigma_v}{\sigma_{v\,max}} = 1 - \exp\left(- 4\,\lambda_p\,\tan\Phi_w\,\frac{x}{D}\right) \tag{2.4}$$

mit dem durch

$$\sigma_{v\,max} = \frac{\rho_{sch}\,g\,D}{4\,\lambda_p\,\tan\Phi_w} \tag{2.5}$$

definierten maximalen Vertikaldruck. Die Gleichung (2.4) bringt zum
Ausdruck, daß als Folge der Wandabstützung durch Schubspannungen
der Vertikaldruck σ_v nicht wie bei einer Flüssigkeit linear mit
der Tiefe zunimmt, sondern gegen einen Maximalwert $\sigma_{v\,max}$ strebt.
In Abb. 2.2 ist Gl. (2.4) für realistische Materialdaten, nämlich
λ_p = 0,22 und Φ_w = 33° dargestellt.

Wie die mit eingezeichnete Bunkergeometrie andeutet, wird der Wert
$\sigma_{v\,max}$ erst für sehr schlanke Geometrien erreicht. Für in der Praxis
vorkommende Geometrien ist aber die Abschätzung $\sigma_v/\sigma_{v\,max} \simeq 0,5$
nicht unrealistisch, wie die eingezeichneten Pfeilwege andeuten.

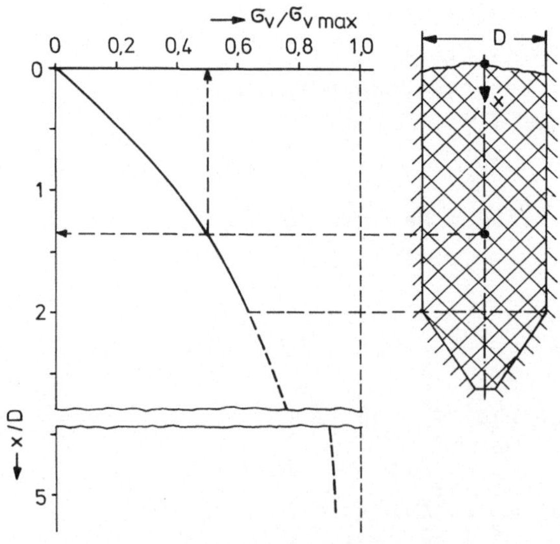

Abb. 2.2:   Dimensionslose Darstellung des Vertikaldruckes
            im zylindrischen Teil eines Silos

Mit dem Ausdruck (2.5) für $\sigma_{v\,max}$ läßt sich dieses Ergebnis auch als

$$\sigma_v \simeq 0,1 \; \frac{\rho_{sch} \; g \; D}{\lambda_p \; \tan \Phi_w} \tag{2.6}$$

schreiben.

2.3 In den Partikelkontakten übertragbare Haftkräfte in Abhängigkeit von der Belastungsvorgeschichte

Als primitivstes Modell einer Partikelanordnung kann eine kubische Packung gleich großer Kugeln angesehen werden. Für diesen primitivsten Modellfall, dessen Hohlraumvolumenanteil $\epsilon = 0,52$ und dessen Koordinationszahl $k = 6$ durchaus im Bereich der Packungen feinkörniger Partikeln liegen, errechnet sich die pro Partikelkontakt übertragene Vertikallast ganz einfach zu

$$F_p = \sigma_v \; d^2 \; .$$

Mit Hilfe von Gl. (2.6) folgt dann die pro Partikelkontakt übertragene Vertikallast bei der Lagerung von Partikeln der Größe d in einem Gefäß vom Durchmesser D im Erdschwerefeld zu

$$F_p = 0,1 \; \frac{\rho_{sch} \; g \; D \; d^2}{\lambda_p \; \tan \Phi_w} \; . \tag{2.7}$$

Setzt man in die Beziehung (2.7) für die technische Praxis relevante Werte ein ($\rho_{sch} \simeq 10^3$ kg/m^3 ; λ_p und Φ_w wie zuvor), so erhält man die Zahlenwertgleichung für die Kontaktkraft in der Maßeinheit Newton:

$$\frac{F_p}{N} \simeq 10^{-8} \; \left(\frac{D}{m}\right)\left(\frac{d}{\mu m}\right)^2 \; . \tag{2.8}$$

An Hand von Gl. (2.8) macht man sich unmittelbar klar, daß beim Übergang von einer Korngröße d = 10 µm auf eine Korngröße d = 1 mm

die in den Partikelkontakten übertragenen Druckkräfte um den Faktor
10^4 anwachsen. Durch Druckkräfte zwischen den Partikeln werden die
zwischen den Partikeln wirksamen Haftkräfte vergrößert. Letzten
Endes ist z.B. das Tablettieren nichts anderes als die technologische
Nutzung dieses Effektes.

Maßgeblich dafür, ob ein Schüttgut als kohäsiv angesehen werden muß,
ist jedoch nicht die absolute Größe der Haftkräfte, sondern deren
relative Größe im Vergleich zu den in den Partikelkontakten übertragenen Kräften infolge von Eigengewicht der Schüttung oder infolge
von äußeren Lasten. Diese Eigenart kohäsiver Schüttgüter läßt sich
mit Hilfe der von Schütz und Schubert [7] publizierten Haftkraftmessungen an Kalksteinpartikeln erklären. Bei ihren Untersuchungen
haben Schütz und Schubert Einzelpartikeln mit einer Korngröße von
etwa 60 µm im Fliehkraftfeld an Metalloberflächen zunächst angepreßt
und danach abgeschleudert. In Abb. 2.3 sind ihre Ergebnisse als
gemessene Haftkräfte H_p der Einzelpartikel über der Anpreßkraft F_p
aufgetragen.

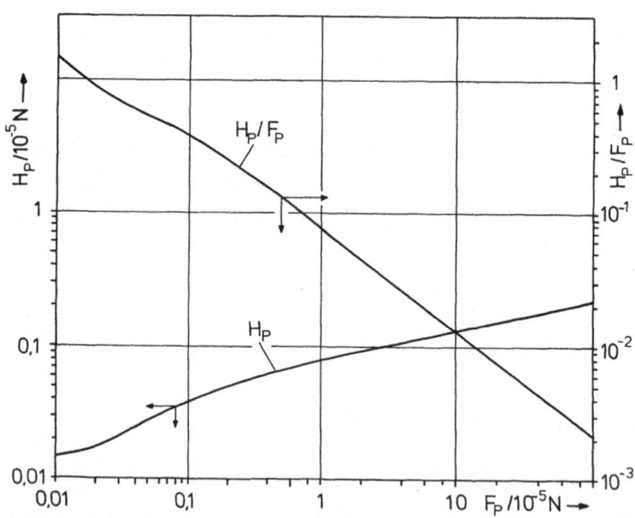

Abb. 2.3:   Meßergebnisse von Schütz und Schubert [7] zur Abhängig-
             keit der Haftkraft von der vorangegangenen Pressung

Wie die doppeltlogarithmische Darstellung der Meßergebnisse zeigt,
wächst die Haftkraft mit zunehmender Preßkraft zunächst vergleichsweise stark, während weiter zunehmende Preßkräfte einen vergleichsweise geringeren Zugewinn an Haftkraft liefern. Das Verhältnis

Haftkraft zu Preßkraft (H_p/F_p), das in Abb. 2.3 mit eingezeichnet ist, fällt dagegen stark mit zunehmender Preßkraft F_p.

Eine mögliche Erklärung für diesen Verlauf kann darin gesehen werden, daß mit dem Anpressen der Partikeln irreversible Deformationen des unmittelbaren Kontaktbereiches verbunden sind, die zu einer Vergrößerung der tatsächlichen Kontaktfläche und damit zu einer Verstärkung der Haftkräfte zwischen Partikeln und Substrat führen.

Bei zunehmenden Preßkräften kann die lokale Oberflächenrauhigkeit der Partikeln zunehmend abgeplattet sein, so daß verstärktes Pressen keinen entsprechenden Zuwachs an tatsächlicher Kontaktfläche liefert. Wenn auch die von Schütz und Schubert vorgelegten Meßergebnisse für die Materialpaarung Kalksteinpartikel/Metalloberfläche gelten, so erscheint es doch nicht unsinnig, diese auf Schüttgüter anzuwenden, zumal bei unregelmäßig geformten Partikeln die Feinstruktur der Oberflächen sich mit der Korngröße im interessierenden Korngrößenbereich nicht wesentlich ändert. Verknüpft man die Abschätzung Gl.(2.8) für die Kontaktkraft als Funktion der Partikelgröße mit den Meßergebnissen von Schütz und Schubert, so erhält man für Schüttgüter unter der Einwirkung der Erdschwere in Gefäßen mit technischen Abmessungen für das Verhältnis von Haftkraft zu Preßkraft als Funktion der Korngröße die in Abb. 2.4 wiedergegebene Abschätzung für das Beispiel Kalkstein.

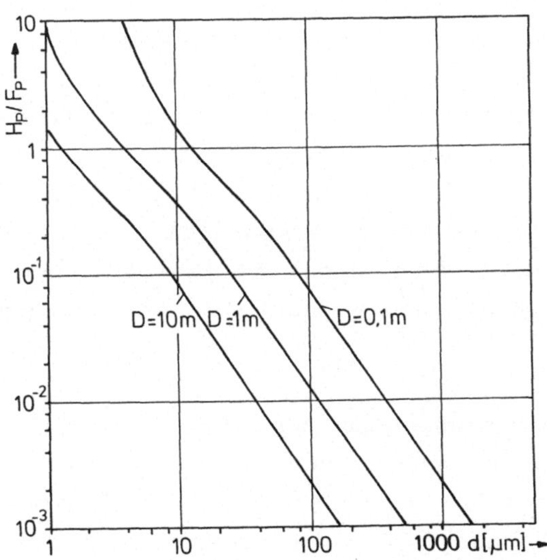

Abb. 2.4:   Verhältnis Haftkraft zu Preßkraft in den Partikelkontakten als Funktion der Korngröße für Kalkstein in Gefäßen mit technischen Abmessungen

Wie man aus Abb. 2.4 unmittelbar abliest, ist das Verhältnis von
Haftkraft zu Preßkraft größer 0,1 für Partikelgrößen d $\leq$ 10 µm,
dagegen kleiner als 0,1 für Partikelgrößen d $\geq$ 100 µm. Diese Abschätzung dürfte auch für andere mineralische Stoffe zutreffen.

2.4 Konsequenzen für Theorie und Experiment

Die voranstehend beschriebenen Überlegungen und Auswertungen von
Messungen führen zu folgenden Ergebnissen:

Abb. 2.4 zeigt die Korngrößenabhängigkeit des Verhältnisses von
Haftkraft zu Preßkraft bei gegebenem Belastungsniveau. Zwei kohäsive
Schüttgüter dürfen daher nur dann als gleichwertige Materialien
hinsichtlich ihres Fließverhaltens angesehen werden, wenn sie nicht
nur hinsichtlich ihrer stofflichen Zusammensetzung, sondern auch
hinsichtlich Korngrößenverteilung und Kornform bzw. der im Innern
des Schüttgutes vorhandenen Gasatmosphäre einschließlich Temperatur
und Feuchte übereinstimmen. Es genügt daher für kohäsive Schüttgüter
i.a. nicht wie bei elastischen Körpern für eine bestimmte Stoff-
klasse, beispielsweise Stahl, den Elastizitätsmodul und die Querzahl,
oder bei einem Newtonschen Fluid wie etwa Wasser die temperaturabhän-
gige Viskosität ein für alle mal zu messen und mit den für die
Stoffart universellen Stoffdaten danach zu rechnen. Für ein bestimmtes, vorgegebenes kohäsives Schüttgut muß man in der Regel dessen
Fließeigenschaften messen. Die Größe der später mobilisierten Haftkräfte hängt aber von der vorangegangenen Pressung ab (vergl. Abb.
2.3). Da die Fließeigenschaften eines kohäsiven Schüttgutes also von
dessen vorangegangener Belastung abhängen, ist sowohl bei der Konstruktion der Meßgeräte wie bei der Durchführung und Auswertung der
Messungen besondere Aufmerksamkeit angebracht. Aus konstruktiven
Gründen lassen sich in Meßgeräten nicht beliebige Beanspruchungsge-
schichten, sondern im Grunde genommen nur eine eng begrenzte Auswahl
realisieren.

In der Praxis dienen die Messungen zur Auslegung technischer Einrich-
tungen. Man hat dann aber insbesondere dafür zu sorgen, daß im
Meßgerät auch der Vorgang im technischen Apparat simuliert wird.
Diese Forderung muß nicht nur durch die Konstruktion des Meßgerätes
prinzipiell realisierbar sein, sondern überdies durch eine fest
vereinbarte Prozedur der Durchführung der Messungen erfüllt werden.
Beim Vergleich von Meßergebnissen schließlich hat man zu prüfen, ob

in den zum Vergleich herangezogenen Fällen auch tatsächlich gleiche Beanspruchungsvorgeschichten realisiert wurden.

Aus Abb. 2.4 ist eine weitere, für die Praxis wichtige Eigenart kohäsiver Schüttgüter zu entnehmen. Mit abnehmendem Gefäßdurchmesser nimmt das Belastungsniveau der Partikelkontakte ab, und damit nimmt gemäß Abb. 2.4 das Verhältnis Haftkraft zu Preßkraft mit abnehmender Gefäßabmessung zu, d.h. ein Schüttgut, das in einem Gefäß mit 1 m Durchmesser noch einwandfrei fließt, kann eine vertikale Rohrleitung von 0,1 m Durchmesser bei alleiniger Wirkung der Schwerkraft schon verstopfen. Diese Eigenart ist letztendlich auch der Grund dafür, daß die kritischen Querschnitte die kleinsten, d.h. z.B. die Austrittsquerschnitte aus Bunkern sind.

Ein extremes Beispiel für die Situationsabhängigkeit kohäsiven Materialverhaltens haben die Untersuchungen von Mutsers und Rietema [8] zum Einsetzen der Fluidisation gegeben. Vor der Fluidisation ist die Feststoffschüttung durch ihr Eigengewicht verfestigt. Bei Steigerung des Gasdurchsatzes wird schließlich der Punkt erreicht, bei dem der lokale Druckabfall des Gases gerade die Erdschwere kompensiert. Da Druckabfall und Eigengewicht für die durchströmte Schüttung beide als Volumenkräfte angesehen werden dürfen, kompensieren sich beide Volumenkräfte. Es genügen dann auch vergleichsweise geringe Haftkräfte, um die Schüttung zu fixieren, wie Mutsers und Rietema durch Neigen der Wirbelschicht nachgewiesen haben. Ein sonst nur wenig kohäsives Schüttgut verhält sich unter diesen Bedingungen ausgesprochen kohäsiv. In der Praxis zeigt sich derartiges Materialverhalten in einer Verzögerung des Einsetzens der Blasenbildung bis zu Gasgeschwindigkeiten merklich oberhalb des eigentlichen Punktes der Minimalfluidisation [9].Zur Wechselwirkung zwischen Strömungskräften und Haftkräften bei der Fluidisation siehe Kapitel 15.

3 Spannungs- und Deformationszustand in einem Punkt eines Kontinuums

3.1 Der Spannungstensor

Im Punkt P eines belasteten Kontinuums sei die Orientierung einer gedachten Schnittebene durch deren Normaleneinheitsvektor $\underset{\sim}{n}$ festgelegt (Abb.3.1).

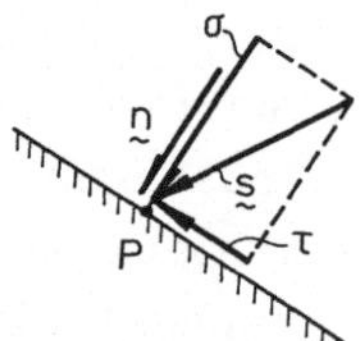

Abb. 3.1:   Spannungsvektor in einem Punkt P eines Kontinuums

Im Punkt P werde in dieser gedachten Schnittebene der Spannungsvektor $\underset{\sim}{s}$ übertragen. Dieser Spannungsvektor kann in eine Komponente σ senkrecht zur Schnittebene (= Normalspannung) und in eine tangential zur Schnittebene wirkende Komponente τ (= Schubspannung) zerlegt werden. Im Folgenden wird das Gleichgewicht eines infinitesimalen, an P angrenzenden Tetraeders betrachtet (Abb. 3.2).

Bis auf eine, fallen die Tetraederflächen jeweils mit einer der Ebenen x = 0, y = 0, z = 0 eines in P angeordneten kartesischen x, y, z - Koordinatensystems zusammen, das die Basisvektoren $\underset{\sim}{e}_x$, $\underset{\sim}{e}_y$, $\underset{\sim}{e}_z$ besitzt. Die Orientierung der vierten Tetraederfläche sei durch deren Normaleneinheitsvektor

$$\underset{\sim}{n} = (n_x, n_y, n_z) \tag{3.1}$$

festgelegt.

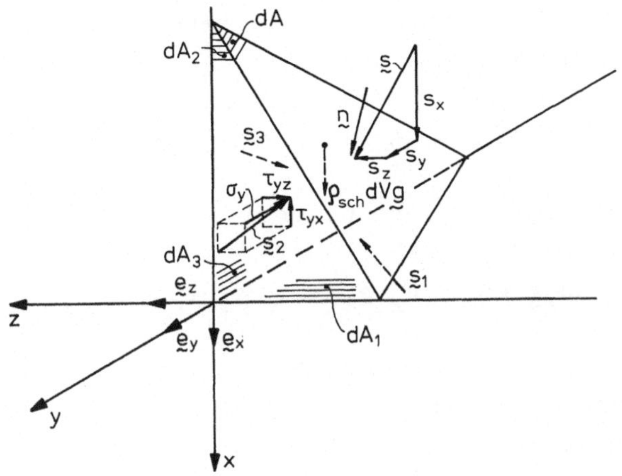

Abb. 3.2:   Gleichgewicht eines infinitesimalen Tetraeders

Wenn dA den Flächeninhalt dieser Tetraederfläche bezeichnet, so gilt
für die übrigen Tetraederflächen, d.h. für die Projektionen von dA
jeweils in die Ebenen x = 0, y = 0, z = 0:

$$dA_1 = dA \; n_x,$$
$$dA_2 = dA \; n_y,$$
$$dA_3 = dA \; n_z.$$

(3.2)

Für das Volumen des infinitesimalen Tetraeders gilt

$$dV = \frac{1}{3} \, dA \, dh,$$

(3.3)

wobei dh die Länge des Lotes von P auf die Tetraederfläche dA bezeichnet. Auf die Tetraederfläche dA wirke der Spannungsvektor $\underset{\sim}{s}$,
entsprechend $\underset{\sim}{s}_1$ auf dA_1, $\underset{\sim}{s}_2$ auf dA_2, $\underset{\sim}{s}_3$ auf dA_3 (vergl. Abb. 3.2).

Als Volumenkräfte sind an der Erdoberfläche diejenigen zu berücksichtigen, die von der Erdschwere, den Widerstandskräften eines durchströmenden Fluids bzw. von Trägheitskräften herrühren.

Als Prototyp einer Volumenkraft wird im Folgenden die Erdschwere in
Rechnung gestellt. Wenn $\underset{\sim}{g}$ den Vektor der Erdbeschleunigung und

ρ_{sch} die (Schütt-) Dichte des Materials bezeichnen, so gilt für das Gleichgewicht des Tetraeders

$$\rho_{sch}\, dV\, \underset{\sim}{g} + dA\, \underset{\sim}{s} + dA_1\, \underset{\sim}{s}_1 + dA_2\, \underset{\sim}{s}_2 + dA_3\, \underset{\sim}{s}_3 = 0$$

bzw. bei Beachtung von (3.2) und (3.3)

$$\frac{1}{3}\, \rho_{sch}\, dh\, \underset{\sim}{g} + \underset{\sim}{s} + n_x\, \underset{\sim}{s}_1 + n_y\, \underset{\sim}{s}_2 + n_z\, \underset{\sim}{s}_3 = 0. \qquad (3.4)$$

Für verschwindendes Tetraedervolumen, d.h. im Grenzfall $dh \rightarrow 0$ entfällt die Volumenkraft und es folgt aus (3.4) für das Gleichgewicht in einem Punkt eines Kontinuums

$$\underset{\sim}{s} + n_x\, \underset{\sim}{s}_1 + n_y\, \underset{\sim}{s}_2 + n_z\, \underset{\sim}{s}_3 = 0. \qquad (3.5)$$

Die auf den Flächen dA, dA_1, dA_2, dA_3 wirkenden Spannungsvektoren werden jetzt in ihre Komponenten bezüglich der kartesischen x, y, z - Koordinaten zerlegt. Für den auf dA wirkenden Spannungsvektor $\underset{\sim}{s}$ gilt dann

$$\underset{\sim}{s} = s_x\, \underset{\sim}{e}_x + s_y\, \underset{\sim}{e}_y + s_z\, \underset{\sim}{e}_z. \qquad (3.6)$$

Die Zerlegung der Spannungsvektoren $\underset{\sim}{s}_1$, $\underset{\sim}{s}_2$, $\underset{\sim}{s}_3$ wird am Beispiel des Spannungsvektors $\underset{\sim}{s}_2$ gezeigt (vergl. Abb. 3.2).

Es gilt:

$$\underset{\sim}{s}_2 = -\, \tau_{yx}\, \underset{\sim}{e}_x - \sigma_y\, \underset{\sim}{e}_y - \tau_{yz}\, \underset{\sim}{e}_z . \qquad (3.7)$$

Der Spannungsvektor $\underset{\sim}{s}_2$ setzt sich offensichtlich aus einer Normalspannungskomponente σ_y und zwei Schubspannungskomponenten τ_{yx} bzw. τ_{yz} zusammen.

Positive Werte der Komponenten σ_y, τ_{yx}, τ_{yz} sind hierbei wie folgt definiert:

   a) Die Normalspannung σ_y ist positiv, wenn sie eine Druckspannung
      ist. Dementsprechend sind Zugspannungen negativ. Diese Vorzei-
      chenvereinbarung entspricht der Praxis in der Schüttgutmecha-
      nik, im Gegensatz zu der in der Elastizitätstheorie üblichen
      (Zug positiv, Druck negativ).

b) Die beiden ersten Indizes bei den Schubspannungen τ_{yx}, τ_{yz} bezeichnen die Fläche, auf welche die Schubspannung wirkt, im Beispiel eine Ebene y = const. Die jeweiligen zweiten Indizes kennzeichnen die Richtungen, in welche die Schubspannungen wirken. Das positive Vorzeichen wird dabei wie folgt vereinbart: Zeigt die stets auf das Innere des Tetraeders gerichtete Flächennormale in die -y - Richtung, so zeigt die positive Schubspannungskomponente τ_{yx} in die -x - Richtung.

Umgekehrt gilt dann: Falls der auf das Innere des Tetraeders weisende Normaleneinheitsvektor in die +y - Richtung zeigt, so ist die Schubspannungskomponente τ_{yx} positiv, wenn sie in die +x - Richtung zeigt.

Für die anderen Komponenten, wie z.B. σ_x, τ_{xz} usw. gelten die Vereinbarungen sinngemäß. Für die Spannungsvektoren ergibt sich daher insgesamt bei Beachtung von (3.6) bzw. (3.7):

$$\left.\begin{aligned}
\underset{\sim}{s} &= s_x \, \underset{\sim}{e}_x + s_y \, \underset{\sim}{e}_y + s_z \, \underset{\sim}{e}_z, \\[4pt]
\underset{\sim}{s}_1 &= -\sigma_x \, \underset{\sim}{e}_x - \tau_{xy} \, \underset{\sim}{e}_y - \tau_{xz} \, \underset{\sim}{e}_z, \\[4pt]
\underset{\sim}{s}_2 &= -\tau_{yx} \, \underset{\sim}{e}_x - \sigma_y \, \underset{\sim}{e}_y - \tau_{yz} \, \underset{\sim}{e}_z, \\[4pt]
\underset{\sim}{s}_3 &= -\tau_{zx} \, \underset{\sim}{e}_x - \tau_{zy} \, \underset{\sim}{e}_y - \sigma_z \, \underset{\sim}{e}_z.
\end{aligned}\right\} \qquad (3.8)$$

Eine Vektorgleichung ist dann erfüllt, wenn sie jeweils für die entsprechenden Komponenten erfüllt ist. Einsetzen von (3.8) in (3.5) liefert daher für die Komponenten des Spannungsvektors $\underset{\sim}{s}$:

$$\left.\begin{aligned}
s_x &= \sigma_x \, n_x + \tau_{yx} \, n_y + \tau_{zx} \, n_z, \\[4pt]
s_y &= \tau_{xy} \, n_x + \sigma_y \, n_y + \tau_{zy} \, n_z, \\[4pt]
s_z &= \tau_{xz} \, n_x + \tau_{yz} \, n_y + \sigma_z \, n_z.
\end{aligned}\right\} \qquad (3.9)$$

Die Gleichungen (3.9) bilden ein System linearer algebraischer Gleichungen für die Komponenten s_x, s_y, s_z des Spannungsvektors auf einer beliebig orientierten Fläche dA, die durch die Komponenten n_x, n_y, n_z ihres Normaleneinheitsvektors festgelegt ist. Gemäß den Gleichungen (3.9) ist dann aber der Spannungszustand in einem Punkt eines Kontinuums vollständig bestimmt, wenn er beispielsweise bezüglich der drei Ebenen $x = 0$, $y = 0$, $z = 0$ bekannt ist, d.h. wenn man die neun Komponenten σ_x, τ_{yx}, τ_{zx}, τ_{xy}, σ_y, τ_{zy}, τ_{xz}, τ_{yz}, σ_z kennt. Die Gleichungen (3.9) lassen sich in die Matrizenform

$$
\begin{pmatrix} s_x \\ s_y \\ s_z \end{pmatrix} = \begin{pmatrix} \sigma_x & \tau_{yx} & \tau_{zx} \\ \tau_{xy} & \sigma_y & \tau_{zy} \\ \tau_{xz} & \tau_{yz} & \sigma_z \end{pmatrix} \begin{pmatrix} n_x \\ n_y \\ n_z \end{pmatrix}
\tag{3.10}
$$

zusammenfassen.

In der Darstellung Gl. (3.10) wird der den Spannungsvektor $\underset{\sim}{s}$ beschreibende Spaltenvektor

$$
(\underset{\sim}{s}) = \begin{pmatrix} s_x \\ s_y \\ s_z \end{pmatrix}
$$

mit dem die Orientierung der Fläche dA festlegenden Normaleneinheitsvektor

$$
(\underset{\sim}{n}) = \begin{pmatrix} n_x \\ n_y \\ n_z \end{pmatrix}
$$

über die Spannungsmatrix

$$
(\underset{\approx}{s}) = \begin{pmatrix} \sigma_x & \tau_{yx} & \tau_{zx} \\ \tau_{xy} & \sigma_y & \tau_{zy} \\ \tau_{xz} & \tau_{yz} & \sigma_z \end{pmatrix}
\tag{3.11}
$$

verknüpft.

Die Orientierung des x, y, z - Koordinatensystems war das Ergebnis einer willkürlichen Wahl. Es läßt sich daher ein und derselbe Spannungszustand in einem Punkt P auch bei Bezug auf ein gegen das ursprüngliche x, y, z - System gedrehtes Koordinatensystem x', y', z' beschreiben. Aus dieser Forderung folgen gewisse Transformationseigenschaften der durch (3.11) beschriebenen Matrix. Diese Transformationseigenschaften bedeuten aber, daß die durch (3.11) definierte Größe ein Tensor zweiter Stufe, der sog. Spannungstensor ist (siehe z.B. [10]).

Die Beziehung (3.10) kann daher auch so interpretiert werden, daß über den durch (3.11) definierten Spannungstensor eine lineare Verknüpfung zwischen dem Normaleneinheitsvektor $\underset{\sim}{n}$ und dem Spannungsvektor $\underset{\sim}{s}$ hergestellt wird. Um den Zugang zu den Problemen der Schüttgutmechanik nicht zu erschweren, wird aber im Folgenden kein weiterer Gebrauch von dem an sich vorteilhaften Tensorkalkül gemacht.

3.2 Symmetrie des Spannungstensors

Wird an Stelle des Gleichgewichts eines Tetraeders das Gleichgewicht eines infinitesimalen Rechtkants mit den Kantenlängen dx, dy, dz betrachtet, so ergibt sich die in Abb. 3.3 dargestellte Situation.

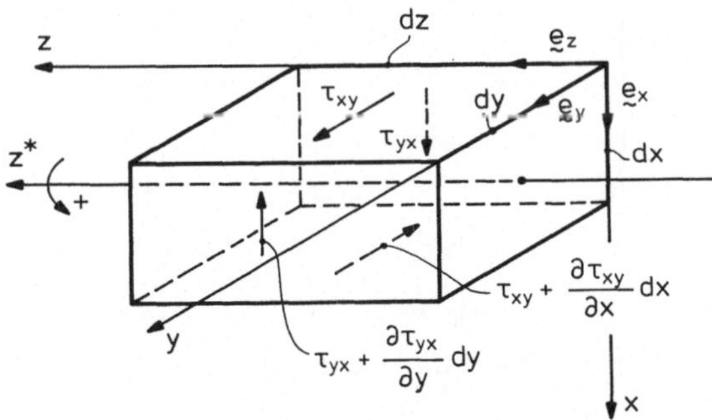

Abb. 3.3:   Momentengleichgewicht bezüglich der zentralen Achse z* eines Rechtkants

In Abb. 3.3 sind nur die Spannungen eingezeichnet, die bezüglich der zur z - Achse parallelen zentralen Achse z* ein Moment besitzen. Die übrigen Elemente des Spannungstensors können unterdrückt werden, weil:

a) die Resultierenden der Normalspannungen die z* - Achse durchsetzen oder parallel zu ihr sind,

b) die Resultierenden der Schubspannungen auf der linken bzw. rechten Fläche ebenfalls die z* - Achse durchsetzen,

c) die Schubspannungen in z - Richtung parallel zur z* - Achse sind, und

d) die Resultierende der Volumenkraft gleichfalls die z* - Achse durchsetzt.

Es verbleiben somit nur die in Abb. 3.3 eingezeichneten Schubspannungen, deren Pfeile ganz in Ebenen z = const liegen.

Aus Abb. 3.3 liest man das Momentengleichgewicht

$$- \tau_{yx} \, dx \, dz \, \frac{dy}{2} + \tau_{xy} \, dy \, dz \, \frac{dx}{2} - (\tau_{yx} + \frac{\partial \tau_{yx}}{\partial y} \, dy) \, dx \, dz \, \frac{dy}{2} +$$

$$+ (\tau_{xy} + \frac{\partial \tau_{xy}}{\partial x} \, dx) \, dy \, dz \, \frac{dx}{2} \; = \; 0$$

ab, das im Grenzfall dx, dy → 0 auf $\tau_{yx} = \tau_{xy}$ führt. Da die Koordinaten x, y, z einander nichts voraus haben, gilt allgemein

$$\left. \begin{array}{l} \tau_{yx} = \tau_{xy}, \\[2ex] \tau_{zx} = \tau_{xz}, \\[2ex] \tau_{zy} = \tau_{yz} \end{array} \right\} \qquad\qquad (3.12)$$

d.h. der Spannungstensor ist symmetrisch, so daß an Stelle der neun verschiedene Elemente enthaltenden Definition (3.11) die nur sechs verschiedene Elemente enthaltende Definition

$$(\underset{\approx}{s}) \; = \; \begin{pmatrix} \sigma_x & \tau_{xy} & \tau_{xz} \\ \tau_{xy} & \sigma_y & \tau_{yz} \\ \tau_{xz} & \tau_{yz} & \sigma_z \end{pmatrix} \qquad\qquad (3.13)$$

ausreicht.

3.3 Hauptspannungen und deren Orientierungen

Aus der Symmetrie des Spannungstensors folgt die Existenz dreier Hauptspannungen, d.h. die Existenz von drei untereinander orthogonalen Ebenen, in denen nur Normalspannungen, keine Schubspannungen, wirken.
Im Folgenden werden diese Ebenen gesucht, in denen die Richtungen von Normaleinheitsvektor und Spannungsvektor zusammenfallen, d.h. für die gilt

$$\underset{\sim}{s} = \sigma \, \underset{\sim}{n} \tag{3.14}$$

($\sigma > 0$: Druck, $\sigma < 0$: Zug). Aus (3.14) folgt für die entsprechenden Komponenten des Spannungsvektors

$$\left.\begin{aligned} s_x &= \sigma \, n_x, \\ s_y &= \sigma \, n_y, \\ s_z &= \sigma \, n_z. \end{aligned}\right\} \tag{3.15}$$

Einsetzen von (3.12) und (3.15) in (3.9) liefert das folgende homogene, lineare Gleichungssystem für die unbekannten Orientierungen der Hauptspannungsebenen, d.h. für die Komponenten n_x, n_y, n_z des Normaleneinheitsvektors:

$$\left.\begin{aligned} (\sigma_x - \sigma) \, n_x + \tau_{xy} \, n_y + \tau_{xz} \, n_z &= 0, \\ \tau_{xy} \, n_x + (\sigma_y - \sigma) \, n_y + \tau_{yz} \, n_z &= 0, \\ \tau_{xz} \, n_x + \tau_{yz} \, n_y + (\sigma_z - \sigma) \, n_z &= 0. \end{aligned}\right\} \tag{3.16}$$

Eine nichttriviale Lösung von (3.16) gibt es nur für verschwindende Koeffizientendeterminante, d.h. für

$$\Delta = \begin{vmatrix} (\sigma_x - \sigma) & \tau_{xy} & \tau_{xz} \\ \tau_{xy} & (\sigma_y - \sigma) & \tau_{yz} \\ \tau_{xz} & \tau_{yz} & (\sigma_z - \sigma) \end{vmatrix} = 0. \tag{3.17}$$

Auswertung von (3.17) liefert eine kubische Gleichung für σ, die in der Form

$$\sigma^3 - J_1 \sigma^2 + J_2 \sigma - J_3 = 0 \qquad\qquad (3.18)$$

mit den skalaren Invarianten des Spannungstensors

$$\left.\begin{aligned}
J_1 &= \sigma_x + \sigma_y + \sigma_z, \\
J_2 &= \sigma_x \sigma_y + \sigma_x \sigma_z + \sigma_y \sigma_z - \tau_{xy}^2 - \tau_{xz}^2 - \tau_{yz}^2, \\
J_3 &= \sigma_x \sigma_y \sigma_z - \sigma_x \tau_{yz}^2 - \sigma_z \tau_{xy}^2 - \sigma_y \tau_{xz}^2 + \\
&\quad + 2\, \tau_{xy} \tau_{xz} \tau_{yz}
\end{aligned}\right\} \qquad (3.19)$$

geschrieben werden kann. Als kubische Gleichung besitzt die Beziehung (3.18) stets mindestens eine reelle Wurzel σ_3. Einsetzen dieses Wertes σ_3 in (3.16) liefert drei reelle Werte $n_x^{(3)}$, $n_y^{(3)}$, $n_z^{(3)}$, d.h. es existiert mindestens ein Normaleneinheitsvektor

$$\underset{\sim}{n}^{(3)} = n_x^{(3)}\, \underset{\sim}{e}_x + n_y^{(3)}\, \underset{\sim}{e}_y + n_z^{(3)}\, \underset{\sim}{e}_z$$

und daher mindestens eine Ebene, in der nur eine Normalspannung, dagegen keine Schubspannung übertragen wird. Es kann daher in jedem allgemeinen Fall ein x, y, z - Koordinatensystem derart gefunden werden, daß dessen z - Achse mit der Richtung $\underset{\sim}{n}^{(3)}$ zusammenfällt. In diesem Fall gilt dann $\sigma_z = \sigma_3$, d.h. die z - Achse ist eine Hauptachse. Im Folgenden wird das Gleichgewicht eines Keils betrachtet, dessen parallele Kanten zur z - Achse parallel sind (Abb. 3.4).

Die beiden Dreiecksflächen, auf denen die Hauptspannung $\sigma_z = \sigma_3$ wirkt, sind gleich groß. Diese Spannungskomponente steht daher für sich genommen im Gleichgewicht, d.h. sie trägt nichts zum Gleichgewicht der übrigen Komponenten bei. Wie zuvor schon gezeigt wurde, verschwinden die Volumenkräfte bei der Betrachtung des Gleichgewichtes in einem Punkt. Sie wurden daher in Abb. 3.4 weggelassen. Da σ_z eine Hauptspannung ist, verschwinden die Schubspannungen auf den Ebenen z = const.

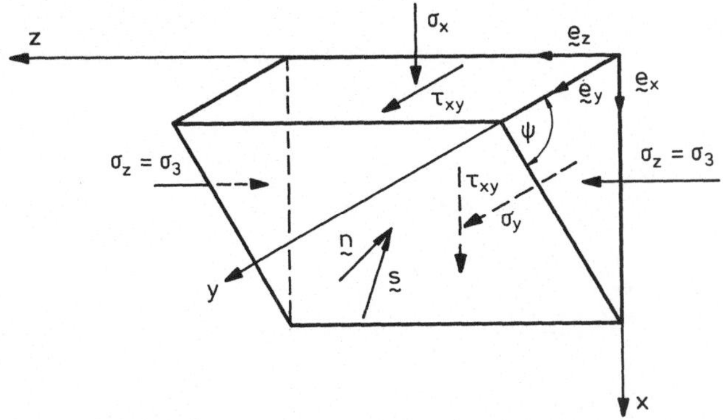

Abb. 3.4:   Gleichgewicht eines Keils, dessen parallel Kanten mit
der Hauptspannungsrichtung $\sigma_z = \sigma_3$ zusammenfallen

Aus der Symmetrie des Spannungstensors, d.h. aus den Beziehungen
(3.12) folgt dann auch

$$\tau_{zx} = \tau_{xz} = \tau_{zy} = \tau_{yz} = 0. \tag{3.20}$$

Dies bedeutet aber, daß auf den Ebenen x = 0, y = 0 keine Schubspannungskomponenten existieren, die in die z - Richtung zeigen.

Wenn ψ den Winkel bezeichnet, den die geneigte Keilebene mit der
Ebene x = 0 einschließt, so liest man für den die geneigte Keilfläche
festlegenden Normaleneinheitsvektor n aus Abb. 3.4

$$\underset{\sim}{n} = - \cos \psi \, \underset{\sim}{e}_x - \sin \psi \, \underset{\sim}{e}_y + 0 \, \underset{\sim}{e}_z,$$

d.h.

$$\left. \begin{aligned} n_x &= - \cos \psi, \\[2ex] n_y &= - \sin \psi, \\[2ex] n_z &= 0 \end{aligned} \right\} \tag{3.21}$$

ab. Einsetzen von (3.12), (3.20) und (3.21) in (3.9) liefert

$$\left. \begin{aligned} s_x &= - \sigma_x \cos \psi - \tau_{xy} \sin \psi, \\[2ex] s_y &= - \tau_{xy} \cos \psi - \sigma_y \sin \psi, \\[2ex] s_z &= 0. \end{aligned} \right\} \tag{3.22}$$

Bei Bezug auf das in Abb. 3.5 eingezeichnete x, y - Koordinatensystem
gilt für den auf die geneigte Keilebene wirkenden Spannungsvektor
allgemein

$$\underset{\sim}{s} = s_x\,\underset{\sim}{e}_x + s_y\,\underset{\sim}{e}_y .$$

Aus Abb. 3.5 entnimmt man daher für die Zerlegung des Spannungsvek-
tors $\underset{\sim}{s}$ in Normalspannung σ_ψ bzw. Schubspannung τ_ψ

$$\left.\begin{aligned}
\sigma_\psi &= -\,s_x\,\cos\psi - s_y\,\sin\psi, \\[2em]
\tau_\psi &= -\,s_x\,\sin\psi + s_y\,\cos\psi.
\end{aligned}\right\} \qquad (3.23)$$

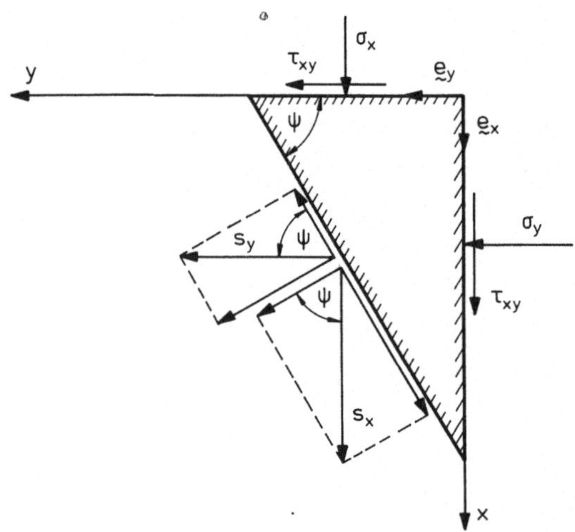

Abb. 3.5:   Zerlegung des Spannungsvektors $\underset{\sim}{s}$ in Normalspannung
             bzw. Schubspannung

Wie man aus Abb. 3.5 unmittelbar abliest, wird mit den Beziehungen
(3.23) folgende Vorzeichenfestsetzung der Spannungen eingeführt:

  a) Wie bisher ist eine Normalspannung positiv, wenn sie eine
     Druckspannung ist.
  b) Neu und ab hier durchgängig gültig wird eine Schubspannung
     positiv gezählt, wenn das Schnittufer, von der Orientierung
     des Spannungspfeiles aus gesehen, rechts liegt. Umgekehrt ist
     eine Schubspannung negativ, wenn das Schnittufer links liegt
     (vergl. Abb. 3.6).

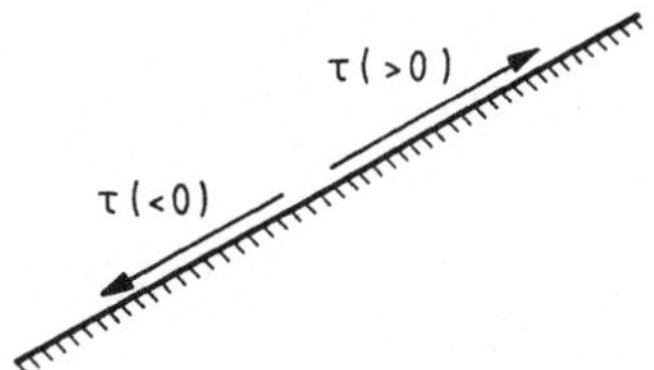

Abb. 3.6:   Zur Vorzeichenfestsetzung der Schubspannungen

Insbesondere bei Schüttgütern hat die Vorzeichenfestsetzung der
Normalspannung eine physikalische Bedeutung, weil Druckspannungen
anders auf ein Material einwirken als dies Zugspannungen vermögen.
Die Vorzeichenfestsetzung der Schubspannung ist dagegen physikalisch
völlig unerheblich, sie ist eine Rechts- Links- Orientierung, die
nur dazu dient, eindeutige Berechnungsgleichungen aufzustellen.

Einsetzen von (3.22) in (3.23) liefert bei Beachtung der trigonometrischen Beziehungen

$$\cos^2 \psi = \frac{1}{2}\,(1 + \cos 2\psi),$$

$$\sin^2 \psi = \frac{1}{2}\,(1 - \cos 2\psi),$$

$$\cos \psi \, \sin \psi = \frac{1}{2}\,\sin 2\psi$$

das endgültige Ergebnis

$$\left.\begin{aligned}
\sigma_\psi &= \frac{1}{2}\,(\sigma_x + \sigma_y) + \frac{1}{2}\,(\sigma_x - \sigma_y)\cos 2\psi + \tau_{xy}\sin 2\psi,\\[2mm]
\tau_\psi &= \frac{1}{2}\,(\sigma_x - \sigma_y)\sin 2\psi - \tau_{xy}\cos 2\psi.
\end{aligned}\right\} \quad (3.24)$$

Die Gleichungen (3.24) legen die auf einer um den Winkel ψ der
Abb. 3.4 geneigten Ebene wirkende Normalspannung σ_ψ bzw. Schubspannung τ_ψ fest, wenn die Spannungen auf den Ebenen $x = 0$, $y = 0$ bekannt
sind und wenn die auf den Ebenen z = const wirkende Spannung eine
Hauptspannung ist.

Man kann jetzt wiederum fragen, ob es ausgezeichnete Ebenen $\psi = \varphi$
gibt, auf denen, wie schon auf den Ebenen z = const, weitere Haupt-

spannungen wirken, d.h. Ebenen, auf denen die Schubspannung τ_ψ verschwindet. Aus (3.24) folgen diese Ebenen zu

$$\tan 2\varphi = \frac{2\tau_{xy}}{\sigma_x - \sigma_y} \, . \tag{3.25}$$

Wegen $-\infty \leq \tan 2\varphi \leq +\infty$ für $0 \leq \varphi \leq \pi/2$ gibt es stets einen Wert $0 \leq \varphi_1 \leq \pi/2$, für den gemäß Gl. (3.25) die Schubspannung verschwindet. Wegen der π - Periodizität der Tangensfunktion gibt es dann aber stets einen zweiten Wert $\varphi_2 = \varphi_1 + \pi/2$, für den die Schubspannung ebenfalls verschwindet. Da die Ebenen $\psi = \varphi_1$; $\psi = \varphi_2 = \varphi_1 + \pi/2$ beide senkrecht zu den Ebenen z = const orientiert sind (vergl. Abb. 3.4), kann dieses Ergebnis auch wie folgt formuliert werden (vergl. Abb. 3.7):

Außer der bereits bekannten Hauptspannung σ_3 gibt es zwei weitere Hauptspannungen σ_1, σ_2. Diese drei Hauptspannungen sind untereinander orthogonal, d.h. in jedem Punkt eines Kontinuums läßt sich ein ausgezeichnetes kartesisches Koordinatensystem 1, 2, 3 auffinden, bezüglich dessen nur Normalspannungen, dagegen keine Schubspannungen wirken.

Die in diesem Abschnitt hergeleiteten Ergebnisse lassen sich in drei untereinander völlig gleichwertigen Formulierungen darstellen. Es folgt allein aus dem statischen Gleichgewicht in einem Punkt eines Kontinuums, d.h. es gilt unabhängig von irgendeinem speziellen Materialverhalten:

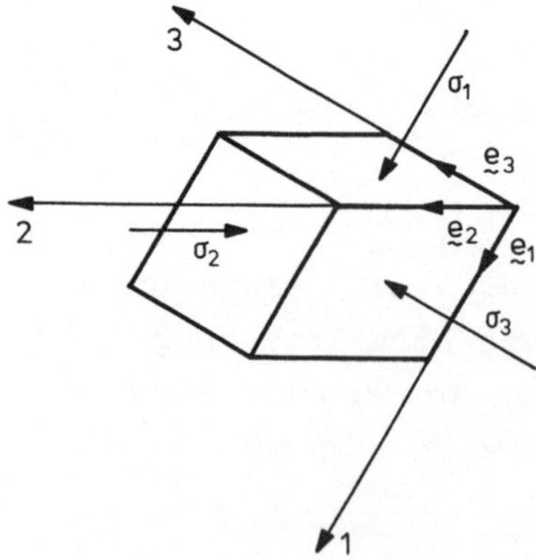

Abb. 3.7:   Hauptspannungen und Hauptspannungsrichtungen in
             einem Punkt eines Kontinuums

    a) Der Spannungstensor ist symmetrisch.

    b) Es existieren stets drei untereinander orthogonale Hauptspannungen.

    c) Jeder beliebige Spannungszustand kann als Überlagerung dreier untereinander orthogonaler und statisch unabhängiger einachsiger Spannungszustände σ_1, σ_2, σ_3 (vergl. Abb. 3.7) aufgefaßt werden.

3.4 Grafische Darstellung von Spannungszuständen durch Mohrkreise

Die nachstehend beschriebene Herleitung folgt einer von Leipholz [10] gegebenen Formulierung. Wie im voranstehenden Abschnitt bewiesen, kann jeder Spannungszustand durch seine drei untereinander orthogonalen Hauptspannungen σ_1, σ_2, σ_3 dargestellt werden. Es lassen sich diesen Hauptspannungen zugeordnete Hauptachsen 1, 2, 3 mit den Basisvektoren $\underset{\sim}{e}_1$, $\underset{\sim}{e}_2$, $\underset{\sim}{e}_3$ einführen (vergl. Abb. 3.7).

Für die Darstellung des Spannungsvektors

$$\underset{\sim}{s} = s_1\,\underset{\sim}{e}_1 + s_2\,\underset{\sim}{e}_2 + s_3\,\underset{\sim}{e}_3, \tag{3.26}$$

der in einer durch den Normaleneinheitsvektor

$$\underset{\sim}{n} = n_1\,\underset{\sim}{e}_1 + n_2\,\underset{\sim}{e}_2 + n_3\,\underset{\sim}{e}_3 \tag{3.27}$$

festgelegten Ebene übertragen wird, folgt aus der allgemeingültigen Darstellung (3.9) mit $\sigma_x = \sigma_1$, $\sigma_y = \sigma_2$, $\sigma_z = \sigma_3$, $\tau_{xy} = \tau_{yx} = \tau_{xz} = \tau_{zx} = \tau_{yz} = \tau_{zy} = 0$

$$\left.\begin{aligned} s_1 &= \sigma_1\,n_1, \\ s_2 &= \sigma_2\,n_2, \\ s_3 &= \sigma_3\,n_3. \end{aligned}\right\} \tag{3.28}$$

Gemäß Abb. 3.1 läßt sich der Spannungsvektor $\underset{\sim}{s}$ stets in eine Normalspannung σ und eine Schubspannung τ zerlegen. Aus (3.26) folgt dann aber für das Quadrat des Spannungsvektors

$$/\underset{\sim}{s}/^2 = \sigma^2 + \tau^2 = s_1^2 + s_2^2 + s_3^2. \tag{3.29}$$

Einsetzen von (3.28) in (3.29) liefert

$$\sigma^2 + \tau^2 = (\sigma_1 \, n_1)^2 + (\sigma_2 \, n_2)^2 + (\sigma_3 \, n_3)^2. \tag{3.30}$$

Andererseits liefert das Skalarprodukt zwischen dem Spannungsvektor $\underset{\sim}{s}$ und dem Normaleneinheitsvektor $\underset{\sim}{n}$ (vergl. Abb. 3.1) die Normalspannung σ, d.h. es gilt bei Beachtung von (3.26), (3.27) und (3.28)

$$\sigma = \underset{\sim}{s} \cdot \underset{\sim}{n} = \sigma_1 \, n_1^2 + \sigma_2 \, n_2^2 + \sigma_3 \, n_3^2. \tag{3.31}$$

Es wird jetzt die Identität

$$\left(\sigma - \frac{\sigma_2 + \sigma_3}{2}\right)^2 + \tau^2 \equiv - \sigma(\sigma_2 + \sigma_3) +$$
$$+ \left(\frac{\sigma_2 + \sigma_3}{2}\right)^2 + (\sigma^2 + \tau^2) \tag{3.32}$$

betrachtet. Die rechte Seite von (3.32) wird durch Einsetzen von (3.31) für σ bzw. von (3.30) für $\sigma^2 + \tau^2$ umgeformt. Da $\underset{\sim}{n}$ ein Einheitsvektor ist, gilt

$$/\underset{\sim}{n}/^2 = n_1^2 + n_2^2 + n_3^2 = 1. \tag{3.33}$$

Bei Beachtung von (3.33) liefert daher einfache Umformung von (3.32)

$$\left(\sigma - \frac{\sigma_2 + \sigma_3}{2}\right)^2 + \tau^2 = n_1^2(\sigma_1 - \sigma_2)(\sigma_1 - \sigma_3) + \left(\frac{\sigma_2 - \sigma_3}{2}\right)^2.$$
$$\tag{3.34}$$

Gl. (3.34) definiert die Komponenten σ, τ eines Spannungsvektors $\underset{\sim}{s}$ als Funktion der Komponente n_1 des Normaleneinheitsvektors $\underset{\sim}{n}$ und als Funktion des vorgegebenen Spannungszustandes, d.h. seiner Hauptspannungen σ_1, σ_2, σ_3.

In einer σ, τ - Ebene beschreibt Gl. (3.34) offensichtlich einen Kreis mit den Mittelpunktskoordinaten

$$\frac{\sigma_2 + \sigma_3}{2} \; ; \; 0 \qquad\qquad (3.35)$$

und dem Radius

$$R = \left[n_1^2 \, (\sigma_1 - \sigma_2)(\sigma_1 - \sigma_3) + \left(\frac{\sigma_2 - \sigma_3}{2}\right)^2 \right]^{1/2} . \qquad (3.36)$$

Für einen gegebenen Spannungszustand, d.h. für vorgegebene Zahlenwerte $\sigma_1, \sigma_2, \sigma_3$ liegt gemäß Gl. (3.35) der Kreismittelpunkt fest, während der Radius R gemäß Gl. (3.36) nur noch eine Funktion der Komponente n_1 des Normaleneinheitsvektors $\underset{\sim}{n}$ ist.

Als Komponente eines Normaleneinheitsvektors kann n_1 Werte im Bereich $-1 \leq n_1 \leq +1$, d.h. $0 \leq n_1^2 \leq 1$ annehmen. Ohne Verlust an Allgemeingültigkeit kann $\sigma_1 > \sigma_2 > \sigma_3$ angenommen werden. In diesem Falle gilt aber

$$(\sigma_1 - \sigma_2)(\sigma_1 - \sigma_3) > 0 .$$

Aus (3.36) folgen dann ein Mindestradius für $n_1^2 = 0$ bzw. ein Größtradius für $n_1^2 = 1$, d.h. es gilt

$$\left. \begin{aligned} R_{min} \; (n_1^2 = 0) &= \frac{\sigma_2 - \sigma_3}{2} , \\[2em] R_{max} \; (n_1^2 = 1) &= \sigma_1 - \frac{\sigma_2 + \sigma_3}{2} . \end{aligned} \right\} \qquad (3.37)$$

In Abb. 3.8 sind diese beiden Grenzkreise dargestellt. Aus (3.34) folgt daher, daß bezüglich der Komponente n_1 des Normaleneinheitsvektors $\underset{\sim}{n}$ mögliche Spannungszustände auf das Gebiet beschränkt sind, das von den Radien R_{min} und R_{max} der Abb. 3.8 eingeschlossen ist.

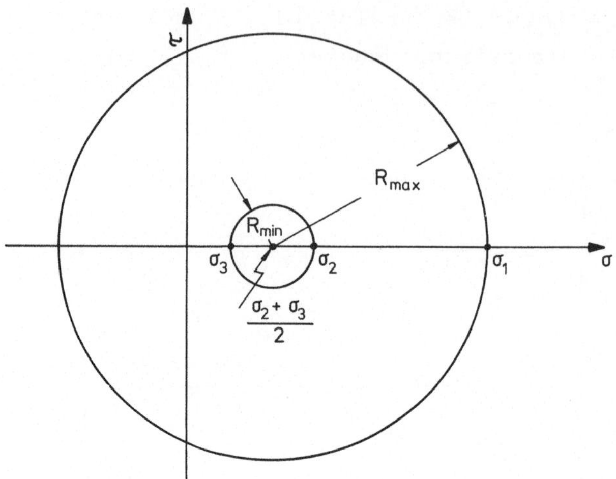

Abb. 3.8:   Kleinstkreis und Größtkreis gemäß den Gleichungen
             (3.34) und (3.37)

Da die Koordinaten 1, 2, 3 einander nichts voraus haben, entnimmt
man aus (3.34) zwei weitere Bedingungen, nämlich die bezüglich der
Komponenten n_2 bzw. n_3 des Normaleneinheitsvektors $\underset{\sim}{n}$:

$$\left(\sigma - \frac{\sigma_1 + \sigma_3}{2}\right)^2 + \tau^2 = n_2^{\,2}\,(\sigma_2 - \sigma_1)(\sigma_2 - \sigma_3) + \left(\frac{\sigma_1 - \sigma_3}{2}\right)^2$$

$$(3.38)$$

und

$$\left(\sigma - \frac{\sigma_1 + \sigma_2}{2}\right)^2 + \tau^2 = n_3^{\,2}\,(\sigma_3 - \sigma_1)(\sigma_3 - \sigma_2) + \left(\frac{\sigma_1 - \sigma_2}{2}\right)^2 .$$

$$(3.39)$$

Da $\sigma_1 > \sigma_2 > \sigma_3$ vorausgesetzt wurde, ist der Faktor $(\sigma_2 - \sigma_1)(\sigma_2 - \sigma_3)$
in (3.38) kleiner Null. Für (3.38) gilt daher, daß der Kreismittel-
punkt die Koordinaten

$$\frac{\sigma_1 + \sigma_3}{2} \, , \; 0$$

besitzt und daß für Größtkreis bzw. Kleinstkreis

$$R_{max} \ (n_2{}^2 = 0) = \frac{\sigma_1 - \sigma_3}{2} \ ,$$

$$R_{min} \ (n_2{}^2 = 1) = \left| \sigma_2 - \frac{\sigma_1 + \sigma_3}{2} \right|$$

$$\text{(3.40)}$$

gilt. In Abb. 3.9 sind Größtkreis und Kleinstkreis gemäß den Gleichungen (3.38) und (3.40) dargestellt.

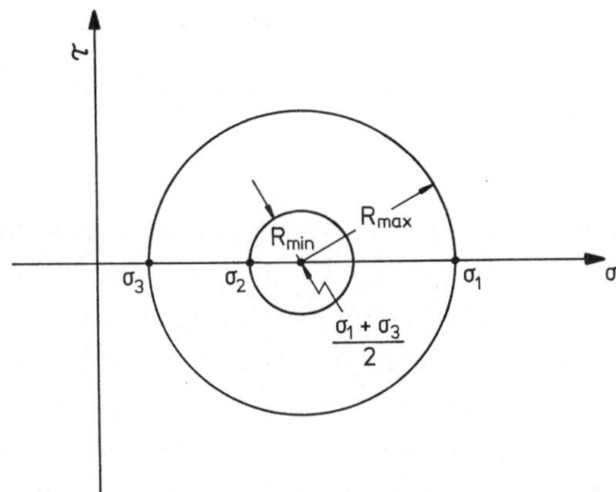

Abb. 3.9:   Kleinstkreis und Größtkreis gemäß den Gleichungen
              (3.38) und (3.40)

Wegen $\sigma_1 > \sigma_2 > \sigma_3$ ist der Faktor $(\sigma_3 - \sigma_1)(\sigma_3 - \sigma_2)$ in (3.39) größer
Null. Daher folgt aus (3.39), daß der Kreismittelpunkt die Koordina-
ten

$$\frac{\sigma_1 + \sigma_2}{2} \ , \quad 0$$

besitzt und daß für Kleinstkreis bzw. Größtkreis

$$R_{min} \ (n_3{}^2 = 0) = \frac{\sigma_1 - \sigma_2}{2} \ ,$$

$$R_{max} \ (n_3{}^2 = 1) = \frac{\sigma_1 + \sigma_2}{2} - \sigma_3$$

$$\text{(3.41)}$$

gilt. In Abb. 3.10 sind Kleinstkreis und Größtkreis entsprechend den
Beziehungen (3.39) bzw. (3.41) eingezeichnet.

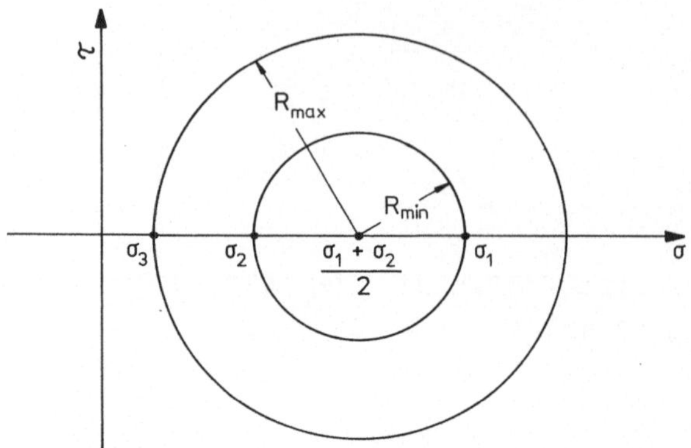

Abb. 3.10:   Kleinstkreis und Größtkreis gemäß den Gleichungen
              (3.39) und (3.41)

Die Abbildungen 3.8, 3.9 und 3.10 stellen jeweils die Grenzbedingungen für die entsprechenden Komponenten n_1, n_2, n_3 des Normaleneinheitsvektors $\underset{\sim}{n}$ dar. Diese Bedingungen müssen aber gleichzeitig
erfüllt sein. Der Vergleich der Abbildungen 3.8, 3.9 und 3.10 lehrt,
daß die Radien R_{max} der Abbildungen 3.8 und 3.10 größer sind als der
Radius R_{max} der Abb. 3.9. Das bedeutet aber, daß der wahre Spannungszustand durch den Radius R_{max} der Abb. 3.9 begrenzt ist. Spannungszustände entsprechend den Radien R_{max} der Abbildungen 3.8 und 3.10
werden nicht erreicht. Andererseits zeigt der Vergleich der Abbildungen 3.9 und 3.10, daß R_{min} von Abb. 3.9 innerhalb von R_{min} von Abb.
3.10 liegt. Das bedeutet aber, daß der wahre Spannungszustand durch
R_{min} der Abb. 3.10, nicht aber von R_{min} der Abb. 3.9 begrenzt ist.
Diese Bedingungen lassen sich dann aber insgesamt wie folgt darstellen (vergl. Abb. 3.11):

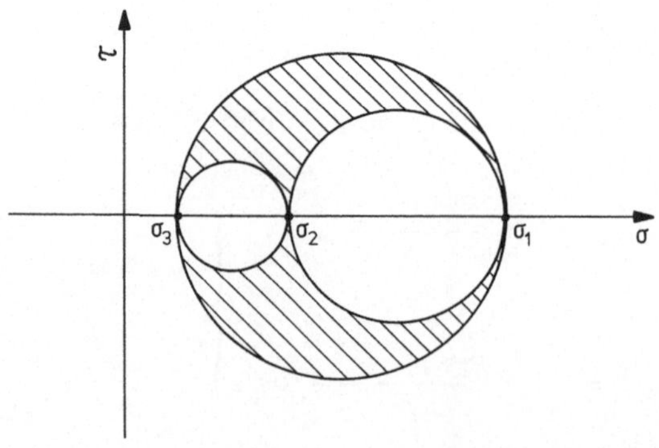

Abb. 3.11:   Spannungszustand in einem Punkt eines Kontinuums

In einem Punkt P eines Kontinuums liegen die in einer beliebigen
Ebene durch P übertragene Normalspannung σ und Schubspannung τ in
dem in Abb. 3.11 schraffierten Gebiet samt seinen Rändern. Wegen der
Symmetrie der Figur Abb. 3.11 zur σ - Achse und der physikalischen
Bedeutungslosigkeit des Vorzeichens der Schubspannung (= lediglich
Rechts- Links- Orientierung) genügt in manchen Fällen auch die
Beschränkung der Betrachtung auf die Halbebene $\tau \geq 0$. Gemäß Abb.
3.11 werden also Spannungszustände in einem Punkt eines Kontinuums
durch die drei zwischen den jeweiligen Hauptspannungen σ_1, σ_2, σ_3
gezeichneten sog. Mohrkreise festgelegt.

In der Schüttgutmechanik liegt das Hauptinteresse auf dem Abgleiten
von Partikelkontakten unter der Wirkung von Schubspannungen. In
diesem Fall ist bei einer gegebenen Normalspannung σ der jeweils
größtmögliche Wert der Schubspannung τ von Bedeutung. Wie man aus
Abb. 3.11 unmittelbar entnimmt, sind derartige Kombinationen von
Normalspannung und Schubspannung durch den größten Mohrkreis festgelegt, der sich zwischen der größten Hauptspannung σ_1 und der kleinsten Hauptspannung σ_3 erstreckt. Mit Hilfe der zuvor abgeleiteten
Ergebnisse läßt sich leicht zeigen, daß die durch den größten Mohrkreis festgelegten Spannungen auf Ebenen wirken, die senkrecht zur
mittleren Hauptspannung σ_2 orientiert sind.

Entsprechend ihrer Herleitung (vergl. Abb. 3.4) gelten die Gleichungen (3.24) für den Fall, daß eine Hauptspannung auf Ebenen wirkt,
die senkrecht zu den Ebenen orientiert sind, die durch den Normaleneinheitsvektor $\underset{\sim}{n}$ festgelegt sind. Die Gleichungen (3.24) gelten
daher auch für den Fall $\sigma_x = \sigma_1$; $\sigma_y = \sigma_3$; $\tau_{xy} = 0$; σ_2 auf Ebenen
wirkend, die senkrecht zu den Ebenen sind, die durch den Normalenein-
heitsvektor $\underset{\sim}{n}$ festgelegt sind. Mit $\psi = \varphi$ folgt aus (3.24)

$$\left.\begin{aligned}
\sigma_\varphi &= \frac{1}{2}(\sigma_1 + \sigma_3) + \frac{1}{2}(\sigma_1 - \sigma_3)\cos 2\varphi, \\[2em]
\tau_\varphi &= \frac{1}{2}(\sigma_1 - \sigma_3)\sin 2\varphi.
\end{aligned}\right\} \qquad (3.42)$$

Wie man aus Abb. 3.12 unmittelbar abliest, liegen die durch die
Gleichungen (3.42) definierten Spannungen σ_φ, τ_φ auf dem Umfangspunkt
des größten Mohrkreises, der durch den Winkel 2φ zwischen größter
Hauptspannung σ_1 und dem Punkt σ_φ, τ_φ festgelegt ist.

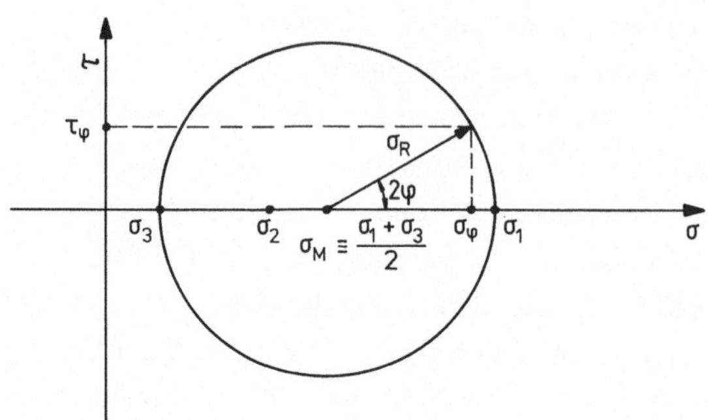

Abb. 3.12:   Durch den größten Mohrkreis definierte
              Spannungen σ_φ, τ_φ

Der Vergleich mit Abb. 3.5 zeigt darüber hinaus, daß die Spannungen
σ_1, σ_3 und σ_φ so orientiert sind, wie in Abb. 3.13 eingezeichnet.

Wie man aus Abb. 3.12 weiterhin abliest, läßt sich der größte Mohrkreis auch über seinen Mittelpunkt σ_M bzw. seinen Radius σ_R darstellen. Völlig gleichwertig zu (3.42) sind deshalb die Beziehungen

$$\left.\begin{aligned}
\sigma_\varphi &= \sigma_M + \sigma_R \cos 2\varphi, \\[2ex]
\tau_\varphi &= \sigma_R \sin 2\varphi.
\end{aligned}\right\} \qquad (3.43)$$

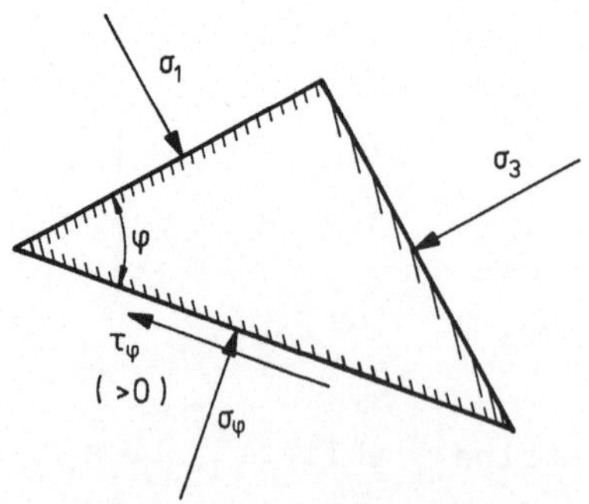

Abb. 3.13:   Lage der Ebenen, auf welche die in Gl. (3.42)
              vorkommenden Spannungen wirken

Wie in Abschnitt 3.3 nachgewiesen, läßt sich jeder beliebige Spannungszustand als Überlagerung dreier untereinander orthogonaler einachsiger Spannungszustände darstellen. Einige grundlegende Überlegungen lassen sich daher bei Beschränkung auf einachsige Spannungszustände anstellen. Mit $\sigma_1 = \sigma$, $\sigma_3 = 0$ folgt aus (3.42) speziell für den einachsigen Spannungszustand

$$\left.\begin{aligned}
\sigma_\varphi &= \frac{\sigma}{2}\,(1 + \cos 2\varphi),\\[2em]
\tau_\varphi &= \frac{\sigma}{2}\,\sin 2\varphi.
\end{aligned}\right\} \tag{3.44}$$

3.5 Der Tensor der Deformationsgeschwindigkeiten

Es werden zwei infinitesimal benachbarte materielle Punkte P und Q betrachtet (vergl. Abb. 3.14)

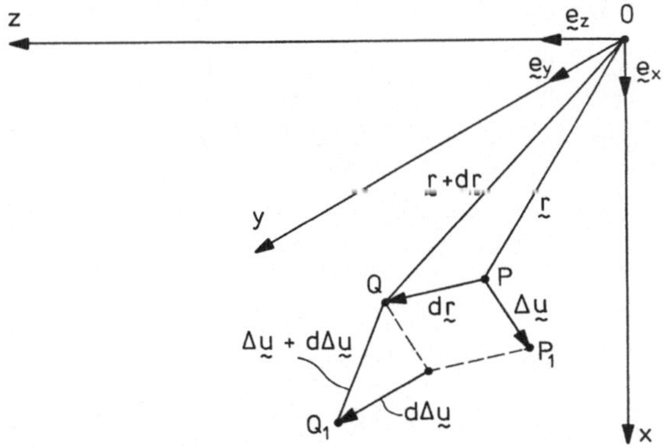

Abb. 3.14:   Deformation eines Kontinuums

Während der kurzen Zeitspanne Δt werden die Punkte P bzw. Q in die neuen Positionen P_1 bzw. Q_1 verschoben. Im Folgenden bedeuten:

Fahrstrahl von O nach P: $\underset{\sim}{r} = x\,\underset{\sim}{e}_x + y\,\underset{\sim}{e}_y + z\,\underset{\sim}{e}_z,$

Vektor von P nach Q: $d\underset{\sim}{r} = dx\,\underset{\sim}{e}_x + dy\,\underset{\sim}{e}_y + dz\,\underset{\sim}{e}_z,$

Verschiebungsvektor des

Punktes P: $\Delta\underset{\sim}{u} = \Delta u\,\underset{\sim}{e}_x + \Delta v\,\underset{\sim}{e}_y + \Delta w\,\underset{\sim}{e}_z.$

Veränderung des Verschie-
bungsvektors beim Über-
gang von P zu Q: $\qquad d\Delta\underset{\sim}{u} = d\Delta u\ \underset{\sim}{e}_x + d\Delta v\ \underset{\sim}{e}_y + d\Delta w\ \underset{\sim}{e}_z.$

Weiterhin bezeichnen x, y, z kartesische Koordinaten mit den Basisvektoren $\underset{\sim}{e}_x$, $\underset{\sim}{e}_y$, $\underset{\sim}{e}_z$.

Die Abstandsänderung zwischen den beiden materiellen Punkten P, Q
innerhalb der Zeitspanne Δt ist ein Maß für die Verformung.
Abstand zur Zeit t: $\overline{PQ} = dl = /d\underset{\sim}{r}/$,
Abstand zur Zeit t + Δt: $\overline{P_1 Q_1} = dl_1 = /d\underset{\sim}{r} + d\Delta\underset{\sim}{u}/$.

Die Änderung des Verschiebungsvektors $\Delta\underset{\sim}{u}$ beim Übergang von P nach Q
ist gegeben durch

$$\left. \begin{aligned}
d\Delta u &= \frac{\partial\Delta u}{\partial x}\ dx + \frac{\partial\Delta u}{\partial y}\ dy + \frac{\partial\Delta u}{\partial z}\ dz, \\[2ex]
d\Delta v &= \frac{\partial\Delta v}{\partial x}\ dx + \frac{\partial\Delta v}{\partial y}\ dy + \frac{\partial\Delta v}{\partial z}\ dz, \\[2ex]
d\Delta w &= \frac{\partial\Delta w}{\partial x}\ dx + \frac{\partial\Delta w}{\partial y}\ dy + \frac{\partial\Delta w}{\partial z}\ dz.
\end{aligned} \right\} \qquad (3.45)$$

Für das Abstandsquadrat zwischen den Punkten P_1, Q_1 gilt:

$$dl_1^{\ 2} = (d\underset{\sim}{r} + d\Delta\underset{\sim}{u})^2 = (dx + d\Delta u)^2 + (dy + d\Delta v)^2 + {}$$
$$+ (dz + d\Delta w)^2. \qquad (3.46)$$

Einsetzen von (3.45) liefert nach Umformungen

$$\left. \begin{aligned}
dl_1^{\ 2} = {}&(1 + 2\Delta\varepsilon_{xx})\ dx^2 + (1 + 2\Delta\varepsilon_{yy})\ dy^2 + {} \\[2ex]
&+ (1 + 2\Delta\varepsilon_{zz})\ dz^2 + 4\Delta\varepsilon_{xy}\ dx\ dy + {} \\[2ex]
&+ 4\Delta\varepsilon_{yz}\ dy\ dz + 4\Delta\varepsilon_{xz}\ dx\ dz
\end{aligned} \right\} \qquad (3.47)$$

mit z.B.

$$2\Delta\varepsilon_{xx} = 2\,\frac{\partial\Delta u}{\partial x} + \left(\frac{\partial\Delta u}{\partial x}\right)^2 + \left(\frac{\partial\Delta v}{\partial x}\right)^2 + \left(\frac{\partial\Delta w}{\partial x}\right)^2,$$

$$2\Delta\varepsilon_{xy} = \frac{\partial\Delta u}{\partial y} + \frac{\partial\Delta v}{\partial x} + \frac{\partial\Delta u}{\partial x}\frac{\partial\Delta u}{\partial y} + \frac{\partial\Delta v}{\partial x}\frac{\partial\Delta v}{\partial y} +$$

$$+ \frac{\partial\Delta w}{\partial x}\frac{\partial\Delta w}{\partial y}\,.$$

$$(3.48)$$

Da nur eine kurze Zeitspanne Δt ins Auge gefaßt wird, können quadratische Terme in (3.48) vernachlässigt werden, d.h. es gilt

$$\Delta\varepsilon_{xx} \simeq \frac{\partial\Delta u}{\partial x}\,,$$

$$\Delta\varepsilon_{xy} \simeq \frac{1}{2}\left(\frac{\partial\Delta u}{\partial y} + \frac{\partial\Delta v}{\partial x}\right).$$

$$(3.49)$$

Die Koordinaten x, y, z haben einander nichts voraus, daher ist der Aufbau der $\Delta\varepsilon_{ij}$, d.h. der $\Delta\varepsilon_{yy}$, $\Delta\varepsilon_{zz}$, $\Delta\varepsilon_{yz}$, $\Delta\varepsilon_{xz}$ aus (3.49) ersichtlich. Die sechs Größen $\Delta\varepsilon_{xx}$, $\Delta\varepsilon_{yy}$, $\Delta\varepsilon_{zz}$, $\Delta\varepsilon_{xy}$, $\Delta\varepsilon_{yz}$, $\Delta\varepsilon_{xz}$ lassen sich zu einer symmetrischen Matrix

$$(\Delta\underset{\approx}{\varepsilon}_{ij}) = \begin{pmatrix} \Delta\varepsilon_{xx} & \Delta\varepsilon_{xy} & \Delta\varepsilon_{xz} \\ \Delta\varepsilon_{xy} & \Delta\varepsilon_{yy} & \Delta\varepsilon_{yz} \\ \Delta\varepsilon_{xz} & \Delta\varepsilon_{yz} & \Delta\varepsilon_{zz} \end{pmatrix} \qquad (3.50)$$

anordnen. Analog wie beim Spannungszustand gilt auch für den Deformationszustand, daß die Wahl der Koordinaten x, y, z willkürlich war. Ein und derselbe Deformationszustand läßt sich daher auch bei Bezug auf ein gegen das x, y, z - System gedrehtes x', y', z' - Koordinatensystem beschreiben. Aus dieser Forderung folgen aber gewisse Transformationseigenschaften der Matrix (3.50). Mit anderen Worten: Ebenso wie der Spannungstensor ist die durch (3.50) definierte Größe ein symmetrischer Tensor zweiter Stufe. Dieser Tensor beschreibt die Deformation, die in einem Punkt eines Kontinuums während der kurzen Zeitspanne Δt erfolgt. Diese Eigenschaft von (3.50) läßt sich mit Hilfe der nachstehend beschriebenen anschaulichen Überlegungen verstehen.

Die relative Abstandsänderung während der Zeitspanne Δt ist durch

$$\lambda = \frac{dl_1 - dl}{dl} \tag{3.51}$$

definiert. Es werden jetzt zwei Punkte P, Q betrachtet, deren Positionen nur bezüglich der x - Koordinate verschieden sind, d.h. für die dy = dz = 0 gilt. Aus (3.47) folgt für solche Punkte wegen $\Delta\varepsilon_{xx} \ll 1$:

$$dl_1 = \sqrt{1 + 2\Delta\varepsilon_{xx}} \ dx \simeq (1 + \Delta\varepsilon_{xx}) \ dx. \tag{3.52}$$

Einsetzen von (3.52) in (3.51) liefert

$$\lambda_x = \frac{(1 + \Delta\varepsilon_{xx}) \ dx - dx}{dx} = \Delta\varepsilon_{xx}.$$

Da die Koordinaten x, y, z einander nichts voraus haben, gilt entsprechend

$$\lambda_x = \Delta\varepsilon_{xx}, \ \lambda_y = \Delta\varepsilon_{yy}, \ \lambda_z = \Delta\varepsilon_{zz},$$

d.h. die Elemente auf der Hauptdiagonalen der Matrix (3.50) beschreiben bezogene Längenänderungen innerhalb der Zeitspanne Δt.

Zur Veranschaulichung der Bedeutung des Elements $\Delta\varepsilon_{xy}$ werden vier materielle Punkte P, Q, R, S in einer x, y - Ebene betrachtet (Abb. 3.15, linke Bildhälfte).

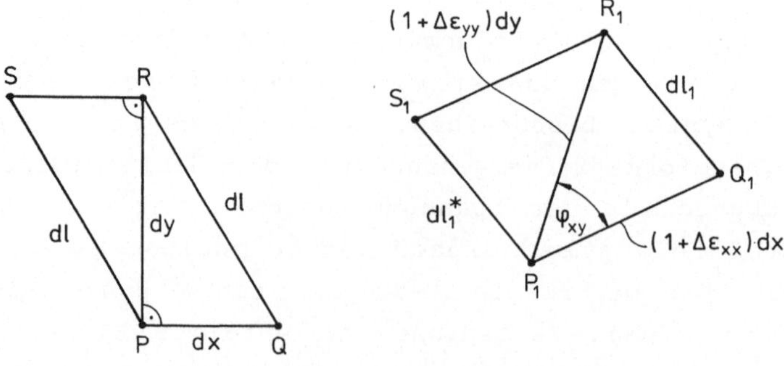

Abb. 3.15:   Zur Veranschaulichung des Elementes $\Delta\varepsilon_{xy}$ der Matrix (3.50)

Die Koordinaten dieser vier materiellen Punkte sind zum Zeitpunkt t:
$P(x, y, z)$; $Q(x + dx, y, z)$; $R(x, y + dy, z)$; $S(x - dx, y + dy, z)$.
Zur Zeit $t + \Delta t$ sind diese vier Punkte in die neuen Positionen P_1;
Q_1; R_1; S_1 verschoben (Abb. 3.15, rechte Bildhälfte).

Aus Abb. 3.15 liest man für das Dreieck $P_1 \, Q_1 \, R_1$ ab:

$$dl_1^{\,2} = (1 + \Delta\varepsilon_{xx})^2 \, dx^2 + (1 + \Delta\varepsilon_{yy})^2 \, dy^2 -$$

$$- 2 (1 + \Delta\varepsilon_{xx}) (1 + \Delta\varepsilon_{yy}) \, dx \, dy \, \cos\varphi_{xy} \simeq$$

$$\simeq (1 + 2\Delta\varepsilon_{xx}) \, dx^2 + (1 + 2\Delta\varepsilon_{yy}) \, dy^2 -$$

$$- 2 (1 + \Delta\varepsilon_{xx}) (1 + \Delta\varepsilon_{yy}) \, dx \, dy \, \cos\varphi_{xy}. \qquad (3.53)$$

Andererseits folgt aus Gl. (3.47) für die Distanz dl_1^*:

$$dl_1^{*\,2} = (1 + 2\Delta\varepsilon_{xx}) \, dx^2 + (1 + 2\Delta\varepsilon_{yy}) \, dy^2 -$$

$$- 4 \, \Delta\varepsilon_{xy} \, dx \, dy. \qquad (3.54)$$

Da die Linienelemente dl, dl^* infinitesimal benachbart sind, gilt
$dl_1^{\,2} \simeq dl_1^{*\,2}$. Der Vergleich von (3.53) mit (3.54) liefert daher

$$\cos\varphi_{xy} = \frac{2\Delta\varepsilon_{xy}}{(1 + \Delta\varepsilon_{xx})(1 + \Delta\varepsilon_{yy})} \simeq 2\Delta\varepsilon_{xy}. \qquad (3.55)$$

Aus (3.55) folgt insbesondere $\varphi_{xy} = \pi/2$ für $\Delta\varepsilon_{xy} = 0$. Da die Koordinaten x, y, z einander nichts voraus haben, gilt allgemein

$$\Delta\varepsilon_{xy} = \frac{1}{2} \cos\varphi_{xy},$$

$$\Delta\varepsilon_{xz} = \frac{1}{2} \cos\varphi_{xz},$$

$$\Delta\varepsilon_{yz} = \frac{1}{2} \cos\varphi_{yz},$$

d.h. die außerhalb der Hauptdiagonalen der Matrix (3.50) stehenden
Elemente beschreiben die Änderung ursprünglich rechter Winkel während

der Zeitspanne Δt. Da die Matrix (3.50), genauer: der Tensor zweiter Stufe (3.50) ebenso wie der Spannungstensor symmetrisch ist, gelten für den Deformationszustand gleichfalls alle die Eigenschaften, die aus der Symmetrie des Spannungstensors gefolgert wurden. Insbesondere folgt aus dieser Analogie, daß es in jedem Punkt eines Kontinuums ein ausgezeichnetes Koordinatensystem gibt, in dem die in (3.50) ungleich indizierten Größen verschwinden, d.h. dessen untereinander orthogonale Richtungen während der Deformation innerhalb der Zeitspanne Δt orthogonal bleiben. Mit anderen Worten: ein zu diesen Achsen kantenparalleler infinitesimaler Würfel wird zu einem Rechtkant deformiert. Der Vektor $\Delta \underset{\sim}{u}$ war als Verschiebungsvektor des Punktes P innerhalb der Zeitspanne Δt eingeführt worden. Die momentane Geschwindigkeit des materiellen Punktes P ist daher durch

$$\underset{\sim}{u} = \lim_{\Delta t \to 0} \frac{\Delta \underset{\sim}{u}}{\Delta t}$$

definiert.

Durch Vergleich des Tensors (3.50) mit der Definition (3.49) seiner Elemente folgt daher unmittelbar, daß der symmetrische Tensor der Deformationsgeschwindigkeiten durch

$$\left(\frac{d\underset{\approx}{\varepsilon}_{ij}}{dt} \right) = \left(\dot{\underset{\approx}{\varepsilon}}_{ij} \right) = \begin{pmatrix} \dfrac{\partial u}{\partial x} & \dfrac{1}{2}\left(\dfrac{\partial u}{\partial y} + \dfrac{\partial v}{\partial x} \right) & \dfrac{1}{2}\left(\dfrac{\partial u}{\partial z} + \dfrac{\partial w}{\partial x} \right) \\[3ex] \dfrac{1}{2}\left(\dfrac{\partial u}{\partial y} + \dfrac{\partial v}{\partial x} \right) & \dfrac{\partial v}{\partial y} & \left(\dfrac{1}{2}\,\dfrac{\partial v}{\partial z} + \dfrac{\partial w}{\partial y} \right) \\[3ex] \dfrac{1}{2}\left(\dfrac{\partial u}{\partial z} + \dfrac{\partial w}{\partial x} \right) & \dfrac{1}{2}\left(\dfrac{\partial v}{\partial z} + \dfrac{\partial w}{\partial y} \right) & \dfrac{\partial w}{\partial z} \end{pmatrix}$$

$$(3.56)$$

definiert ist, wenn die Komponenten des Geschwindigkeitsvektors $\underset{\sim}{u}$ bei Bezug auf ein kartesisches x, y, z - Koordinatensystem in der Form

$$\underset{\sim}{u} = u\,\underset{\sim}{e}_x + v\,\underset{\sim}{e}_y + w\,\underset{\sim}{e}_z. \qquad\qquad (3.57)$$

geschrieben werden.

Bei einem stationären Fließzustand sind die Elemente des Tensors (3.56) selbst zeitunabhängig. Aus der Symmetrie des Tensors der Deformationsgeschwindigkeiten läßt sich in Analogie zu den für den Spannungstensor abgeleiteten Ergebnissen ohne jede Rechnung eine für die praktische Rechnung wichtige Konsequenz ziehen:

Unter der Voraussetzung, daß die z - Richtung eine Hauptachsenrichtung ist, ergab sich für den Winkel φ, den die Richtung der größten Hauptspannung mit der x - Richtung einschließt, die Beziehung (3.25). Durch unmittelbaren Vergleich der Tensoren (3.13) und (3.56) folgt dann aber analog zu (3.25) der Winkel φ^*, den die Richtung der größten Hauptdeformationsgeschwindigkeit mit der x - Richtung einschließt, aus

$$\tan 2\varphi^* = \frac{2\dot{\varepsilon}_{xy}}{\dot{\varepsilon}_{xx} - \dot{\varepsilon}_{yy}} = \frac{\dfrac{\partial u}{\partial y} + \dfrac{\partial v}{\partial x}}{\dfrac{\partial u}{\partial x} - \dfrac{\partial v}{\partial y}} \ . \tag{3.58}$$

4 Spannungsübertragung in einer Partikelschüttung

4.1 Problemstellung

Zumindest bei der Anwendung der Schüttgutmechanik auf Probleme der Praxis wird die Darstellung von Spannungszuständen mit Hilfe von Mohrkreisen durchgängig benutzt (siehe z.B. [11, 12, 13]). Wie im voranstehenden Kapitel beschrieben, gilt die Mohrkreisdarstellung für ein Kontinuum, d.h. für den Fall, daß Spannungen Punkteigenschaften eines kontinuierlich verteilten Materials sind. Schüttgüter bestehen dagegen aus einer Vielzahl individueller Partikeln. Hierbei findet die Übertragung innerer Kräfte über die Kontakte benachbarter Partikeln statt. Für diese Kontakte gilt:

a) Die Koordinationszahl, d.h. die mittlere Zahl kontaktierender Nachbarn einer Partikel liegt im Bereich $k \approx 5 \div 10$.

b) Die wahre Kontaktfläche zweier sich berührender Partikeln ist sehr klein im Vergleich zur Gesamtoberfläche einer der Partikeln.

Falls die Mohrkreisdarstellung von Spannungszuständen wirklich auf die Schüttgutmechanik übertragbar sein soll, so muß - zumindest im Rahmen einer plausiblen Modellvorstellung - eine räumliche Verteilung der Kontaktkräfte zwischen den Partikeln existieren, die der Mohrkreisdarstellung von Spannungszuständen gleichwertig ist.

4.2 Voraussetzungen

Zur Vereinfachung der nachstehend beschriebenen theoretischen Überlegungen wird eine gleichmäßige Zufallspackung aus gleich großen Kugeln durchgängig vorausgesetzt. Zur Existenz der gleichmäßigen Zufallspackung kugeliger Partikeln siehe [14].

Kugelige Partikelgestalt und Zufallspackung garantieren die Erfüllung
der beiden nachstehenden, für die Rechnung erforderlichen Annahmen:

a) Die Kontaktstellen zwischen den Partikeln sind gleichmäßig
   über die Partikeloberflächen verteilt.
b) Die Packungsstruktur ist isotrop. Insbesondere sind Flächenporosität und Volumenporosität gleich für beliebig orientierte,
   gedachte Schnittebenen durch die Packung.

Falls die in der Packung übertragenen Kräfte nicht extrem hoch sind
und/oder das Schüttgut nicht extrem weich ist, so dürfen, wie im
Folgenden stets vorausgesetzt, die wahren Kontaktflächen im Vergleich
zur Gesamtoberfläche einer Partikel als so klein vorausgesetzt
werden, daß sie zu Kontaktpunkten idealisiert werden können.

4.3 Übertragung einer isostatischen Belastung

Zuerst wird die Übertragung einer isostatischen Belastung betrachtet,
die einem isostatischen Spannungszustand, d.h., einem Spannungszustand mit drei gleichen Hauptspannungen entspricht. Wegen der geometrischen Isotropie der Packung sind die Kontaktpunkte gleichmäßig
über den Partikeloberflächen verteilt, wenn man eine genügend große
Partikelanzahl ins Auge faßt.

Mit der Koordinationszahl k und dem Radius r einer Kugel wird die
mittlere Zahl der Kontakte pro Oberflächenelement dS der Kugel:

$$dH = k \, \frac{dS}{4 \pi \, r^2} \, .$$
(4.1)

Wegen der Isotropie des isostatischen Belastungszustandes folgt aus
der Isotropie der Kontaktstellenverteilung, daß die Beträge der in
den Kontakten übertragenen Kräfte im statistischen Mittel für alle
Orientierungen gleich sind. Bei der Übertragung eines isostatischen
Spannungszustandes σ durch eine Packung muß eine Druckspannung σ in
einer beliebig orientierten Ebene übertragen werden. In der zweidi-
mensionalen Darstellung der Abb. 4.1 ist eine solche Ebene durch die
Gerade $\overline{gg}$ repräsentiert.

Die um die Gerade $\overline{gg}$ sich windende, dick ausgezogen gezeichnete Linie
deutet an, welche Kontakte an der Übertragung dieser Spannung betei-

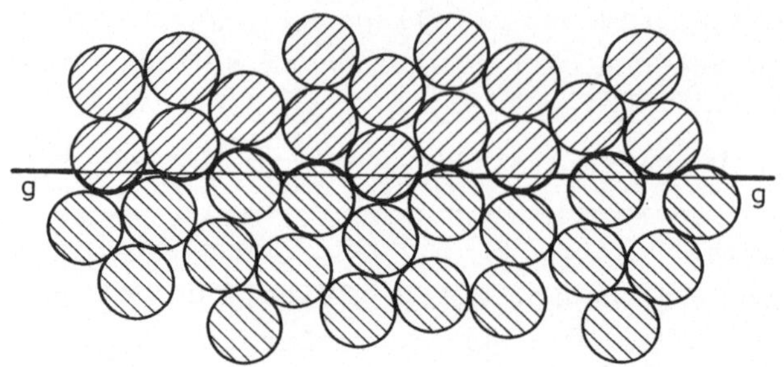

Abb. 4.1:   Zur Spannungsübertragung in einer Schüttung

ligt sind. Bei isotroper Zufallspackung und isotropem, d.h. isostatischem Spannungszustand ist aber die Annahme einer isotropen Verteilung von normal zu den Partikeloberflächen gerichteten Kontaktkräften
in den räumlich gleichverteilten Partikelkontakten zumindest plausibel.

Für eine beliebige, von der Ebene $\overline{gg}$ geschnittene Kugel, deren
Mittelpunkt den Abstand ζ von der Ebene $\overline{gg}$ besitzt, ergibt sich dann
die in Abb. 4.2 dargestellte Situation.

Es wird vorausgesetzt, daß die Ebene $\overline{gg}$ insgesamt n Partikeln schnei-
det. Die absolute Anzahl der Partikeln in einem Mittelpunktsabstand
von der Ebene $\overline{gg}$ zwischen ζ und $\zeta + d\zeta$ ist dann wegen der Gleichwahr-
schneinlichkeit der Lage der Schnitte bei einer Zufallspackung:

$$n_\zeta = n \frac{d\zeta}{r} .$$
(4.2)

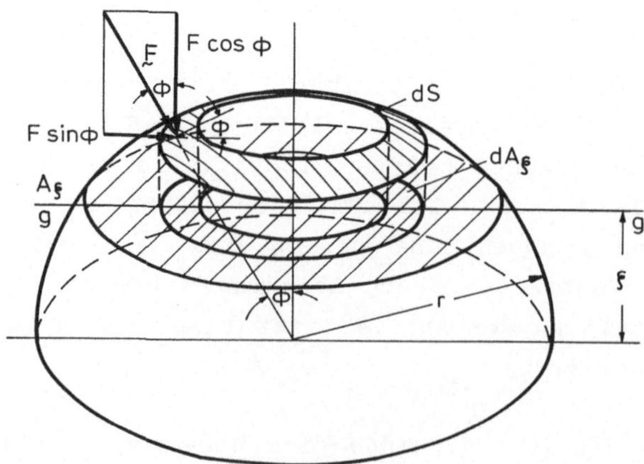

Abb. 4.2:   Kontaktkräfte bei isostatischem Belastungszustand

Die von allen Partikeln mit einem Mittelpunktsabstand im Intervall ζ, $\zeta + d\zeta$ übertragene Gesamtkraft folgt dann bei Beachtung von (4.1) und (4.2) gemäß Abb. 4.2 zu

$$dK = \left(\frac{k}{4\pi\, r^2} \int_S F \cos \Phi \, dS \right) n \, \frac{d\zeta}{r} \; .$$

Gemäß Abb. 4.2 gilt aber

$$dA_\zeta = \cos \Phi \, dS$$

und damit

$$\int_S \cos \Phi \; dS = \int_{A_\zeta} dA_\zeta = \pi \, (r^2 - \zeta^2),$$

also

$$dK = \frac{k \, F \, n \, (r^2 - \zeta^2)}{4 \, r^3} \, d\zeta \; .$$

Die insgesamt über die Ebene $\overline{gg}$ übertragene Druckkraft ist dann aber

$$K = \frac{k \, F \, n}{4 \, r^3} \int_0^r (r^2 - \zeta^2) \, d\zeta = \frac{k \, F \, n}{6} \; . \tag{4.3}$$

Der von den Partikeln mit einem Mittelpunktsabstand im Intervall ζ, $\zeta + d\zeta$ herrührende Schnittflächenbeitrag ist

$$dA_p = \pi \, (r^2 - \zeta^2) \, n \, \frac{d\zeta}{r}$$

und damit die Gesamtschnittfläche der Partikeln in der Ebene $\overline{gg}$

$$A_p = \frac{n \, \pi}{r} \int_0^r (r^2 - \zeta^2) \, d\zeta = n \, \frac{2 \, \pi \, r^2}{3} \; . \tag{4.4}$$

Bei gleichmäßiger Zufallspackung ist die Flächenporosität gleich der Volumenporosität, d.h. es gilt

$$A_p = A\,(1 - \varepsilon),$$ (4.5)

wenn A die Gesamtfläche der Packung in der Ebene $\overline{gg}$ bedeutet. Gleichsetzen von (4.4) und (4.5) ergibt

$$n = \frac{3\,A\,(1 - \varepsilon)}{2\,\pi\,r^2}.$$ (4.6)

Einsetzen von (4.6) in (4.3) liefert die in der Ebene $\overline{gg}$ übertragene resultierende Druckkraft

$$K = \frac{F\,k}{6}\,\frac{3\,A\,(1 - \varepsilon)}{2\,\pi\,r^2},$$ (4.7)

und damit für die Druckspannung σ bei isostatischer Belastung

$$\sigma = \frac{K}{A} = \frac{F}{4\,r^2}\cdot\frac{k\,(1 - \varepsilon)}{\pi},$$

bzw. mit dem Durchmesser d = 2r

$$\sigma = \frac{F}{d^2}\,\frac{k\,(1 - \varepsilon)}{\pi}.$$ (4.8)

4.4 Kraftübertragung in den Partikelkontakten
im allgemeinen Fall

Die Analyse der isostatischen Belastung ergab, daß die bei Zufallspackung gleichmäßig über der Partikeloberfläche verteilten und normal zur Partikeloberfläche gerichteten Kontaktkräfte F mit der Spannung σ des isostatischen Spannungszustandes über die Beziehung (4.8) verknüpft sind.

Da Spannungen überlagert werden dürfen, kann der isostatische Spannungszustand als Überlagerung dreier untereinander orthogonaler
einachsiger Spannungszustände aufgefaßt werden. In Abb. 4.3 mögen
die Koordinatenrichtungen x, y, z mit den Orientierungen dieser
einachsigen Spannungszustände zusammenfallen.

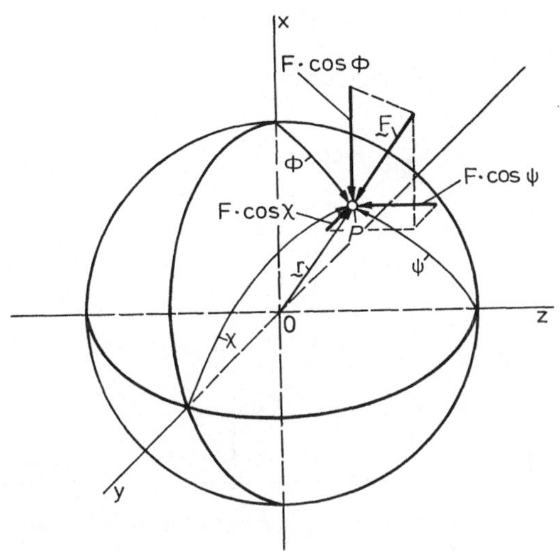

Abb. 4.3:   Komponenten der in einem Partikelkontakt
             übertragenen Kraft

In einem Kontaktpunkt P auf der Partikeloberfläche wirkt eine Kraft
$\underset{\sim}{F}$ infolge des isostatischen Spannungszustandes $\sigma_x = \sigma_y = \sigma_z = \sigma$. Die
Winkel des vom Koordinatenursprung O nach P führenden Fahrstrahles $\underset{\sim}{r}$
mit den jeweiligen Koordinatenachsen seien Φ, χ und ψ. Die Komponenten von $\underset{\sim}{F}$ in den Richtungen der Achsen x, y und z sind dann gemäß
Abb. 4.3 F cos Φ, F cos χ und F cos ψ. Diese drei Komponenten von $\underset{\sim}{F}$
sind dann aber gleichzeitig die Beiträge des Kraftvektors $\underset{\sim}{F}$ zu den
Druckspannungen σ_x, σ_y, σ_z. Aus dem Vergleich der Abbildungen 4.2
und 4.3 folgt bei Beachtung der im voranstehenden Abschnitt abgeleiteten Ergebnisse, daß die Summation über alle Komponenten F cos Φ
die in der Ebene $\overline{gg}$ übertragene Druckspannung liefert. Aus diesem
Ergebnis ist dann offensichtlich, daß die Übertragung einer einachsigen Spannung durch eine Partikelschüttung wie folgt beschrieben
werden kann: Wenn P einen Kontaktpunkt auf einer Kugeloberfläche
bezeichnet, so soll Φ den Winkel bezeichnen, den der Fahrstrahl vom
Kugelmittelpunkt an den Punkt P mit der Richtung der einachsigen
Spannung σ einschließt. Im Punkt P wird dann eine Kraft F cos Φ in

der Richtung von σ übertragen, wobei für den Zusammenhang zwischen F
und σ Gl. (4.8) gilt.

Wie man aus Abb. 4.4 entnimmt, werden dabei in einem um den Winkel Φ
gegen die Richtung der einachsigen Spannung σ orientierten Kontakt
eine Normalkraft N(Φ) bzw. eine Tangentialkraft T(Φ) übertragen.

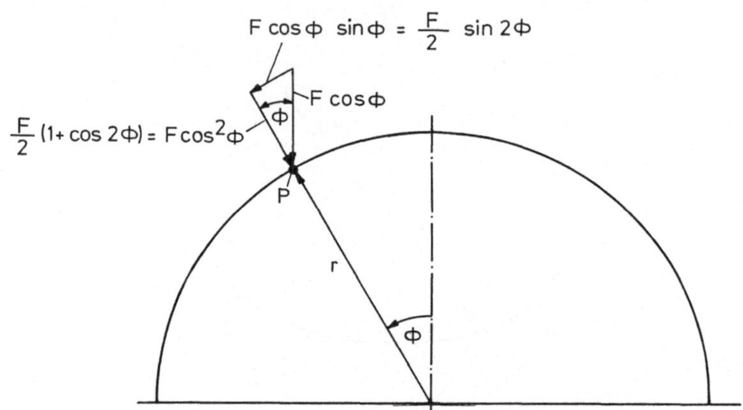

Abb. 4.4:   Normalkraft- und Tangentialkraftkomponenten der
             Kontaktkraft bei einachsigem Spannungszustand

Wie man unmittelbar aus Abb. 4.4 abliest, gilt für N(Φ) bzw. T(Φ)

$$N(\Phi) = F \cos^2\Phi = \frac{F}{2}(1 + \cos 2\Phi), \quad \left.\begin{array}{c} \\ \\ \end{array}\right\}$$

$$T(\Phi) = F \sin\Phi \cos\Phi = \frac{F}{2}\sin 2\Phi .$$

$$(4.9)$$

Auf der anderen Seite gelten für die Normalspannung σ (Φ) bzw. die
Schubspannung τ (Φ) bei einachsigem Spannungszustand die Gleichungen
(3.44). Aus dem Vergleich der Beziehungen (4.9) und (3.44) folgt
aber unmittelbar, daß für die Kontaktkräfte und die Spannungen bei
einachsigem Spannungszustand die gleichen Abhängigkeiten vom Winkel
Φ gelten. Da jeder beliebige Spannungszustand durch Überlagerung
dreier untereinander orthogonaler einachsiger Spannungszustände
erzeugt werden kann, gilt diese Eigenschaft dann aber für jeden
beliebigen Spannungszustand. Die in diesem Kapitel beschriebenen
Überlegungen lassen sich daher wie folgt zusammenfassen:

Eine einfache Modellvorstellung für die Übertragung von äußeren
Spannungen durch eine Partikelschüttung wurde hergeleitet, bei der
Kontaktpunkte auf den Partikeloberflächen angenommen wurden, in
denen Kräfte übertragen werden. Die Koordinationszahl k kann als
eindeutige Funktion der Packungsporosität ε angesehen werden, d.h.
es gelte $k = k(\varepsilon)$. Die Beziehung zwischen Normalspannung σ (Schubspannung τ) und der Normalkraft N (Tangentialkraft T) in einem
Kontakt P, der so orientiert ist wie die gedachte Ebene, in der die
Spannungen σ bzw. τ übertragen werden, ist dann durch

$$\left.\begin{array}{c}\sigma\\[2ex]\tau\end{array}\right\} = \frac{(1 - \varepsilon)\ k(\varepsilon)}{\pi\ d^2} \left\{\begin{array}{c}N\\[2ex]T\end{array}\right. \right\} \qquad\qquad (4.10)$$

gegeben. Nominelle Spannungen und entsprechende Kontaktkräfte sind
daher einfach über den Faktor $[(1 - \varepsilon)\ k(\varepsilon)]\ /(\pi\ d^2)$ entsprechend
Gl. (4.10) verknüpft.

5 Grundlegende Materialeigenschaften für eine Theorie der Fließeigenschaften kohäsiver Schüttgüter

5.1 Physikalische Ursachen der Haftkräfte zwischen Partikeln

Entsprechend einer von Rumpf [15] gegebenen Zusammenstellung können für die Haftkräfte zwischen Partikeln verschiedene Mechanismen maßgeblich sein. Diese können sein:

Flüssigkeitsbrücken zwischen Partikeln bzw. flüssigkeitsgefüllte Hohlräume in der Schüttung als Folge gezielter Befeuchtung oder kondensierender Flüssigkeit im Schüttgut.

Festkörperbrücken infolge von aus Lösungen auskristallisierenden Feststoffen beim Trocknen von Schüttgütern.

Bei Feststoffen mit Löslichkeit: infolge der Feuchte im Gut Anlösen an den Kontaktstellen, Festkörperbrücken aus dem Partikelmaterial selbst.

Bei erhöhten Temperaturen bzw. bei Feststoffen mit niedrigen Schmelzpunkten: Sinterbrücken zwischen den Partikeln.

Unter Umständen starke Beeinflussung der Haftkräfte bei Fließvorgängen in Schüttgütern durch elektrostatische Effekte.

Unter normalen Umgebungsbedingungen dürften insbesondere bei feinkörnigen Partikeln van der Waals - Kräfte zwischen den Feststoffpartikeln den wesentlichen Anteil an den Haftkräften ausmachen, wobei die direkte Feststoff/Feststoff - Wechselwirkung durch Adsorptionsschichten auf den Feststoffoberflächen modifiziert ist.

Im Folgenden werden daher insbesondere van der Waals - Wechselwirkungen zwischen den Partikeln als maßgeblich für das Phänomen der Kohäsion bei feinkörnigen Schüttgütern angesehen.

5.2 Zusammhang zwischen Haftkräften und vorangegangener Verfestigung

In Kapitel 4 wurde lediglich die Übertragung äußerer, eingeprägter Kräfte durch eine Partikelschüttung betrachtet. Charakteristische Eigenart kohäsiver Schüttgüter ist aber die Wechselwirkung zwischen äußeren Kräften und den in den Partikelkontakten wirkenden Haftkräften, die wesentlich durch die äußeren Kräfte modifiziert werden (vergl. Kapitel 2). Ein physikalisch sinnvolles Modell eines kohäsiven Schüttgutes muß daher diese Wechselwirkung zwischen eingeprägten Kräften und Haftkräften enthalten.

Im allgemeinen Fall wird in einem Kontaktpunkt zwischen Partikeln eine beliebig gegen die Partikeloberfläche orientierte Kraft übertragen. Als eine plausible Vereinfachung wird im Folgenden angenommen, daß die Ausbildung der Kontaktfläche zwischen den Partikeln und damit die Intensität der Haftkräfte nur von den Komponenten der Kontaktkräfte normal zur Partikeloberfläche abhängt.

Während der Verfestigung eines Schüttgutes herrscht in einem Kontakt in Normalenrichtung zur Oberfläche Gleichgewicht zwischen der vom äußeren Spannungszustand herrührenden Normalkraft N, der Anziehungskraft infolge der van der Waals - Wechselwirkung F_{vdW} und der elastischen oder plastischen Widerstandskraft F_W des Materials:

$$N + F_{vdW} = F_W.\qquad\qquad(5.1)$$

Durch eine einfache Modifikation der klassischen Theorie von Hamaker [3] konnte Dahneke [16] das Anwachsen der van der Waals - Kraft mit zunehmender Abplattung eines Kontaktes berechnen. Dahnekes Ergebnis für die zwischen zwei Kugeln wirkende van der Waals - Kraft lautet

$$F_{vdW} = \frac{A^* \, \delta}{12 \, Z_0^{\,2}} \left(1 + \frac{2 \, h}{Z_0} \right) .\qquad\qquad(5.2)$$

In (5.2) bezeichnet A^* die Hamakerkonstante, Z_0 den charakteristischen Haftabstand, h die Gesamtabplattung beider Haftpartner und

$$\delta = \frac{\delta_1 \, \delta_2}{\delta_1 + \delta_2}$$

definiert das geometrische Mittel der Durchmesser δ_1, δ_2 der beiden Haftpartner.

Der Vergleich zwischen berechneten und gemessenen Haftkräften bei unregelmäßig geformten Partikeln mit Abmessungen größer als 1 µm hat gezeigt, daß als Maß für die Kontaktgeometrie nicht die Nenndurchmesser der Partikeln, sondern deren Oberflächenrauhigkeiten mit Abmessungen kleiner als 1 µm einzusetzen sind [17]. Im Folgenden werden daher unter den Größen δ_1 und δ_2 die Abmessungen der Oberflächenrauhigkeiten der Partikeln verstanden. Mit der vereinfachenden Annahme $\delta_1 \simeq \delta_2$ folgt dann

$$\delta = \frac{\delta_1}{2} \, .$$

Bei rein elastischem Verhalten der Kontakte können die Repulsivkräfte als elastische Widerstandskräfte zwischen den kontaktierenden Partikeln angesehen werden. Nach Hertz [18] gilt für die elastische Widerstandskraft

$$F_W = F_{el} = \frac{2\sqrt{2\,\delta}}{3\,k_{12}}\, h^{3/2}$$

mit

$$k_{12} = k_1 + k_2$$

und

$$k_i = \frac{1 - \nu_i}{E_i} \qquad (i = 1,2) \, .$$

Dabei bezeichnen die ν_i die Poissonzahlen bzw. die E_i die Elastizitätsmoduln der unter Umständen unterschiedlichen Partikelmaterialien. Wie im Nachstehenden gezeigt wird, läßt sich Dahnekes Annahme eines rein elastischen Verhaltens bei der Verfestigung kohäsiver Schüttgüter durch von außen aufgeprägte Kräfte nicht aufrecht erhalten.

Wenn außer der van der Waals - Kraft und der Repulsivkraft eine Normalkraft aufgrund eines äußeren Spannungsfeldes in einem Kontakt wirkt, so stellt sich Gleichgewicht zwischen Normalkraft N, van der Waals - Kraft F_{vdW} und der elastischen Rückstellkraft F_{el} ein. Nach

Wegnahme der äußeren Last N bringt die elastische Rückstellkraft F_{el} das System wieder in die Ausgangslage wie vor Aufbringen der Normallast N zurück. Das bedeutet aber, daß die Größe der Haftkraft nicht von der vorangegangenen Verfestigung abhängt. Ein solches Materialverhalten stünde aber in scharfem Widerspruch zu aller experimenteller Erfahrung mit feinkörnigen kohäsiven Schüttgütern (vergl. hierzu Abb. 2.3).

Umgekehrt muß dann aber geschlossen werden, daß irreversible Deformationen während der Verfestigung in den Partikelkontakten erzeugt werden, die nach Wegnahme der äußeren Belastung erhalten bleiben und für ein "Einfrieren" der zugehörigen Haftkräfte verantwortlich sind.

Unter den als klein vorausgesetzten Deformationen in der Kontaktzone ergibt sich im Falle irreversibler Deformationen die Repulsivkraft nach einfachen Rechnungen zu

$$F_W = F_{pl} = p_f \, f = p_f \, \pi \, \delta \, h.$$

Da das umgebende, elastisch deformierte Material das plastische Fließen behindert, ist der plastische Fließdruck p_f größer als die bei unbehindertem Fließen beobachtete Fließspannung σ_f. Theoretische Untersuchungen von Hencky [19] und Inshlinsky [20] lieferten die Abschätzung $p_f \simeq 3\,\sigma_f$.

Einsetzen der Beziehung (5.2) für die van der Waals - Kraft und der Beziehungen für elastisches bzw. plastisches Widerstandsverhalten des Materials in das Kräftegleichgewicht (5.1) liefert nach einfachen Umformungen die dimensionslose Darstellung

$$\frac{3\,k_{12}\,N}{\sqrt{\delta}\,z_0^{3/2}} + \frac{3\,k_{12}\,A^*\,\sqrt{\delta}}{12\,z_0^{7/2}}\left(1 + \frac{2\,h}{z_0}\right) = \begin{cases} \left(\dfrac{2\,h}{z_0}\right)^{3/2} & \text{(elastisch)}, \\[2ex] \dfrac{3\,\pi\,k_{12}\,p_f\,\sqrt{\delta}}{2\,\sqrt{z_0}}\,\dfrac{2\,h}{z_0} & \text{(plastisch)}. \end{cases}$$

$$(5.3)$$

Die Schlüsselrolle der Gl. (5.3) für das Verständnis des Verhaltens kohäsiver Schüttgüter läßt sich an Hand der Durchrechnung eines Zahlenbeispiels einsehen.

Schwedes [21] hat sorgfältige Messungen von Fließorten mit Kalksteinpartikeln einer Korngröße $d \lesssim 15$ µm durchgeführt.

Als typischer Wert der Verfestigungsspannung läßt sich aus den Messungen von Schwedes der Zahlenwert

$$\sigma \simeq 7 \cdot 10^3 \ Pa$$

entnehmen. Entsprechend Gl. (4.10) kann daher die in einem Kontakt
übertragene Normalkraft zu

$$N = \frac{\pi}{k\,(1-\epsilon)}\ d^2\,\sigma = 9,67 \cdot 10^{-8}\ N \simeq 1 \cdot 10^{-7}\ N$$

abgeschätzt werden. Hierbei wurden entsprechend den von Schwedes [21]
angegebenen Daten die mittlere Partikelgröße $d = 3$ µm und die Porosität $\epsilon = 0,61$ eingesetzt. Weiterhin wurde die aus den Messungen von
Smith et alii [22] entnommene Abschätzung benutzt, wonach für das
Produkt aus Koordinationszahl und Porosität $k\,\epsilon \simeq 3 \simeq \pi$ gilt.

Als Zahlenwerte für die Materialkonstanten wurden benutzt:

Charakteristische Haftdistanz: $\quad Z_0 = 4 \cdot 10^{-10}$ m

elastische Eigenschaften: $\quad k_{12} = 2\,k_1 = 1,4 \cdot 10^{-11}$ 1/Pa

plastischer Fließdruck: $\quad p_f \simeq 5 \cdot 10^8$ Pa

Hamaker - Konstante: $\quad A^* \simeq 6 \cdot 10^{-20}$ J

Oberflächenrauhigkeit: $\quad \delta = \dfrac{\delta_1}{2} \simeq 0,1$ µm $= 1 \cdot 10^{-7}$ m

Die Wahl dieser Zahlenwerte läßt sich wie folgt begründen:

Die Distanz $Z_0 = 4 \cdot 10^{-10}$ m ist der Abstand, bei dessen Unterschreitung die intermolekularen Repulsivkräfte stark anwachsen. (Wegen Einzelheiten siehe hierzu z.B. [16]).

Schönert und Steier [23] untersuchten die Sprödbruchgrenze bei der
Zerkleinerung feinkörniger Partikeln, d.h. die Korngröße, bei deren
Unterschreitung eine zwischen zwei Druckflächen beanspruchte Partikel
nicht mehr spröde bricht, sondern unter erheblicher Abplattung nur
noch plastische Deformation zeigt.

Aus ihren Untersuchungen an einzelnen Kalksteinpartikeln im Korngrössenbereich $d = 1 \div 20$ µm ermittelten Schönert und Steier den plastischen Fließdruck von Kalkstein zu $p_f = 50$ kp/mm^2 $\simeq 5 \cdot 10^8$ Pa und den Elastizitätsmodul zu $E = 10^4$ kp/mm^2 $\simeq 10^{11}$ Pa. Mit dem Schätzwert $\nu = 0,3$ für die Poissonzahl ergibt sich dann $k_{12} = 1,4 \cdot 10^{-11}$ 1/Pa.

Die Hamakerkonstante für Kalkstein ist nicht direkt bekannt, aber in der Arbeit von Dahneke [16] sind für verschiedene Materialien Daten angegeben, wobei für einige Materialien die Zahlenwerte A* im Bereich $6 \cdot 10^{-20}$ J bis $15 \cdot 10^{-20}$ J liegen. Der für die hier wiedergegebene Berechnung benutzte Zahlenwert liegt daher eher an der unteren Grenze und schätzt vorsichtig die Größenordnung der Haftkräfte eher zu gering ein. Aus seinen Haftkraftmessungen an Einzelpartikeln hat Krupp [17] geschlossen, daß das Haftkraftverhalten von Partikeln mit einer Korngröße von $d = 1$ µm und größer durch deren Oberflächenrauhigkeiten im Größenordnungsbereich von etwa 0,1 µm festgelegt ist.

Mit den voranstehend aufgelisteten Zahlenwerten ist die Beziehung (5.3) in Abb. 5.1 dargestellt.

In Abb. 5.1 sind die elastische Kennlinie für rein elastisches Verhalten der Kontakte und die plastische Kennlinie für rein plastisches Verhalten der Kontakte über der relativen Abplattung $(2 h)/Z_0$ aufgetragen.

Die plastische Kennlinie gilt mit Sicherheit ab dem Punkt, wo die elastische Kennlinie oberhalb der plastischen Kennlinie liegt. Entsprechend Gl. (5.3) hat man die Verfestigungskaft N der van der Waals - Kraft F_{vdW} zu überlagern. Die Gleichgewichtssituation während der Verfestigung ist daher durch den Schnittpunkt der plastischen Kennlinie mit der Überlagerung von Normalkraft und van der Waals - Kraft gegeben.

Die Abb. 5.1 liefert die folgende grundlegende Einsicht, die ein physikalisch begründetes Verständnis des Verhaltens kohäsiver Schüttgüter erlaubt:

Fü die hohen Haftkräfte bei verfestigten kohäsiven Schüttgütern sind irreversible, plastische Deformationen der Kontakte während der Verfestigung verantwortlich. Würde man versuchen, die Wirkung der Verfestigung allein durch Zunahme der Koordinationszahl bei abnehmender Porosität zu erklären, so würden sich bei elastischem Kontaktverhalten so geringe Verhältnisse von Haftkraft zu Verfestigungskraft ergeben, wie sie experimentell nicht festgestellt werden.

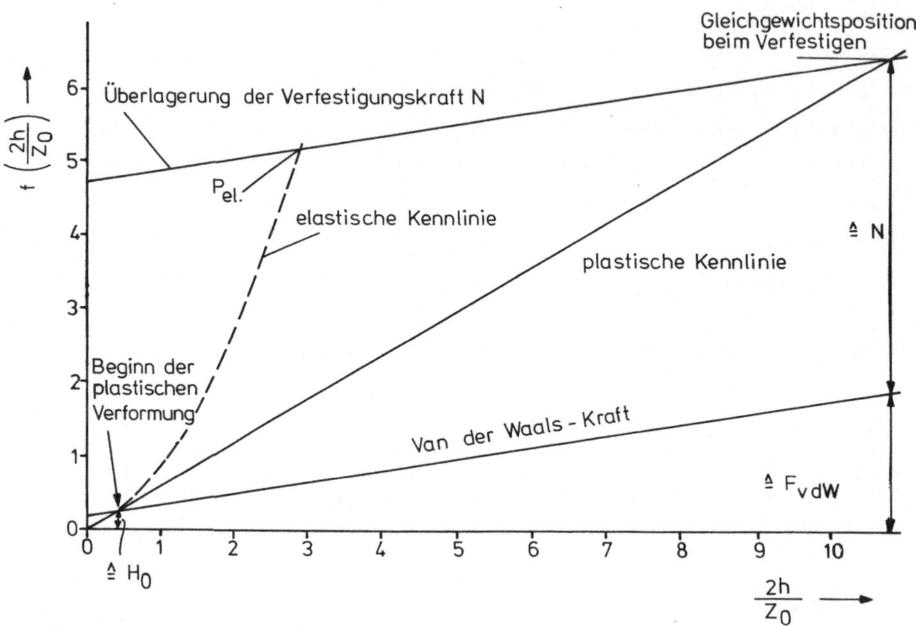

Abb. 5.1:   Zahlenmäßige Auswertung der Beziehung (5.3) für Kalksteinpartikeln

Bei elastischem Kontaktverhalten würde während der Verfestigung in Abb. 5.1 der Zustandspunkt P_{el} erreicht werden. Bei Entlastung würde aber eine reversible elastische Deformation das Kontaktsystem wieder in die mit H_0 bezeichnete Situation zurückbewegen. Ein Verhältnis von Haftkraft zu Verfestigungskraft $H_0/N \simeq 0{,}03$ entsprechend Abb. 5.1 liegt aber weit unterhalb aller experimenteller Erfahrung.

Da die Auswertung der Gl. (5.3) mit Hilfe der Abb. 5.1 den Nachweis erbracht hat, daß für die beobachtete Größe der Haftkräfte irreversible Kontaktdeformationen maßgeblich sind, läßt sich jetzt die Gl. (5.3) zur Ermittlung der durch Verfestigung erzeugten Haftkräfte eindeutig auswerten. Bei plastischem Materialverhalten läßt sich in einfacher Weise die zur Gleichgewichtssituation beim Verfestigen gehörende relative Abplattung $(2\,h)/Z_0$ berechnen.

Da bei irreversibler Deformation diese Abplattung erhalten bleibt,
folgt aus Gl. (5.2) die durch Verfestigung erzeugte Haftkraft in
einem Partikelkontakt zu

$$
H = \frac{A^* \delta}{12\, Z_0^{\,2}} \; \frac{\dfrac{3\,\pi\,k_{12}\,p_f\,\sqrt{\delta}}{2\,\sqrt{Z_0}} + \dfrac{3\,k_{12}}{\sqrt{\delta}\,Z_0^{\,3/2}}\,N}{\dfrac{3\,\pi\,k_{12}\,p_f\,\sqrt{\delta}}{2\,\sqrt{Z_0}} - \dfrac{3\,k_{12}\,A\,\sqrt{\delta}}{12\,Z_0^{\,7/2}}} \; . \qquad (5.4)
$$

Einsetzen der zuvor bei der Herleitung der Darstellung Abb. 5.1
benutzten Zahlenwerte liefert aus (5.4) die Beziehung

$$
H = \frac{A^* \delta}{12\, Z_0^{\,2}} \; \frac{0,52 + 1,61}{0,52 - 0,0518} \; .
$$

Wie dieses Zahlenbeispiel lehrt, ist der zweite Term im Nenner der
Beziehung (5.4) vernachlässigbar klein im Vergleich zum ersten.
Deswegen wird an Stelle von (5.4) die vereinfachte Beziehung

$$
H = \frac{A^* \delta}{12\, Z_0^{\,2}} + \frac{A^*}{6\,\pi\,Z_0^{\,3}\,p_f}\,N \qquad (5.5)
$$

im Folgenden ausschließlich benutzt.

Die beiden in (5.5) auftretenden Terme besitzen eine einfache anschauliche Bedeutung. Der erste Term auf der rechten Seite von (5.5)
ist die zwischen starr gedachten Partikeln wirksame Haftkraft,
während beim zweiten Term der dimensionslose Faktor $A^*/(6\,\pi\,Z_0^{\,3}\,p_f)$
das Verhältnis des van der Waals - Haftdruckes [17] zum plastischen
Fließdruck des Partikelmaterials darstellt.

Die Brauchbarkeit der Näherungsgleichung (5.5) läßt sich mit Hilfe
der bereits in Kapitel 2 benutzten Versuchsergebnisse von Schütz und
Schubert [7] überprüfen.

Schütz und Schubert haben 60 µm Kalksteinpartikeln an polierte
Metallflächen im Fliehkraftfeld angepreßt und danach abgeschleudert.
Die von Schütz und Schubert bei niedrigen Preßkräften erzielten
Versuchsergebnisse entsprechen dem Belastungsniveau in den Partikel-
kontakten feinkörniger Schüttgüter. In Abb. 5.2 sind diese Versuchs-
ergebnisse wiedergegeben.

Im Rahmen der erzielbaren Versuchsgenauigkeiten lassen sich die in
Abb. 5.2 dargestellten Versuchsergebnisse durch eine Beziehung von
der Form

$$H = H_0 + \varkappa\, N \qquad\qquad\qquad (5.6)$$

wiedergeben, wobei aus Abb. 5.2 die Zahlenwerte $H_0 \simeq 1 \cdot 10^{-7}$ N und
$\varkappa = 0{,}3$ abzulesen sind. Der Vergleich mit der Beziehung (5.5) läßt
sich jetzt wie folgt bewerkstelligen:

Ein vernünftiger Zahlenwert für die Hamakerkonstante ist nach den
voranstehenden Überlegungen $A^* \simeq 15 \cdot 10^{-20}$ J.

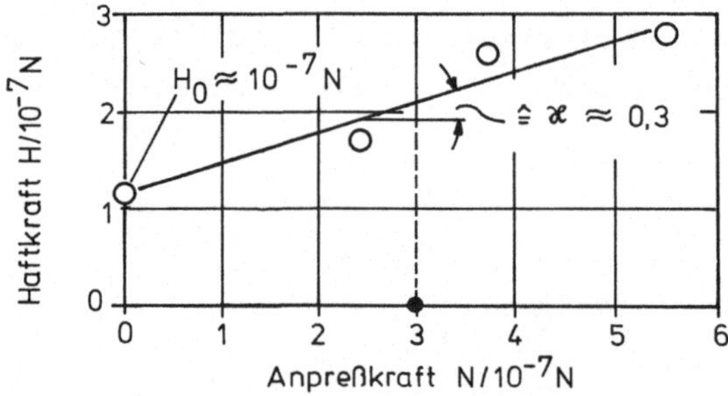

Abb. 5.2:   Haftkraftverhalten von schwach gepreßten Kalksteinpar-
               tikeln nach Messungen von Schütz und Schubert [7]

Setzt man diesen und die anderen der zuvor hergeleiteten Zahlenwerte
($Z_0 = 4 \cdot 10^{-10}$ m, $p_f = 5 \cdot 10^{8}$ Pa für Kalkstein) ein, so erhält man
aus dem Vergleich mit (5.5)

$$\varkappa = \frac{A^*}{6\,\pi\,Z_0^{\,3}\,p_f} = 0{,}249.$$

Dieses Ergebnis stimmt recht gut mit dem direkt gemessenen Zahlenwert
$\varkappa = 0{,}3$ überein. Der Vergleich mit der Beziehung (5.5) zeigt weiter-

hin, daß bei dem Vergleich mit experimentellen Ergebnissen das geometrische Mittel δ der Kontaktgeometrien beider Haftpartner noch offen ist. Für eine im Vergleich zu Kalkstein harte und polierte Metalloberfläche kann δ_2 (Metall) $\gg$ δ_1 (Kalkstein) angenommen werden. Eine Kalksteinpartikel mit unregelmäßiger Oberfläche stützt sich in stabiler Lage über mindestens drei Einzelkontakte auf die Metalloberfläche ab.

Man kann jetzt die Meßergebnisse von Schütz und Schubert zusammen mit den zuvor abgeleiteten Daten dazu benutzen, die Oberflächenrauhigkeiten der Kalksteinpartikeln aus Haftkraftmessungen zu berechnen.

Der Vergleich mit der Beziehung (5.5) liefert dann mit
$H_0 \simeq 1 \cdot 10^{-7}$ N, $Z_0 = 4 \cdot 10^{-10}$ m und $A^* = 15 \cdot 10^{-20}$ J

$$\delta_1 \simeq \delta = \frac{1}{3} \frac{12 \, H_0 \, Z_0^2}{A^*} \simeq 0,43 \; \mu m.$$

Dieses Ergebnis beschreibt aber in vernünftiger Weise die Oberflächenrauhigkeiten von Kalksteinpartikeln mit einer nominellen Partikelgröße von d = 60 μm. Schließlich läßt sich noch zeigen, daß das Belastungsniveau der Partikelkontakte kohäsiver Schüttgüter tatsächlich in dem in Abb. 5.2 dargestellten Bereich liegt. Wie zuvor an Hand der von Schwedes [21] mitgeteilten Versuchsdaten abgeleitet, ist die Größenordnung der pro Partikelkontakt beim Verfestigen übertragenen Normalkraft $N \simeq 10^{-7}$ N. Bei stabiler Lagerung unregelmäßig geformter Partikeln auf geschliffenen Metallflächen und damit mindestens drei Unterstützungspunkten ist dann die entsprechende Belastung bei den Versuchen von Schütz und Schubert $N \simeq 3 \cdot 10^{-7}$ N. Wie aus Abb. 5.2 unmittelbar abzulesen, liegt dieser Wert genau in dem bei niedrigen Pressungen von Schütz und Schubert eingestellten Belastungsbereich. Die Auswertung eines durchgerechneten Beispiels wie auch von unmittelbaren Haftkraftmessungen bestätigt also sowohl qualitativ wie auch quantitativ die Gültigkeit der vereinfachten Beziehung (5.5) für die Abhängigkeit der Haftkraft in einem Partikelkontakt von der vorangegangenen Verfestigung. Aus der Wechselwirkung zwischen van der Waals - Kräften und den eingeprägten äußeren Kräften folgt daher Gl. (5.6) für die in einem Kontakt übertragene Haftkraft, in welcher der Term H_0 die Haftkraft in einem Kontaktpunkt des unverfestigten Schüttgutes beschreibt. Der Term mit $\varkappa$ beschreibt den Anstieg der im Kontakt übertragenen Haftkraft aufgrund einer zuvor beim Verfestigen im Kontaktpunkt einwirkenden Normalkraft **N**.

5.3 Die innere Reibung eines Schüttgutes

Grundlage der üblichen kontinuumsmechanischen Modelle des Fließverhaltens von Schüttgütern ist die Vorstellung einer während des Fließens wirksamen inneren Reibung des Schüttgutes.

Bei einer auf der Kraftübertragung in Partikelkontakten basierenden Theorie wird man dagegen von folgenden Vorstellungen ausgehen: Fließen eines Schüttgutes beginnt, wenn zumindest in einem Teil der Kontakte die im Kontakt übertragene Tangentialkraft T im Verhältnis zur insgesamt übertragenen Druckkraft C einen kritischen Wert annimmt. Umgekehrt werden also Kontakte bestehen bleiben, solange

$$\frac{|T|}{C} < \mu = \tan\rho. \tag{5.7}$$

gilt. Die Beziehung (5.7) definiert den Winkel ρ der inneren Reibung eines kohäsiven Schüttgutes.

6 Theorie der Fließeigenschaften kohäsiver Schüttgüter

6.1 Legitime Forderungen an die Theorie

Ausgehend von der Betrachtung der in den Partikelkontakten übertragenen Kräfte ergaben sich in Kapitel 5 drei Parameter, die das Verhalten eines kohäsiven Schüttgutes charakterisieren:

a) Die Haftkraft H_0 in den Kontakten eines nicht verfestigten Schüttgutes (Gl. (5.6)),

b) die Konstante $\varkappa$, die entsprechend Gl. (5.6) das Anwachsen der Haftkraft mit dem Verfestigen beschreibt und

c) der durch die Ungleichung (5.7) definierte Winkel ρ der inneren Reibung eines Schüttgutes.

Eine physikalisch begründete Theorie der Fließeigenschaften kohäsiver Schüttgüter sollte daher diese drei Parameter enthalten, die von der Betrachtung der Vorgänge in den Partikelkontakten her evident sind.

Falls diese drei Parameter die wesentlichen sind, sollten sie umgekehrt auch zu einer brauchbaren Beschreibung der Fließeigenschaften kohäsiver Schüttgüter ausreichen. Diese Forderung ist dann besonders glaubwürdig erfüllt, wenn es gelingt, die drei genannten Parameter aus gemessenen Fließeigenschaften zurückzurechnen.

In Kapitel 4 wurden Beziehungen für die Kraftübertragung in Schüttgütern hergeleitet, wobei vereinfachende Annahmen wie z.B. kugeliges Gleichkorn unvermeidlich waren. Da diese Beziehungen im Folgenden benutzt werden, kann andererseits nicht erwartet werden, daß die nachfolgend abgeleitete Theorie jedes beobachtete Detail des Verhaltens kohäsiver Schüttgüter richtig vorhersagt.

Der Hauptwert der Theorie besteht darin, daß man erkennt, welche, oft unbewußt getroffene Annahmen kontinuumsmechanischer Modellvorstellungen nicht erfüllt sind und insbesondere, in welcher Weise sich die Wechselwirkung zwischen Haftkräften und eingeprägten Kräften in gemessenen Fließeigenschaften wiederspiegelt.

6.2 Der stationäre Fließort

Stationäre Deformation einer Schüttgutmasse beim Ausfließen aus Bunkern z.B. über Strecken von mehreren Metern hinweg, kann offensichtlich nur durch fortgesetztes Lösen momentaner Partikelkontakte erfolgen. Stationäres Fließen eines kohäsiven Schüttgutes erfolgt dann aber derart, daß aufgrund der Wechselwirkung zwischen den in den Partikelkontakten momentan übertragenen äußeren Kräften und den von ihnen momentan erzeugten Haftkräften gerade Versagen entsprechender Partikelkontakte eintritt.

Mit Hilfe dieser einfachen Überlegung läßt sich eine Beziehung für den stationären Fließort finden.

Wie in Kapitel 4 gezeigt, gilt für die Kontaktkraftkomponenten ebenso wie für die Spannungszustände die Mohrkreisdarstellung.

Gemäß Gl. (3.43) wird in einem gegen die Orientierung der größten Hauptspannung um den Winkel φ geneigten Kontakt aufgrund des äußeren Spannungszustandes eine Normalkraft

$$N\,(\varphi) = F_M + F_R\,\cos 2\varphi$$

übertragen. Entsprechend Gl. (5.6) wird von dieser Normalkraft eine Haftkraft

$$H\,(\varphi) = H_0 + \varkappa\,N\,(\varphi)$$

erzeugt. Die im Kontakt insgesamt übertragene Normalkraft ist daher

$$C\,(\varphi) = H_0 + (1 + \varkappa)\,(F_M + F_R\,\cos 2\varphi).$$

Entsprechend Gl. (3.43) ist der Betrag der in einem Kontakt übertragenen Tangentialkraft

$$|T\,(\varphi)| \;=\; F_R\,|\sin 2\varphi|.$$

Die Grenzbedingung für beginnendes Abgleiten ist daher gemäß Ungleichung (5.7)

$$F_R \, |\sin 2\varphi| \leq H_0 \, \tan\rho + (1 + \varkappa) \, \tan\rho \, (F_M + F_R \, \cos 2\varphi).$$

$$(6.1)$$

Da $|\sin 2\varphi|$, $\cos 2\varphi$ gerade Funktionen sind, kann die Betrachtung auf
$\varphi \geq 0$ und damit an Stelle von (6.1) auf

$$F_R \, \sin 2\varphi \leq H_0 \, \tan\rho + (1 + \varkappa) \, \tan\rho \, (F_M + F_R \, \cos 2\varphi)$$

beschränkt werden.

Definiert man den stationären Reibungswinkel φ_e durch

$$\tan\varphi_e \equiv (1 + \varkappa) \, \tan\rho , \qquad\qquad (6.2)$$

so erhält man aus (6.1) die Beziehung

$$F_R \, (\sin 2\varphi - \tan\varphi_e \, \cos 2\varphi) \leq H_0 \, \tan\rho + F_M \, \tan\varphi_e . \qquad (6.3)$$

Die linke Seite der Ungleichung (6.3) hängt vom Winkel φ ab. Gleichheit wird daher zuerst für den Winkel ψ erreicht, bei dem die linke
Seite von (6.3) maximal wird.

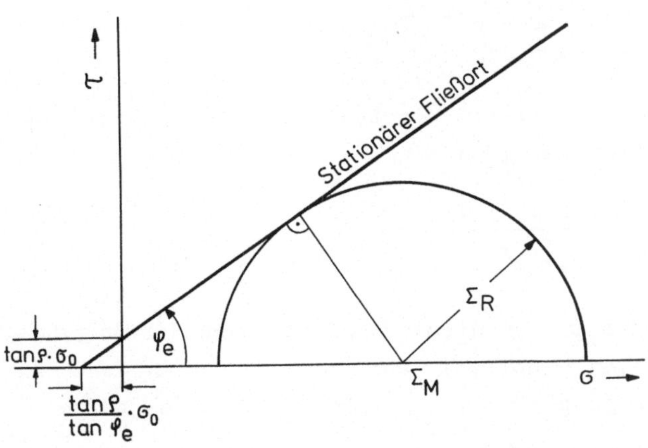

Abb. 6.1:   Stationärer Fließort nach Gl. (6.7)

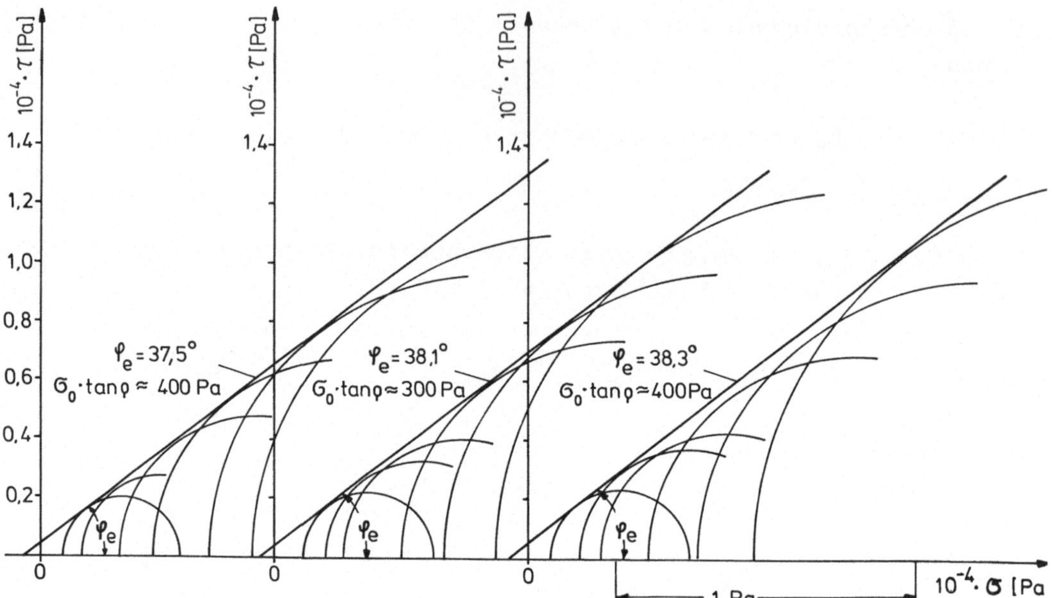

Abb. 6.2:   Stationäre Fließorte nach Messungen von Kurz und Münz [24]

Einfache Rechnungen liefern, daß die linke Seite von (6.3) maximal
wird für

$$\varphi = \frac{\pi}{4} + \frac{\varphi_e}{2}.\tag{6.4}$$

Einsetzen von (6.4) in (6.3) und Gleichheit zwischen linker und
rechter Seite von (6.3) liefert nach elementaren Rechnungen

$$F_R = \sin\varphi_e \left(F_M + \frac{\tan\rho}{\tan\varphi_e}\,H_0\right).\tag{6.5}$$

Gemäß Gl. (4.10) dürfen Kontaktkräfte in Spannungen umgerechnet
werden. Definiert man über

$$\sigma_0 = \frac{(1-\varepsilon)\,k\,(\varepsilon)}{\pi\,d^2}\,H_0\tag{6.6}$$

eine Zugfestigkeit des nicht verfestigten Schüttgutes bei Belastung
mit drei gleichen Hauptspannungen $\sigma_1 = \sigma_2 = \sigma_3 = -\sigma_0$, so folgt aus
(6.5) als Bedingung für das stationäre Fließen eines Schüttgutes

$$\Sigma_R = \sin\varphi_e \left(\Sigma_M + \frac{\tan\rho}{\tan\varphi_e}\,\sigma_0\right).\tag{6.7}$$

In der Beziehung (6.7) ist der Radius Σ_R mit dem Mittelpunkt Σ_M eines Mohrkreises verknüpft, der stationäres Fließen beschreibt. Die von der Theorie postulierten Materialdaten σ_0, ρ und $\varkappa$ sind in dieser Beziehung enthalten. Die aus der Theorie folgende Definition des stationären Reibungswinkels φ_e gemäß Gleichung (6.2) enthält über $\varkappa$ das Anwachsen der Haftkräfte mit dem Pressen und den inneren Reibungswinkel ρ des Schüttgutes. Der stationäre Reibungswinkel φ_e wird hiermit auf physikalisch sinnvolle Materialdaten zurückgeführt. Akzeptiert man das vorgeschlagene theoretische Modell, so ist eine Folgerung zu beachten:

Die Theorie entsprechend Gl. (6.7) sagt den stationären Fließort, d.h. die Einhüllende der stationäres Fließen beschreibenden Mohrkreise als Gerade voraus, welche die τ - Achse etwas oberhalb des Koordinatenursprungs durchsetzt (vergl. Abb. 6.1).

Die Überprüfung von in der Literatur angegebenen Messungen bestätigt die Vorhersage der Theorie. Aus von Kurz und Münz [24] publizierten Messungen z.B. ließen sich die stationäres Fließen beschreibenden Mohrkreise rückrechnen. Für die in Abb. 6.2 dargestellten stationären Fließorte dreier verschiedener Schüttgüter ergeben sich Geraden, die die τ - Achse etwas oberhalb des Koordinatenursprungs durchsetzen.

Die abgelesenen Werte $\sigma_0 \tan \rho$ sind mit eingetragen. Diese am Beispiel der Messungen von Kurz und Münz bestätigte Vorhersage der Theorie ergibt sich auch aus experimentellen Befunden, über die Stainforth, Ashley und Morley berichten [25].

Nach dem Vorschlag Jenikes [12] werden effektive Reibungswinkel δ per definitionem dadurch gewonnen, daß man an gemessene Mohrkreise Tangenten legt, die durch den Ursprung des σ, τ - Achsenkreuzes gehen. Wenn die hier vorgelegte Theorie zutrifft, müssen entsprechend der Definition Jenikes gemessene effektive Reibungswinkel δ i.a. bei niedrigen Spannungen stark zunehmen. Die Auswertung eigener wie auch in der Literatur beschriebener Messungen bestätigt diesen Sachverhalt (vergl. z.B. Abb. 10.5, S. 167; Abb. 12.8, S. 207).

Aus der hier gegebenen theoretischen Herleitung des stationären Fließortes läßt sich dessen Eigenschaft als Grenzlinie unmittelbar anschaulich verstehen. Die Mohrkreise, deren Einhüllende der stationäre Fließort ist, beschreiben die Spannungszustände, bei denen Abgleiten in Partikelkontakten einsetzt unter der Wirkung von Haftkräften, die von den momentan wirkenden eingeprägten, äußeren Kräften erzeugt sind. Unterhalb des stationären Fließortes liegende Mohrkreise beschreiben daher Spannungszustände, die nur zu einer Verfestigung, nicht dagegen zum Fließen des Schüttgutes führen. Auf der anderen Seite können Mohrkreise, die den stationären Fließort überschreiten, nur als Folge einer vorangegangenen Verfestigung vor Fließbeginn erreicht werden.

6.3 Anisotropie eines verfestigten Schüttgutes

Ohne jede Rechnung läßt sich rein anschaulich eine lästige Konsequenz der hier vorgestellten Überlegungen einsehen:

Die Haftkräfte in den Kontakten hängen ab von der vorangegangenen Verfestigung. Ein verfestigtes kohäsives Schüttgut kann daher nur dann mechanisch isotrop sein, wenn der verfestigende Spannungszustand isostatisch, d.h. mit drei gleich großen Hauptspannungen war. Verfestigende isostatische Spannungszustände treten weder in der Anwendung noch in den zur Messung von Schüttguteigenschaften benutzten Scherzellen auf. Nach der hier vorgestellten Theorie muß ein verfestigtes kohäsives Schüttgut daher stets mechanisch anisotrop sein. Diese mechanische Anisotropie läßt sich sehr einfach experimentell nachweisen.

Das Meßgefäß der für Scherversuche mit kohäsiven Schüttgütern wohl am meisten benutzten Jenike - Scherzelle (vergl. Kapitel 10, Abb. 10.1, S. 164) besteht aus je einem zylindrischen Ober- und Unterteil. Mit der Jenike - Scherzelle läßt sich daher folgendes Experiment durchführen:

Eine Testreihe wird wie üblich mit Verfestigen und Anscheren durchgeführt. Bei einer zweiten Testreihe wird nach dem Verfestigen mit Anscheren die zylindrische Anordnung als Ganzes um die Zylinderachse $\overline{aa}$ um 90° gedreht und danach der zugehörige Fließort gemessen. Die beiden verschiedenen Prozeduren liefern eindeutig zwei verschiedene Fließorte $Fl_1 \neq Fl_2$ (Abb. 6.3).

Ein derartiges Experiment ist im Sinne der Mechanik ein klassisches Experiment zum Anisotropienachweis. Die Vorhersage der Theorie wird also bestätigt. Es verblüfft daher, daß aus früheren experimentellen Untersuchungen stets geschlossen wurde, kohäsive Schüttgüter seien

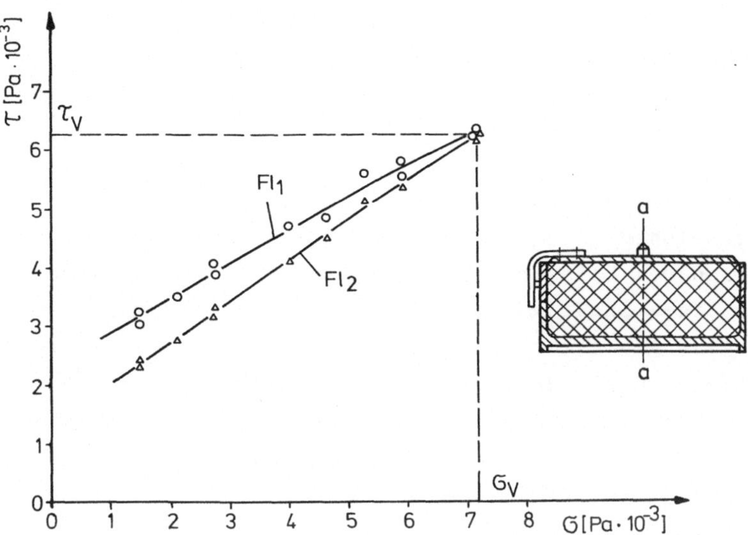

Abb. 6.3:   Nachweis der Anisotropie eines verfestigten Schüttgutes

wenigstens im Rahmen der Meßgenauigkeit isotrop. Dies hat zwei Gründe:

Einmal wurde im Sinne der Kontinuumsmechanik Isotropie lediglich dahingehend verstanden, daß die Hauptachsen von Spannungs- und Verzerrungstensor wenigstens annähernd übereinstimmen, ein Isotropiebegriff, der hier gar nicht zur Debatte steht. Zum anderen lassen sich mit den bekannten Meßgeräten von den möglichen Beanspruchungsvorgeschichten aus rein konstruktiven Gründen nur eine eng begrenzte Auswahl realisieren. Die geringen Freiheitsgrade, welche die Scherzellen dann noch lassen, wurden überdies durch genau vorgeschriebene Meßprozeduren derart weiter eingeschränkt, daß nur identische Beanspruchungsvorgeschichten von den verschiedenen Experimentatoren realisiert werden. Traten bei verschiedenen Apparaturen Unterschiede auf, so wurden diese wegen der sehr komplizierten Meßtechnik als Unvollkommenheiten der einen oder anderen Apparatur, nicht jedoch als Materialeigenschaften angesehen.

6.4 Bei der Herleitung der individuellen Fließorte erforderliche Voraussetzungen

Aus der mechanischen Anisotropie kohäsiver Schüttgüter ergeben sich einige unangenehme Konsequenzen. Im allgemeinen Fall muß jeder Spannungszustand, gekennzeichnet durch Mohrkreise, die unterhalb des stationären Fließortes liegen, als ein möglicher Verfestigungszustand angesehen werden. Es ist jedoch unmöglich, zu einer beliebigen Beanspruchungsvorgeschichte gehörende individuelle Fließorte allgemeingültig zu berechnen.

Glücklicherweise mag vom Standpunkt der Praxis aus gesehen eine eingeschränkte Betrachtungsweise für viele in der Praxis vorkommende Fälle ausreichen. Bei technischen Anwendungen kann ein vorangegangenes stationäres Fließen in vielen Fällen als die Beanspruchungsvorgeschichte eines Schüttgutes angesehen werden. Dann ist aber die Beanspruchungsvorgeschichte, d.h. die vorangegangene Verfestigung durch den stationären Fließort festgelegt. Darüberhinaus kann z.B. bei der Auslegung von Massenflußbunkern eine wenigstens annähernde Übereinstimmung der Orientierungen der Hauptspannungen im Falle des Ausfließens und bei der Blockade infolge von Brückenbildung vorausgesetzt werden.

In diesem Zusammenhang ist die Tatsache von Interesse, daß bei der Ermittlung von Fließorten mit Hilfe der Jenike - Scherzelle genau diese beiden Punkte erfüllt werden, wenn entsprechend der Vorschrift von Jenike in einem zweiten Verfestigungsschritt angeschert wird, d.h. der stationäre Fließzustand als Verfestigungszustand angestrebt wird, soweit es die mit der Jenike - Scherzelle erreichbaren Scherwege zulassen (vergl. Kapitel 10).

Als ein Spezialfall, der aber für die praktische Anwendung von wesentlichem Interesse ist, läßt sich eine Gleichung für die individuellen Fließorte herleiten, die gültig ist bei Erfüllung der beiden folgenden Voraussetzungen:

    a) Übereinstimmung der Richtungen der Hauptspannungen beim Verfestigen und beim beginnenden Fließen auch hinsichtlich der relativen Größe (größte Hauptspannung beim Verfestigen mit größter Hauptspannung bei beginnendem Fließen usw.).

    b) Die Verfestigung ist durch vorangegangenes Fließen, d.h. durch den stationären Fließort gekennzeichnet.

6.5 Berechnung der individuellen Fließorte

Der Rechnungsgang läuft weitgehend analog dem zuvor bei der Herleitung des stationären Fließortes beschriebenen ab:

Wenn wiederum φ den Winkel gegen die Richtung der größten Hauptspan-

nung bezeichnet, so wird in einem Kontakt infolge der vorangegangenen Verfestigung eine Haftkraft

$$H\,(\varphi) = H_0 + H_M + H_R\,\cos 2\varphi$$

übertragen, während wegen der Übereinstimmung der Hauptspannungsrichtungen beim beginnenden Fließen eine Normalkraft

$$N\,(\varphi) = F_M + F_R\,\cos 2\varphi$$

im selben Kontakt übertragen wird. Die resultierende Druckkraft in
einem Kontakt ist daher

$$C\,(\varphi) = C_M + C_R\,\cos 2\varphi$$

mit den Anteilen

$$C_M = F_M + H_M + H_0 \tag{6.8}$$

und

$$C_R = F_R + H_R. \tag{6.9}$$

Der Betrag der in dem Kontakt übertragenen Tangentialkraft ist
entsprechend Gl. (3.43)

$$|T\,(\varphi)| = F_R\,|\sin 2\varphi|$$

Setzt man die voranstehend aufgelisteten Beziehungen in die Abgleit-
bedingung Ungleichung (5.7) ein, so erhält man

$$F_R\,|\sin 2\varphi| \leq \tan \rho\,(C_M + C_R\,\cos 2\varphi).$$

Da $|\sin 2\varphi|$, $\cos 2\varphi$ gerade Funktionen sind, erhält man bei Beschrän-
kung auf $\varphi \geq 0$ die Ungleichung

$$F_R\,\sin 2\varphi - C_R\,\tan \rho\,\cos 2\varphi \leq C_M\,\tan \rho. \tag{6.10}$$

Abgleiten der Kontakte wird für die Richtungen φ erfolgen, für die

die linke Seite der Ungleichung (6.10) maximal ist und daher Gleichheit der Beziehung (6.10) zuerst erreicht wird.

Elementare Rechnungen liefern diese Orientierung zu

$$\varphi = \frac{\pi}{4} + \frac{\xi}{2} \ , \tag{6.11}$$

wobei der Winkel ξ aus

$$\tan \xi = (1 + \frac{H_R}{F_R}) \ \tan \rho \tag{6.12}$$

folgt. Einsetzen des Ergebnisses (6.12) in (6.10) und Gleichheit der Ungleichung liefert nach einfachen Umformungen den Zusammenhang zwischen den Kräften in einem abgleitenden Kontakt

$$F_R = \sin \rho \ \left[\sqrt{(F_M + H_M + H_0)^2 - H_R^2 \cos^2 \rho} - H_R \sin \rho \right] . \tag{6.13}$$

Aufgrund der Beziehungen (4.10) und (6.6) dürfen die Kontaktkräfte durch entsprechende Spannungen ersetzt werden. Damit folgt aus (6.13) bei Beachtung von (5.6)

$$\sigma_R = \sin \rho \ \left[\sqrt{(\sigma_M + \varkappa \sigma_{VM} + \sigma_0)^2 - \varkappa^2 \sigma_{VR}^2 \cos^2 \rho} - \varkappa \sigma_{VR} \sin \rho \right] \tag{6.14}$$

Die Beziehung (6.14) verknüpft den Mittelpunkt σ_M und den Radius σ_R eines beginnendes Fließen beschreibenden Mohrkreises mit dem Mittelpunkt σ_{VM} und dem Radius σ_{VR} des Mohrkreises, der die vorangegangene Verfestigung beschreibt. Die einzige einschränkende Voraussetzung für die Gültigkeit der Beziehung (6.14) ist die Übereinstimmung der Hauptspannungsrichtungen beim Verfestigen und bei beginnendem Fliessen. Für den die Abgleitrichtung festlegenden Winkel ξ folgt aus (6.12) entsprechend

$$\tan \xi = (1 + \varkappa \frac{\sigma_{VR}}{\sigma_R}) \ \tan \rho . \tag{6.15}$$

6.6 Individuelle Fließorte bei der Belastungsvorgeschichte »stationäres Fließen«

Schränkt man jetzt die Voraussetzungen dahingehend ein, daß als Beanspruchungsvorgeschichte stationäres Fließen angesehen wird, so gilt entsprechend Gl. (6.7) speziell

$$\sigma_{VM} = \Sigma_M$$

und

$$\sigma_{VR} = \Sigma_R = \sin\varphi_e \left(\Sigma_M + \frac{\tan\rho}{\tan\varphi_e}\,\sigma_0\right).$$

Damit folgt aus (6.15)

$$\tan\xi = \left(1 + \varkappa\,\frac{\Sigma_R}{\sigma_R}\right)\tan\rho. \qquad (6.16)$$

Dieses Ergebnis besagt, daß die Neigung $\varphi = \pi/4 + \xi/2$ der Orientierung versagender Kontakte gegen die Richtung der größten Hauptspannung größer ist als der üblicherweise bei kontinuumsmechanischen Modellvorstellungen angenommene Wert $\varphi = \pi/4 + \rho/2$.

Das hier mit Gl. (6.16) hergeleitete Ergebnis stimmt mit der experimentellen Erfahrung überein. So hat Schwedes [21] die Orientierung der Bruchflächen bei Schertests nachgemessen.

Bei Auswertung von 270 Schertests mit ein und demselben Material hat Schwedes dessen inneren Reibungswinkel aus den linearisierten Fließorten zu $22^{\circ} \lesssim \rho \lesssim 24^{\circ}$ ermittelt, während der Mittelwert für die Orientierung der statischen Bruchlinien sich zu $\xi = 32^{\circ}$ ergab. (Zur Linearisierung der Fließortgleichungen siehe Abschnitt 6.8).

Dieser eindeutige Unterschied zwischen ρ und ξ läßt sich mit Hilfe von Gl. (6.16) erklären. Mit $\rho = 23^{\circ}$ und $\varkappa = 0,33$ für Kalkstein entsprechend den voranstehend ausgewerteten Messungen folgt aus Gl. (6.16) für eine kritisch verfestigte Probe, d.h. $\sigma_R = \Sigma_R$ der Zahlenwert $\xi = 29^{\circ}$, während sich für eine mit geringerer Last $\sigma_R = 0,5\,\Sigma_R$ gescherte Probe der Zahlenwert $\xi = 35^{\circ}$ ergibt.

Für stationäres Fließen als Beanspruchungsvorgeschichte folgt aus (6.14) als Gleichung zur Berechnung der individuellen Fließorte bei beginnendem Fließen

$$\sigma_R = \sin\rho \left[\frac{\tan\varphi_e}{\tan\rho}\, \Sigma_M + \sigma_0 \right] \left\{ \sqrt{ \left[1 - \frac{\Sigma_M - \sigma_M}{\dfrac{\tan\varphi_e}{\tan\rho}\, \Sigma_M + \sigma_0} \right]^2 - \sin^2(\varphi_e - \rho)} - \sin(\varphi_e - \rho)\tan\rho \right\} . \qquad (6.17)$$

Die Gl. (6.17) verknüpft den Radius σ_R eines beginnendes Fließen
kennzeichnenden Spannungszustandes mit dessen Mittelpunkt σ_M.

Σ_M ist der Mittelpunkt des verfestigenden Mohrkreises. Die Gl.
(6.17) enthält die Parameter des unterlegten theoretischen Modells,
φ_e, ρ und σ_0.

In Abb. 6.4 sind mit den aus linearisierten Fließorten (vergl.
Abschnitt 6.8) gewonnenen Materialdaten σ_0, φ_e und ρ eines Schwer-·
spatpulvers berechnete Fließorte dargestellt.

Die Fließorte sind berechenbar bis zur dreiachsigen Zugfestigkeit σ_{Z3}. Meßtechnisch ist dagegen nur die einachsige Zugfestig-

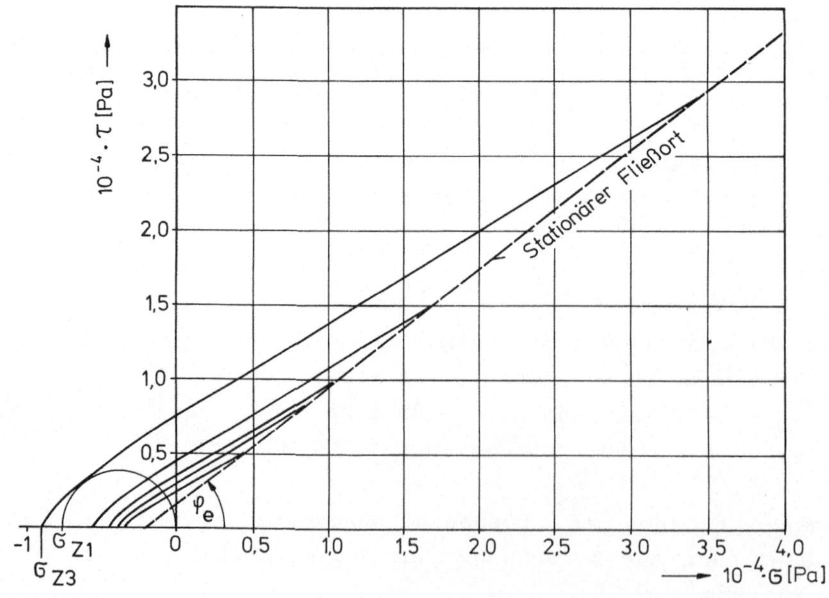

Abb. 6.4:   Mit Gleichung (6.17) berechnete Fließorte

keit σ_{Z1} zugänglich, die kleiner ist. Die berechneten Fließorte
zeigen im Gebiet $\sigma > 0$ einen praktisch geradlinigen Verlauf.

In Abb. 6.5 sind zum Vergleich Fließorte des Schwerspatpulvers eingezeichnet, soweit sie zuverlässig mit der Jenike - Scherzelle gemessen
werden konnten.

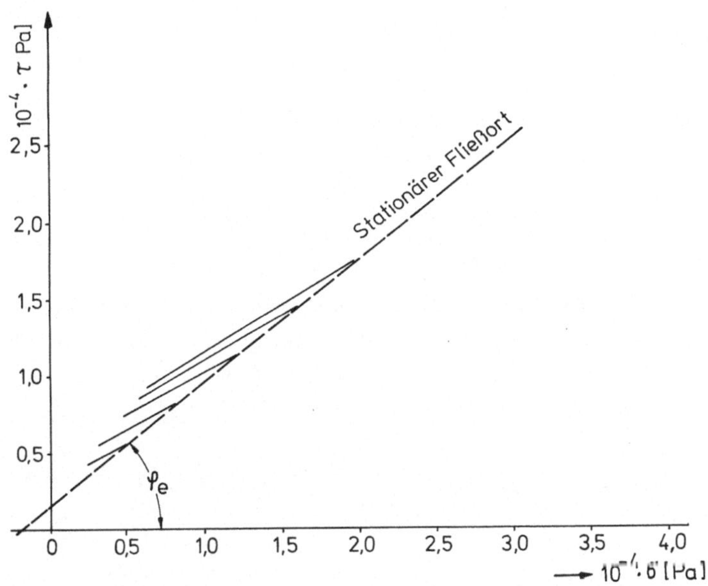

Abb. 6.5:   Gemessene Fließorte eines Schwerspatpulvers

Dies sind die grätenartigen Linien, die auf dem stationären Fließort
enden.

Der Vergleich der Abbildungen 6.4 und 6.5 zeigt, daß die theoretische
Modellvorstellung mit den Meßergebnissen übereinstimmende Fließorte
liefert.

6.7 Einfache Typen des Fließverhaltens von Schüttgütern

Die hergeleitete Fließortgleichung (6.17) ist aus Überlegungen über
die in Partikelkontakten wirksamen Kräfte gewonnen. Diese Gleichung
ist daher nicht eine nur formale Approximation gemessener Kurven,
sondern sie verknüpft unterschiedliche physikalische Größen.

Aus der Herleitung der Fließortgleichung (6.17) ist die physikalische Bedeutung der drei Materialkonstanten φ_e, ρ und σ_0 einsichtig:

a) Isostatische Zugspannung $\sigma_0 \triangleq$ Kohäsionskräfte im unverfestigten Pulver.

b) Winkel $\rho \triangleq$ innere Reibung des Schüttgutes.

c) $\dfrac{\tan\varphi_e}{\tan\rho}$ bzw. $\sin(\varphi_e - \rho) \triangleq$ Anwachsen der Haftkräfte mit der vorangegangenen Verfestigung.

Aus diesen physikalischen Bedeutungen der Materialdaten lassen sich theoretisch verschiedene Typen des Fließverhaltens von Schüttgütern herleiten.

Ein kohäsionsloses Schüttgut ist dadurch gekennzeichnet, daß Haftkräfte in den Partikelkontakten unwesentlich sind und daß die Haftkräfte mit dem Verfestigen nicht anwachsen, d.h. durch $\sigma_0 = 0$ und $\varphi_e = \rho$. Aus der allgemeinen Fließortformel (6.17) folgt damit das klassische Coulomb - Kriterium

$$\sigma_R = \sin\rho \; \sigma_M \, , \qquad\qquad\qquad (6.18)$$

d.h. eine einzige Gerade durch den Koordinatenursprung der σ, τ - Achsen, die sowohl beginnendes wie auch stationäres Fließen in bekannter Weise beschreibt (Abb. 6.6).

Da Haftkräfte zwischen den Partikeln sowohl im unverfestigten wie im verfestigten Schüttgut vernachlässigt sind, beschreibt das klassische Coulomb - Kriterium (6.18) einen theoretischen Grenzwert, der von realen Materialien mehr oder weniger erreicht wird.

Abb. 6.7 zeigt Fließorte eines grobkörnigen PVC - Pulvers mit Partikelgrößen zwischen 120 µm und 200 µm.

Abb. 6.7 zeigt, daß das Coulomb - Kriterium (6.18) einen theoretischen Grenzwert darstellt. Sorgfältige Messungen erlauben die Unterscheidungen sehr nahe benachbarter Fließorte, die aber mit für die Praxis ausreichender Genauigkeit durch einen einzigen Fließort angenähert werden können.

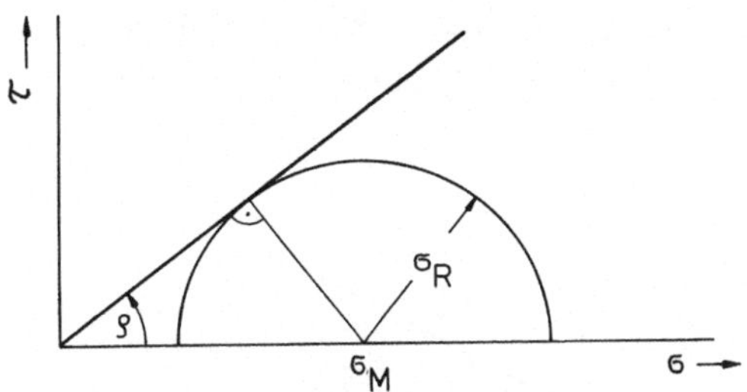

Abb. 6.6:   Coulomb - Kriterium

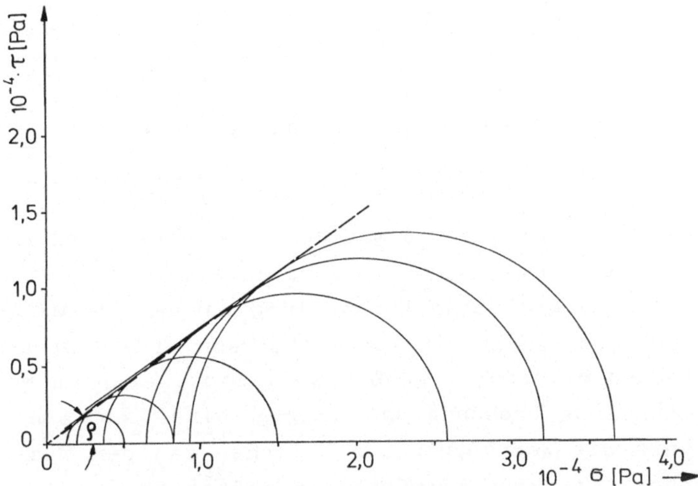

Abb. 6.7:   Fließorte eines grobkörnigen PVC - Pulvers

Aus der theoretischen Fließortgleichung (6.17) läßt sich ein anderer
Typ des Fließverhaltens von Schüttgütern ablesen, bei dem die in den
Partikelkontakten wirkenden Haftkräfte nicht vernachlässigbar klein
sind, aber andererseits unabhängig von einer vorangegangenen Pressung.

In diesem Fall gilt

$$\sigma_0 > 0 \text{ und } \varphi_e = \rho.$$

Aus dieser Bedingung folgt aus der Fließortgleichung (6.17) der
einfache Ausdruck

$$\sigma_R = \sin\rho \, (\sigma_M + \sigma_0). \tag{6.19}$$

Wie in Abb. 6.8 dargestellt, gilt auch hier ein einziger Fließort
für beginnendes wie für stationäres Fließen.

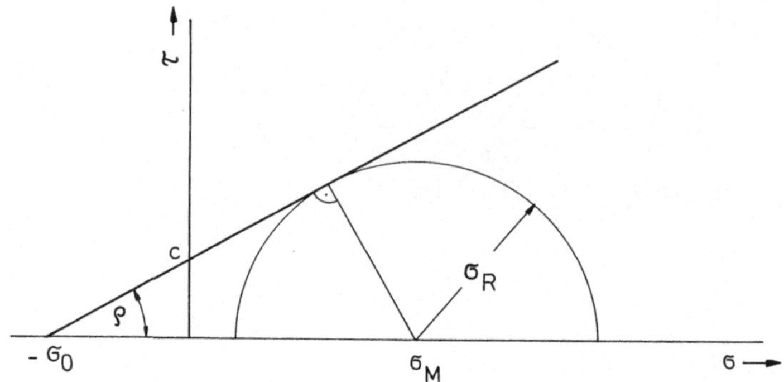

Abb. 6.8:   Fließort, Haftkräfte unabhängig vom Pressen

Der Schnittpunkt des Fließortes mit der τ - Achse wird üblicherweise
als Kohäsion c bezeichnet. Der theoretische Hintergrund der Herleitung des Fließortes gibt eine Vorstellung davon, für welche Materialien ein derartiges Fließkriterium gilt. Wenn die Haftkräfte in den
Partikelkontakten einerseits größer Null sind, aber andererseits von
der vorangegangenen Pressung unabhängig sind, so muß man andere
Mechanismen als die Wechselwirkung zwischen van der Waals - Kräften
und plastischer Kontaktdeformation als maßgeblich ansehen. Derartige
Mechanismen können sein:

    a) Flüssigkeitsbrücken, welche die Partikelkontakte bedecken.
    b) Feuchtigkeit, die den Feststoff in der Umgebung der Partikel-
       kontakte löst.
    c) Bildung von Feststoffbrücken zwischen benachbarten Partikeln
       durch Auskristallisieren vorher gelöster Feststoffe während
       eines Trocknungsprozesses.
    d) Sinterung in den Kontaktstellen bei einem weichen Material mit
       niedrigem Schmelzpunkt.

Aus der Art aller der vier genannten Prozesse folgt unmittelbar, daß
diese mit der Lagerungsdauer fortschreiten können. Hieraus folgt,
daß die Festigkeit derartiger Materialien unter Umständen mit der
Lagerungszeit wächst. Die Rolle eines äußeren Spannungsfeldes, etwa
infolge der Schwerkraft, besteht darin, daß das Schüttgut über einen
bestimmten Zeitraum hinweg in einem Packungszustand festgehalten
wird, bei dem die Partikelkontakte fixiert sind. Man hat daher zu

erwarten, daß ein Schüttgut, welches das geschilderte Materialverhalten zeigt, nämlich keinen Zuwachs der Haftkräfte mit dem Pressen, eine ausgeprägte Zeitabhängigkeit des Fließverhaltens mit zunehmender Lagerungsdauer zeigt.

Ein solches Verhalten ist aus den beiden nächsten Abbildungen abzulesen. Abb. 6.9 zeigt gemessene Fließorte für Adipinsäure mit Partikelgrößen zwischen 30 µm und 150 µm. Sorgfältige Messungen zeigen sehr nahe benachbarte Fließorte, die genau genug durch einen einzigen Fließort dargestellt werden können. Bei dieser Versuchsreihe wurde unmittelbar nach dem Verfestigen geschert, die Versuche erfolgten ohne Zeitverfestigung. Man beachte, daß für diesen Fall der Zahlenwert

$$\sigma_0 = 431 \ Pa$$

betrug.

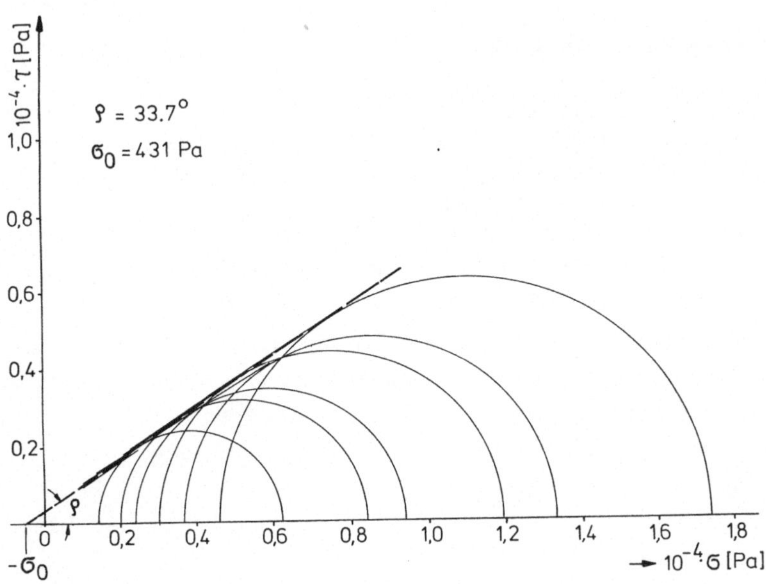

Abb. 6.9:   Fließorte Adipinsäure, keine Zeitverfestigung

In Abb. 6.10 sind die Meßergebnisse für dasselbe Schüttgut nach 24 h Zeitverfestigung dargestellt.

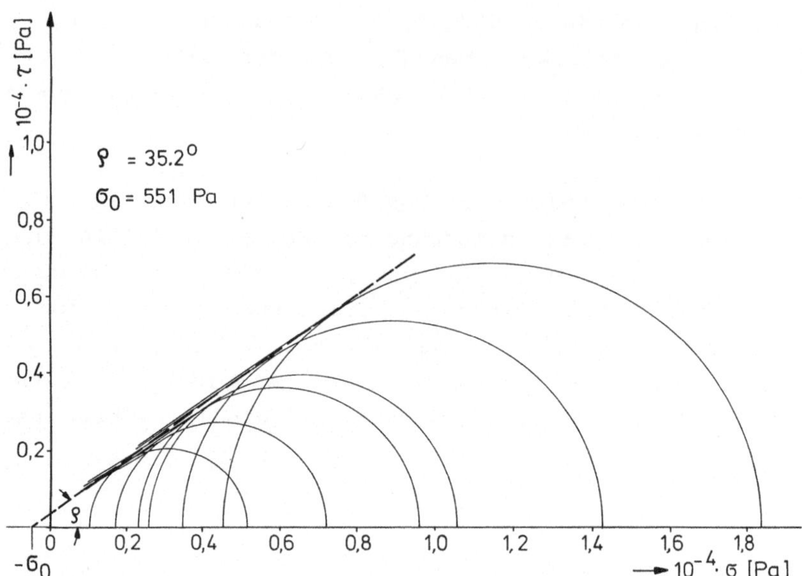

Abb. 6.10:   Fließorte Adipinsäure, 24 h Zeitverfestigung

In diesem Fall liest man den Zahlenwert

$$\sigma_0 = 551 \text{ Pa}.$$

Innerhalb einer Zeitspanne von 24 h wuchsen also die in den Partikelkontakten übertragbaren Haftkräfte um etwa 28 %. Dieses Verhalten
von Adipinsäure ist aus ihren Materialeigenschaften erklärbar.

Adipinsäure zeigt Löslichkeit in Wasser. Die Feuchtigkeit der Raum-
luft mag daher für Anlösen des Materials in der Umgebung der Kontaktpunkte maßgeblich sein. Auf der anderen Seite weist Adipinsäure
einen so niedrigen Schmelzpunkt auf, daß Sinterung in den Kontaktpunkten auch bei Raumtemperatur möglich ist. Beide Eigenschaften
können zusammenwirken bei der Zeitabhängigkeit der Fließeigenschaften
der Adipinsäure.

6.8 Ermittlung der Materialdaten σ_0, ρ und φ_e mit Hilfe linearisierter Fließortgleichungen

Wie die bisher beschriebenen Ergebnisse zeigen, lassen sich die aus
der Theorie vorhergesagten vereinfachten Typen von Fließeigenschaften
ebenfalls experimentell nachweisen. Dieses Ergebnis darf als Indiz

dafür genommen werden, daß das allgemeine Modell geeignet ist zur Vorhersage der Fließeigenschaften von Schüttgütern.

Insbesondere stellt die hier vorgestellte Theorie eine Verbesserung des Kenntnisstandes insofern dar, indem sie Altbekanntes (Coulombsches Fließkriterium, Schüttgut mit konstanter Kohäsion c) als in ihren Ursachen deutbare Sonderfälle umfaßt.

Wie in Abb. 6.4 gezeigt, sind die theoretischen Fließorte auch im allgemeinen Fall im Bereich $\sigma > 0$ praktisch Geraden. Gekrümmt sind die Fließorte erst im Bereich niedriger Normalspannungswerte. Experimentelle Untersuchungen (vergl. Abb. 6.5) bestätigen den Verlauf der Fließorte. Es liegt daher nahe, im Bereich der Spannungswerte $\sigma > 0$ die allgemeine Fließortformel (6.17) zu linearisieren.

Diese Linearisierung läßt sich derart ausführen, daß der stationäre Fließort exakt beschrieben wird. Dies ist der Fall, wenn nach der Differenz $\Sigma_M - \sigma_M$ linearisiert wird. Diese ist Null für den stationären Fließort.

Aus (6.17) folgt bei Linearisierung nach $\Sigma_M - \sigma_M$ die Beziehung

$$\sigma_R \simeq \sin\rho \left[\sigma_M + \left(\frac{\sin\varphi_e}{\sin\rho} - 1 \right) \Sigma_M + \frac{\cos\varphi_e}{\cos\rho} \sigma_0 \right]. \quad (6.20)$$

In Abb. 6.11 sind die im Bereich $\sigma > 0$ liegenden Bereiche ausgezogen gezeichnet, in denen die Näherung zutrifft, gestrichelt gezeichnet sind die Bereiche $\sigma < 0$, in denen die Abweichungen vom geradlinigen Verlauf signifikant sind.

Der Vorteil der linearisierten Darstellung (Gl. 6.20) besteht darin, daß aus ihr die Materialparameter ρ, φ_e und σ_0 direkt ablesbar sind. So ist ρ der Neigungswinkel der individuellen Fließorte, φ_e der Neigungswinkel des stationären Fließortes. Der Zahlenwert $\sigma_0 \tan\rho$ läßt sich aus dem Schnittpunkt des stationären Fließortes mit der τ - Achse ermitteln. Bei bekanntem Wert ρ liegt damit auch σ_0 fest. Aus dieser Eigenschaft der linearisierten Fließorte läßt sich eine für die Praxis brauchbare Nutzanwendung ziehen, wie im nächsten Abschnitt gezeigt wird.

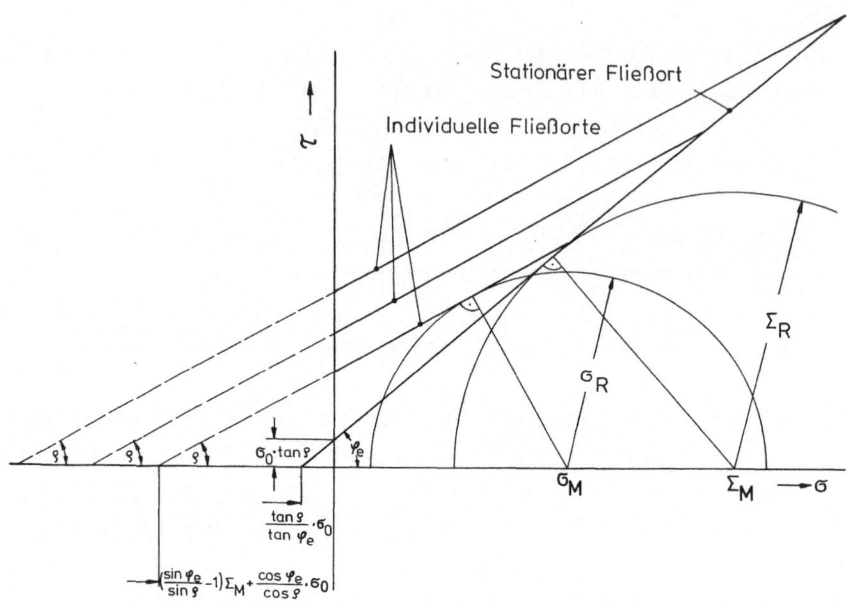

Abb. 6.11:   Linearisierte Fließorte

6.9 Berechnung der Druckfestigkeitskennlinie eines kohäsiven Schüttgutes aus linearisierten Fließorten

Die Druckfestigkeit f_c eines Schüttgutes ist gekennzeichnet durch den Spannungszustand

$$\frac{1}{2}\, f_c \;=\; \sigma_R \;=\; \sigma_M . \tag{6.21}$$

Setzt man die Bedingung (6.21) in die linearisierte Fließortgleichung (6.20) ein, so erhält man die Beziehung

$$f_c = \frac{2\,(\sin\varphi_e - \sin\rho)\,\sigma_1}{(1 + \sin\varphi_e)(1 - \sin\rho)} + \frac{2\cos\varphi_e}{1 + \sin\varphi_e}\;\frac{1 + \sin\rho}{1 - \sin\rho}\,\tan\rho\,\sigma_0 . \tag{6.22}$$

Die Gl. (6.22) ist eine lineare Verknüpfung der größten Hauptspannung σ_1 des verfestigenden Spannungszustandes mit der durch die Verfestigung erzeugten Druckfestigkeit f_c. Die Beziehung für f_c enthält die Materialdaten ρ, φ_e und σ_0. Aus dieser Eigenschaft kann eine für die Auslegung von Massenflußbunkern nützliche Anwendung gezogen werden.

Üblicherweise werden Fließorte gemessen und aus mehreren gemessenen Fließorten Druckfestigkeitslinien rein experimentell ermittelt.

Abb. 6.12 zeigt experimentell ermittelte Druckfestigkeitskennlinien für die voranstehend untersuchten Schüttgüter Schwerspat, Adipinsäure und PVC - Pulver.

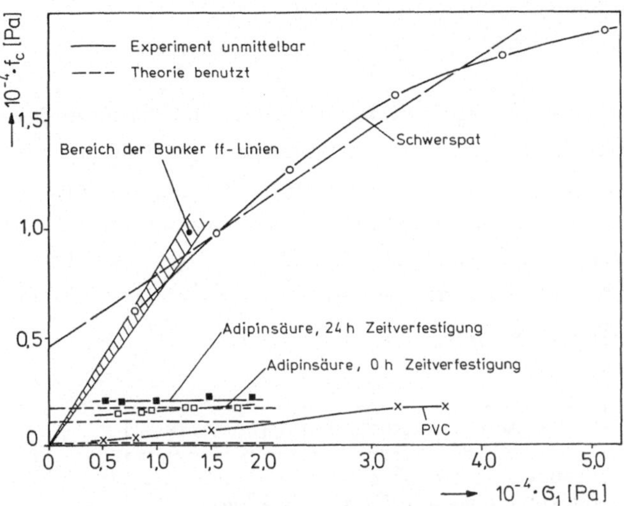

Abb. 6.12:   Druckfestigkeiten der untersuchten Schüttgüter

Gleichzeitig ist schraffiert eingezeichnet der Bereich der Bunker - Kennlinien für diese Güter (vergl. hierzu Kapitel 11). Diese Darstellung zeigt ein Problem bei der Festlegung der Mindestaustrittsquerschnitte von Massenflußbunkern. Die interessierenden Druckfestigkeitswerte liegen bei niedrigen Verfestigungen. Deshalb müssen experimentelle Werte extrapoliert werden, wie im Falle der Adipinsäure, oder es liegt bestenfalls ein Meßwert im interessierenden Bereich, wie im Fall des Schwerspatpulvers. Um zu einer sicheren Aussage zu gelangen, liegt daher folgendes Vorgehen mit Hilfe des theoretischen Modells nahe:

Man ermittelt aus mehreren gemessenen Fließorten Mittelwerte für die Materialdaten ρ, φ_e und σ_0 und berechnet dann mit der theoretischen Formel (6.22) die Druckfestigkeits - Kennlinie f_c (σ_1). Diese rechnerischen Geraden sind mit eingezeichnet. Man erreicht mit dem theoretischen Modell offensichtlich eine zuverlässigere Extrapolation der Meßwerte.

6.10 Veränderung der Parameter σ_0, ρ und φ_e mit dem Feingutanteil im Schüttgut

In der Praxis wie auch im Laborexperiment liegt in aller Regel eine
mehr oder weniger breite Kornverteilung vor. Bei den nachstehend
beschriebenen Untersuchungen wird insbesondere nur ein im Grobgut
kinematisch nicht blockiertes Feingut zugelassen. Es wird untersucht,
ab welchen Mengenanteilen das Feingut praktisch allein die Fließeigenschaften bestimmt.

Zur Abschätzung von Größenordnungen werden nachstehend einige Überlegungen von Schmidt [26] zu Rate gezogen, bei denen als Modellfall
binäre Kugelmischungen rechnerisch untersucht wurden. Danach ergeben
sich für drei untersuchte reguläre Kugelpackungen (Sechser-, Achter-
bzw. Zwölfer - Packung) die in Tabelle 6.1 aufgelisteten Daten für
Porosität ε bzw. Koordinationszahl k (= Zahl der kontaktierenden
Nachbarn einer Partikel).

Packungsart	Anordnung	ε	k
Sechser - packung (kubisch)		0,4764	6
Achter - packung		0,3955	8
Zwölfer - packung		0,2595	12

Tabelle 6.1:   Anordnung, Porosität ε und Koordinationszahl k für
                drei verschiedene, reguläre Kugelpackungen [26]

Für die drei regulären Anordnungen der Tabelle 6.1 läßt sich jeweils
der Durchmesser der Kugel angeben, welche in die entstandenen Lücken
gerade hineinpaßt (= Füllkugel) bzw. welche gerade den engsten Querschnitt zu passieren vermag (= Schlüpfkugel). (Vergl. hierzu Abb.
6.13).

In Tabelle 6.2 sind die jeweiligen Durchmesserverhältnisse Füllkugel
bzw. Schlüpfkugel zu Gerüstkugel aufgelistet.

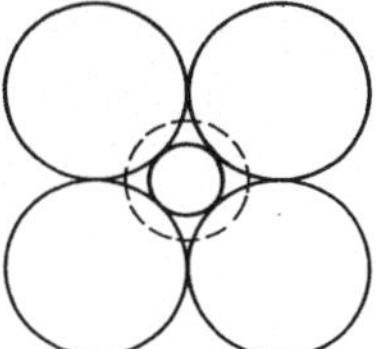

Abb. 6.13:   Füllkugel und Schlüpfkugel (kubische Packung
              als Beispiel)

k	Füllkugel/Gerüstkugel	Schlüpfkugel/Gerüstkugel
6	0,732	0,414
8	0,414	0,155
12	0,225	0,155

Tabelle 6.2:   Durchmesserverhältnis Füllkugel/Gerüstkugel bzw.
                Schlüpfkugel/Gerüstkugel für drei verschiedene
                reguläre Kugelpackungen mit unterschiedlichen
                Koordinationszahlen k [26]

Mit Hilfe der voranstehend aufgelisteten Daten lassen sich zwei theoretische Grenzfälle abschätzen:

Welchen Feingutanteil in Form von Schlüpfkorn verträgt das Grobgutgerüst, ohne daß die Fließeigenschaften der Schüttung wesentlich modifiziert werden?
Und:

Ab welchem Feingutanteil sind die Grobgutpartikeln derart im Feingut
eingebettet, daß die Fließeigenschaften der Mischung praktisch die
des Feingutes allein sind?

Der erstgenannte Zustand wird vielleicht solange erhalten bleiben,
wie ein von Haftkräften frei gedachtes Schlüpfkorn im Grobgutgerüst
frei beweglich ist.

Mittlere Porositäten von freifließenden Schüttungen grobkörniger Partikeln liegen bei $\varepsilon \simeq 0,45$. Gemäß Tabelle 6.1 wäre daher eine kubische Packung als Modellpackung sinnvoll. Läßt man andererseits
lokale Packungsunterschiede zu, so wird man lokal für das Grobgut

auch eine dichteste Packung (= Zwölferpackung) zulassen müssen. Soll die Schlüpfkugel auch noch eine Zwölferpackung passieren, so wird man für das Durchmesserverhältnis Feingut zu Grobgut $d_{Fg}/d_{Gg} \lesssim 0,15$ fordern müssen.

Die kubische Packung läßt sich in einfacher Weise durch Translation einer Elementarzelle aufbauen, die als Kubus je eine Kugel umschließt. Ein mit durchgängig bewegbaren Schlüpfkugeln angereichertes kubisches Grundgerüst läßt sich dann aber derart aus einer Elementarzelle aufbauen, daß im wesentlichen längs dreier Kanten des Elementarkubus Schlüpfkugeln angeordnet sind (Abb. 6.14).

Nach dieser Modellvorstellung ist der maximale Massenanteil des Schlüpfgutes, der die Fließeigenschaften der Schüttung noch nicht wesentlich beeinflußt:

$$\frac{m_F}{m_F + m_G} \simeq \frac{3 \left(\dfrac{d_{Gg}}{d_{Fg}}\right) \dfrac{\pi}{6} d_{Fg}^3}{3 \left(\dfrac{d_{Gg}}{d_{Fg}}\right) \dfrac{\pi}{6} d_{Fg}^3 + \dfrac{\pi}{6} d_{Gg}^3}$$

bzw.

$$\frac{m_F}{m_F + m_G} \simeq \frac{1}{1 + \dfrac{1}{3} \left(\dfrac{d_{Gg}}{d_{Fg}}\right)^2}$$

Mit $d_{Fg}/d_{Gg} \simeq 0,15$ folgt aus dieser Beziehung

$$\frac{m_F}{m_F + m_G} \simeq 0,063 \simeq 6\ \% \ (= \text{unwesentlicher Feingutanteil}).$$

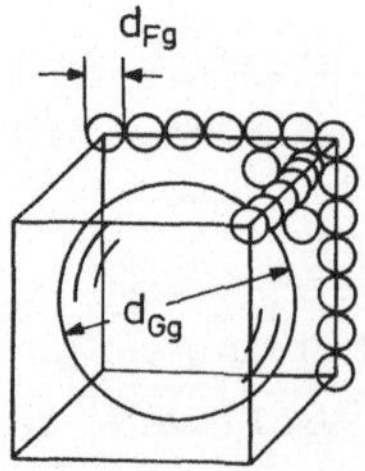

Abb. 6.14:   Die Fließeigenschaften kaum beeinflussendes Schlüpfgut

Zur Abschätzung des Feingutanteils, ab dem das Grobgut ganz in das Feingut eingebettet ist, wird angenommen, daß ein kubisches Grobgutgerüst gleichmäßig derart mit Feingut aufgefüllt ist, daß das Feingut selbst die Porosität ε_F im Porenraum des Grobgutgerüstes annimmt. Damit erhält man als Abschätzung:

$$\frac{m_F}{m_F + m_G} \simeq \frac{(1 - \varepsilon_F)(1 - \frac{\pi}{6})\, d_{Gg}^3}{(1 - \varepsilon_F)(1 - \frac{\pi}{6})\, d_{Gg}^3 + \frac{\pi}{6}\, d_{Gg}^3}$$

bzw.

$$\frac{m_F}{m_F + m_G} \simeq \frac{1}{1 + \dfrac{1}{(1 - \varepsilon_F)(\frac{6}{\pi} - 1)}} \ .$$

Mit $\varepsilon_F \simeq 0,5$ folgt dann

$$\frac{m_F}{m_F + m_G} \simeq 0,31 \simeq 30\ \% \ (= \text{Feingutanteil legt Fließeigenschaften fest}).$$

An Hand der zuvor beschriebenen Abschätzungen ist die nachstehend beschriebene Präparation des Versuchsgutes verständlich.

Es wurde ein Korngrößenverhältnis Feingut/Grobgut $d_{Fg}/d_{Gg} < 0,15$ eingestellt. Hierzu wurde ein Ausgangsgut A_0 (Kalkstein) in 3 Fraktionen zerlegt, eine Grobgutfraktion G und zwei Feingutfraktionen F_1, F_2. Wie Abb. 6.15 zeigt, hat die Fraktion F_2 keine Überlappung mehr mit der Fraktion G. Es wurden nur die Fraktionen F_2 und G verwendet, mit denen 8 verschiedene Mischungen hergestellt wurden (Prozentzahlen nennen den Feingutmassenanteil):

0 %; 5 %; 10 %; 15 %; 20 %; 25 %; 35 %; 100%.

Die resultierenden Massensummenkurven der Mischungen (5 % bis 35 %) und des Grobgutes sind in Abb. 6.16 dargestellt. Für Grobgut und Feingut gilt

$$d_{G50} = 45\ \mu\text{m}, \qquad 2\ \% < 20\ \mu\text{m}$$

$$d_{F50} = 3,4\ \mu\text{m}, \qquad 2\ \% > 7\ \mu\text{m}$$

also insbesondere $d_{F50}\,/\,d_{G50} = 0,076 < 0,15$.

Die Scherversuche wurden entsprechend der mittlerweile standardisier-
ten Prozedur durchgeführt (siehe Kapitel 10). Für jede der eingestellten Mischungen wurden drei Fließorte gemessen.

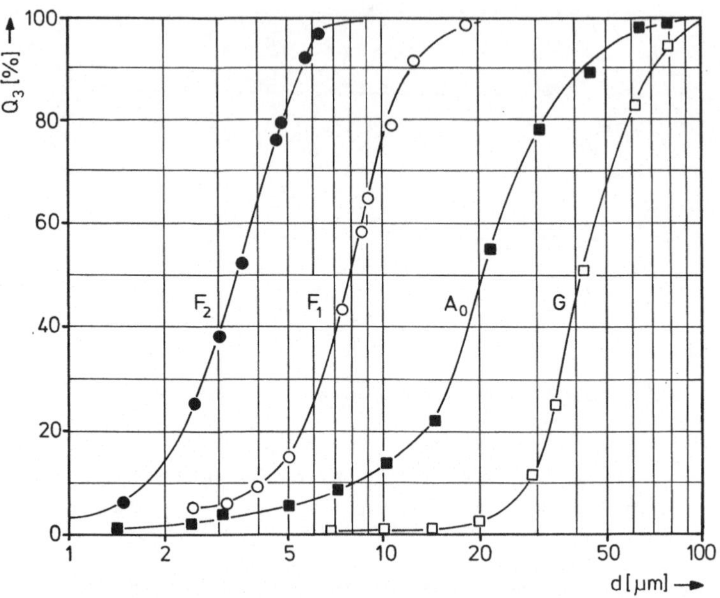

Abb. 6.15:   Kornverteilungen:
Ausgangsgut A_0, Grobgut G, 2 Feingutfraktionen F_1, F_2

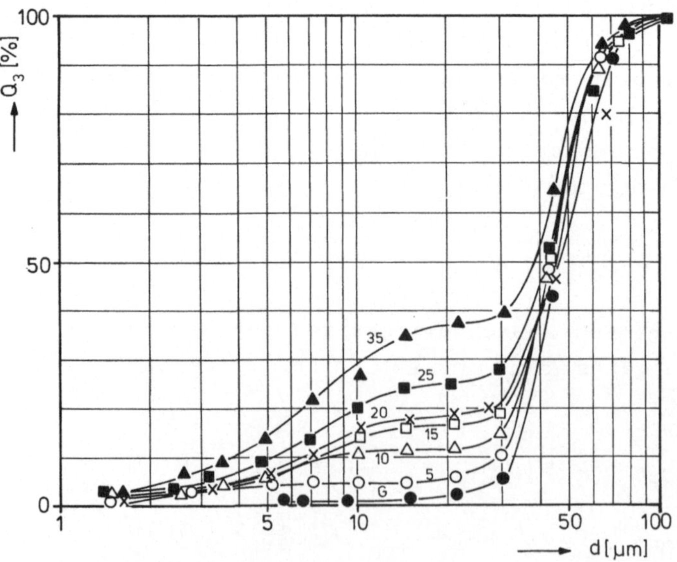

Abb. 6.16:   Kornverteilungen der untersuchten sechs Mischungen
und des Grobgutes

Wie in der Prinzipskizze Abb. 6.17 dargestellt, dienen die Scherversuche im Zusammenhang mit der Auslegung von Schüttgutbunkern dazu, Auslegungsdaten als Funktionen der größten Hauptspannung σ_1 beim Verfestigen zu ermitteln (vergl. Kapitel 10).

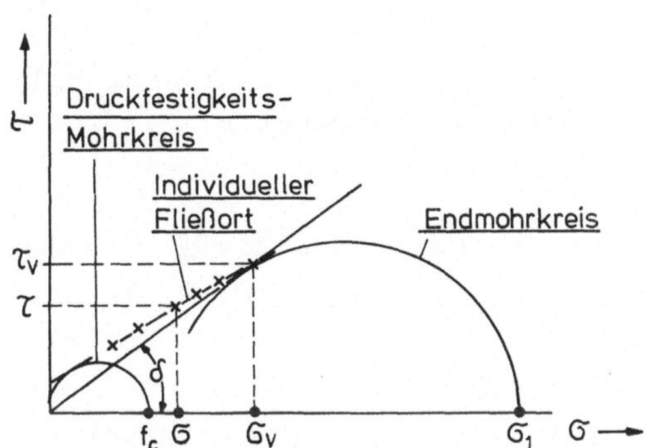

Abb. 6.17:   Durch Scherversuche zu ermittelnde Materialdaten
für die Bunkerauslegung

Unmittelbare Meßdaten sind die durch Anscheren der Gutprobe erhaltenen Spannungswerte σ_V bzw. τ_V. Bei unveränderten Anscherdaten σ_V, τ_V werden danach bei reduzierter Normallast Wertepaare σ, τ gemessen. Die Verbindungslinie dieser Wertepaare stellt dann einen individuellen Fließort dar. Der an den individuellen Fließort tangentiale und durch den Punkt (σ_V, τ_V) gehende Endmohrkreis legt dann die größte verfestigende Hauptspannung σ_1 fest.

Aus einer Darstellung von Meßergebnissen entsprechend Abb. 6.17 werden folgende Daten zur Bunkerauslegung benötigt:

σ_1 :   größte Hauptspannung beim Verfestigen

f_c :   Druckfestigkeit

δ :   effektiver Reibungswinkel nach Jenike, definiert als
Tangente an den Endmohrkreis durch den Koordinatenursprung.

Insbesondere interessieren die Abhängigkeiten $f_c = f_c(\sigma_1)$ bzw. $\delta = \delta(\sigma_1)$.

In vielen Fällen sind gemessene Fließorte praktisch genau genug Geraden. In diesen Fällen ist es sinnvoll, mit den Meßwerten eine Regressionsgerade zu berechnen und dann die Daten f_c, σ_1 bzw. δ zu dieser Regressionsgeraden rein rechnerisch zu ermitteln. Ist der Fließort jedoch merklich gekrümmt, so ist es sinnvoller, zeichnerisch die zu f_c bzw. σ_1 und δ führenden Mohrkreise zu ermitteln. Mit beiden Methoden ermittelte Ergebnisse werden im Folgenden dargestellt.

Zunächst seien jedoch beispielhaft für jeweils drei unterschiedliche Verfestigungen gemessene Fließorte vorgestellt.

So zeigt Abb. 6.18, daß das Grobgut eindeutig kohäsionslos ist. Aus Abb. 6.19 ist zu entnehmen, daß bereits ein Feingutanteil von 10 % der Gesamtmasse merkliche Kohäsion verursacht. Schließlich zeigt Abb. 6.20, daß das Feingut allein im Vergleich zu einer Mischung mit 10 % Massenanteil Feingut nochmals deutlich kohäsiver ist.

Zwei Fließorte unterschiedlicher Mischungen sind nur dann sinnvoll miteinander vergleichbar, wenn sie zu gleichen verfestigenden Hauptspannungen σ_1 gehören. Wie zuvor erläutert, ist aber σ_1 nicht direkt meßbar. Die Forderung σ_1 = const für verschiedene Mischungszusammensetzungen läßt sich daher nur angenähert erfüllen. In welchem Maße dies gelang, zeigt Tabelle 6.3.

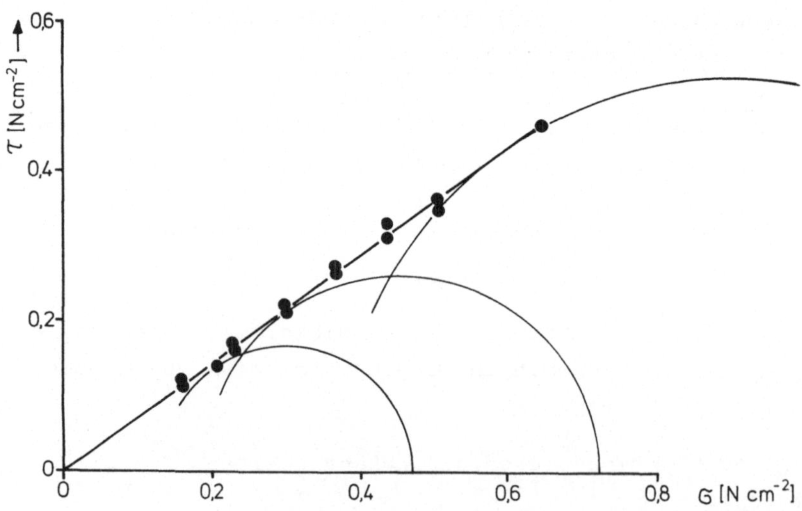

Abb. 6.18:   Fließort des Grobgutes

	$\sigma_1 \frac{N}{cm^2}$	$f_c \frac{N}{cm^2}$	$\delta°$	$\sigma_1 \frac{N}{cm^2}$	$f_c \frac{N}{cm^2}$	$\delta°$	$\sigma_1 \frac{N}{cm^2}$	$f_c \frac{N}{cm^2}$	$\delta°$
Grob-gut	0,48	0	34,86	0,742	0	35,18	1,42	0,008	35,75
5 %	0,462	0,04	36,5	0,681	0,04	36,6	1,274	0,092	35,56
10 %	0,444	0,124	38,66	0,712	0,15	38,3	1,252	0,178	36,5
15 %	0,39	0,164	39,01	0,712	0,228	39,52	1,22	0,328	38,1
20 %	0,434	0,192	42,98	0,794	0,286	40,36	1,274	0,40	39,69
25 %	0,40	0,19	45,42	0,688	0,302	42,6	1,261	0,512	43,17
35 %	0,371	0,204	47,07	0,632	0,32	45,0	1,22	0,544	44,63
Fein-gut	0,39	0,188	46,94	0,67	0,328	40,6	1,217	0,528	41,98

Tabelle 6.3:   Für die verschiedenen Mischungen gemessene, für die Bunkerauslegung charakteristische Schüttgutdaten, zeichnerische Auswertung

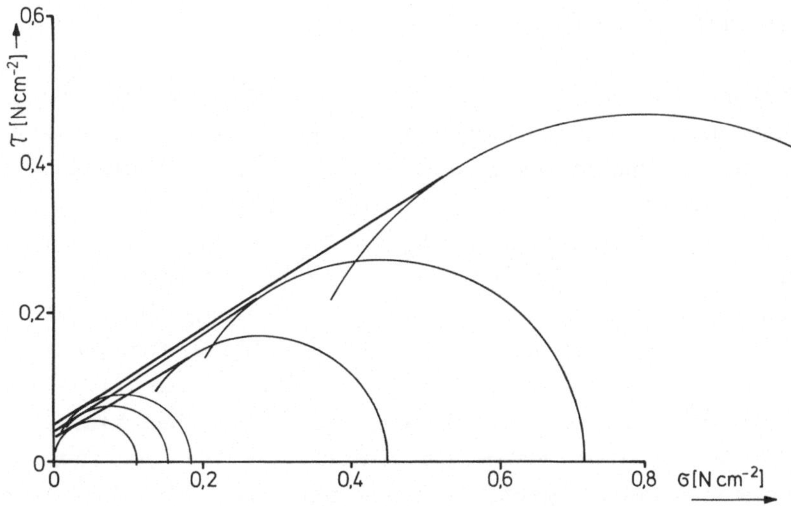

Abb. 6.19:   Drei Fließorte, 10 % Feingut

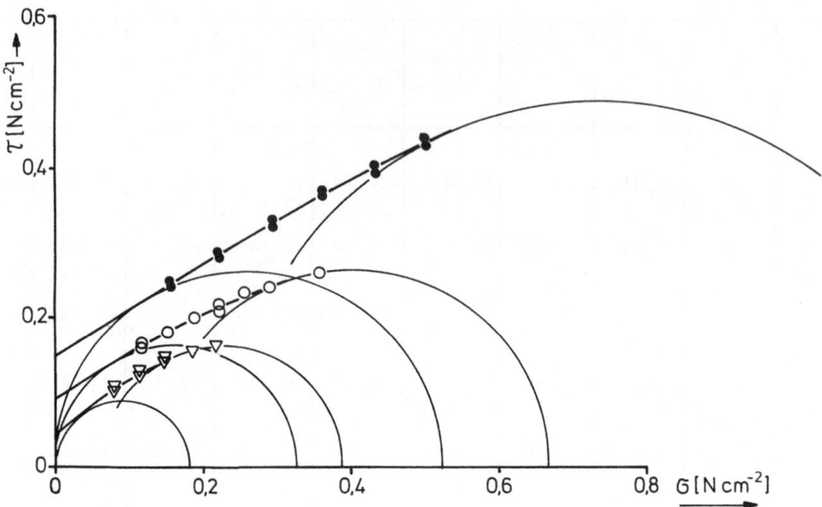

Abb. 6.20:   Drei Fließorte, Feingut allein

Streuungen in den in den folgenden Abbildungen wiedergegebenen Daten
sollten daher nicht überbewertet werden, sie rühren vor allem daher,
daß eine Vorgabegröße, nämlich die größte verfestigende Hauptspannung σ_1 nicht exakt einstellbar war. Es wurden für alle Mischungen
drei verschiedene Lastniveaus, nämlich

$$\sigma_1 \simeq 0,4 \text{ N cm}^{-2}; \quad 0,8 \text{ N cm}^{-2}; \quad 1,2 \text{ N cm}^{-2}$$

eingestellt.

Im Folgenden werden die zwei für die Auslegung von Massenflußbunkern
wesentlichen Schüttgutparameter, nämlich Druckfestigkeit f_c und
effektiver Reibungswinkel δ nach Jenike in Abhängigkeit vom Feingutanteil dargestellt. Abb. 6.21 zeigt für die drei ausgewählten Lastniveaus die Druckfestigkeit f_c in Abhängigkeit vom Feingutmassenanteil. Es sind die beiden zuvor beschriebenen Auswertungsvarianten
"lineare Regression" und "zeichnerisch" dargestellt. Die sorgfältige
zeichnerische Auswertung, d.h. die grafische Konstruktion von Mohrkreisen liefert in allen Fällen niedrigere Druckfestigkeiten. Man
kann dieses Ergebnis so deuten, daß die schematisierte Auswertung
mit Hilfe der linearen Regression für alle untersuchten Fälle auf
der sicheren Seite liegt. Dies ist auch zu erwarten, da die Fließorte, wenn überhaupt gekrümmt, dann so gekrümmt sind, daß $d^2\tau/d\sigma^2 < 0$
ist. Dies bedeutet aber, daß ein linearisierter Fließort die Druckfestigkeit überbewertet.

Unabhängig von dem Auswerteverfahren ergibt sich als generelle Aussage für die hier gewählte Abstufung Feingut/Grobgut:

Mit wachsendem Feingutanteil steigt die Druckfestigkeit zunächst linear an und schwenkt dann auf den Wert der Druckfestigkeit wie für das Feingut allein ein.

Im Rahmen der hier gewählten Spanne der Verfestigungsspannungen $0,4 < \sigma_1 < 1,2$ N cm^{-2} sind alle f_c - Verläufe bei einem Feingutmassenanteil von etwa 30 % auf den Wert wie für Feingut allein eingeschwenkt. An Hand der zuvor gebrachten einfachen Abschätzungen ist dieser Verlauf zumindest plausibel: Bei einem Feingutanteil von 30 % ist die Grenze erreicht, ab der das Grobgut vollständig im Feingut eingebettet ist, das Grobgut selbst also für die Druckfestigkeit praktisch bedeutungslos ist. Aus Abb. 6.21 kann weiterhin gefolgert werden, daß die relative Bedeutung des Feingutanteils bei Prozentzahlen im Abriebbereich, etwa $\leq$ 10 %, mit abnehmender Verfestigungsspannung wächst. Nun liegen aber gerade niedrige Verfestigungsspannungen in dem für die Bunkerauslegung interessanten Bereich. Dies kann z.B. bedeuten, daß ein für hohe Beanspruchungsniveaus unbedeutender Feingutanteil bei der Schüttgutbunkerung durchaus wichtig sein kann.

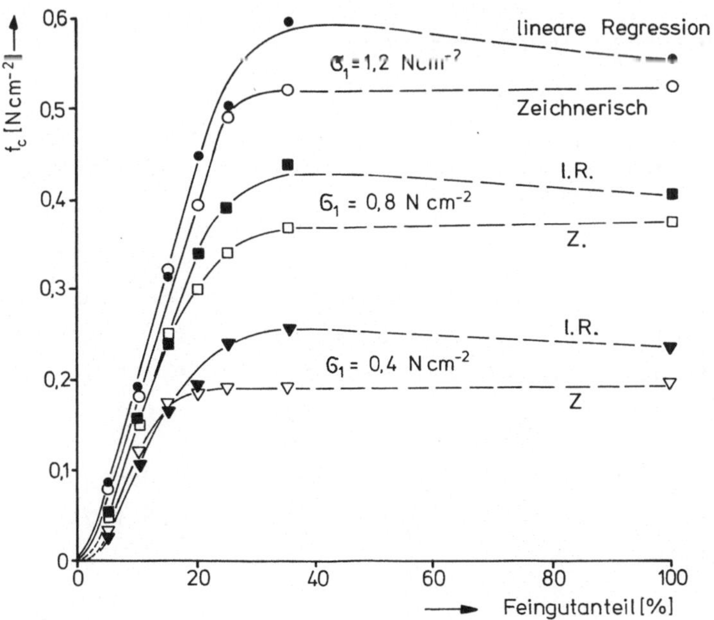

Abb. 6.21: Druckfestigkeit f_c in Abhängigkeit vom Feingutanteil, größte verfestigende Hauptspannung σ_1 als Parameter

Abb. 6.22 zeigt den nach Jenike definierten effektiven Reibungswinkel δ als Funktion des Feingutanteils. Aus der hier beschriebenen
Theorie muß gefolgert werden, daß der als Neigungswinkel der durch
den Koordinatenursprung gehenden Tangente an den jeweiligen Endmohrkreis definierte effektive Reibungswinkel δ eine reine Rechengröße
im Zusammenhang mit der Bunkerauslegung darstellt, jedoch keine sinnvolle eigenständige physikalische Bedeutung besitzt.

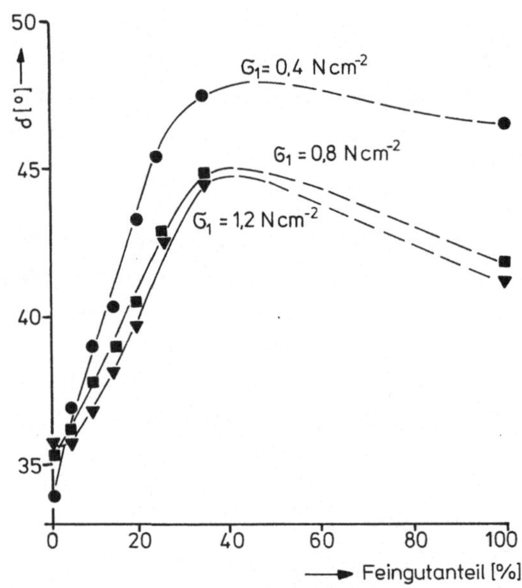

Abb. 6.22:   Effektiver Reibungswinkel δ nach Jenike als Funktion
             des Feingutanteils, größte verfestigende Hauptspan-
             nung σ_1 als Parameter

Dieses Manko der Rechengröße δ kommt auch in Abb. 6.22 zum Ausdruck.
Weder die Abhängigkeit von der Verfestigungsspannung, noch die
Abhängigkeit vom Feingutanteil sind für sich genommen einer sinnvol-
len Interpretation zugänglich.

Zu sinnvolleren Aussagen kommt man jedoch, wenn man aus den gemessenen Fließorten Parameter ableitet, die eine eigenständige physikalische Bedeutung besitzen.

Entsprechend Abb. 6.11 lassen sich aus gemessenen Fließorten physikalisch sinnvoll interpretierbare Parameter in folgender Weise erhalten:

Der Neigungswinkel ρ der Fließorte - näherungsweise als parallele Geraden angesehen - beschreibt die innere Reibung des Schüttgutes.

Die Differenz φ_e - ρ beschreibt das Anwachsen der zwischen den Partikelkontakten mobilisierbaren Haftkräfte mit zunehmender Verfestigung, d.h. φ_e - ρ = 0 bedeutet Haftkräfte unabhängig von der Verfestigung, φ_e - ρ vergleichsweise groß: Merkliche Haftkraftverstärkung durch Verfestigung. Der Winkel φ_e ist dabei der Neigungswinkel der als Gerade angesehenen Einhüllenden der Endmohrkreise. Diese Gerade beschreibt dann das stationäre Fließen des Gutes.

Daraus folgt umgekehrt, daß der Winkel φ_e bzw. dessen Näherung δ gemäß der Definition nach Jenike keine eigenständige physikalische Bedeutung besitzen.

Der durch den Neigungswinkel φ_e charakterisierte stationäre Fließort durchsetzt bei einem kohäsiven Schüttgut die τ - Achse in aller Regel etwas oberhalb des Koordinatenursprungs. Bezeichnet man den so ermittelten Spannungswert mit σ_0 tan ρ, so beschreibt der Faktor σ_0 die (dreiachsige) Zugfestigkeit des unverfestigten Schüttgutes.

In Tabelle 6.4 sind die durch Auswertung der gemessenen Fließorte entsprechend der Prinzipskizze Abb. 6.11 gewonnenen Materialdaten ρ, φ_e - ρ und σ_0 für die einzelnen Mischungen aufgelistet.

Feingutanteil %	ρ [$^{\circ}$]	φ_e - ρ [$^{\circ}$]	σ_0 [Ncm^{-2}]
0	36	0	0
5	34	2	0
10	32	4	0,0192
15	31	6	0,02
20	30	9	0,0242
25	30	12	0,0242
35	30	13	0,031
100	30	11	0,028

Tabelle 6.4:   Für die verschiedenen Mischungen ermittelte Materialdaten ρ, φ_e - ρ, σ_0

In Abb. 6.23 sind diese drei durch Auswertung aller Messungen gewonnenen Parameterwerte in Abhängigkeit vom Feingutanteil des Schüttgutes dargestellt. Schraffiert angelegt und durch einfache Symbole gekennzeichnet sind die beiden Bereiche, in denen gemäß den zuvor beschriebenen einfachen Abschätzungen jeweils Feingut bzw. Grobugt für die Fließeigenschaften der Mischungen bedeutungslos sein sollten.

Im Zusammenhang mit diesen Schranken erweist sich die Interpretation der indirekt gemessenen Verläufe für ρ, $\varphi_e - \rho$ bzw. σ_0 als recht einfach:

Der innere Reibungswinkel ρ des Schüttgutes nimmt mit zunehmendem Feingutanteil ab, beginnend mit einem Höchstwert $\rho = 36^\circ$ für reines Grobut. Bei 20 % Feingutanteil wird der Kleinstwert $\rho = 30^\circ$ erreicht, der auch für 100 % Feingut gilt. Hält man sich vor Augen, daß ab einem Feingutanteil von etwa 30 % die Grobgutpartikeln ganz im Feingut eingebettet sind, so ist verständlich, daß für Feingutanteile von mehr als 30 % die innere Reibung des Schüttgutes gleich der des Feingutes allein ist.

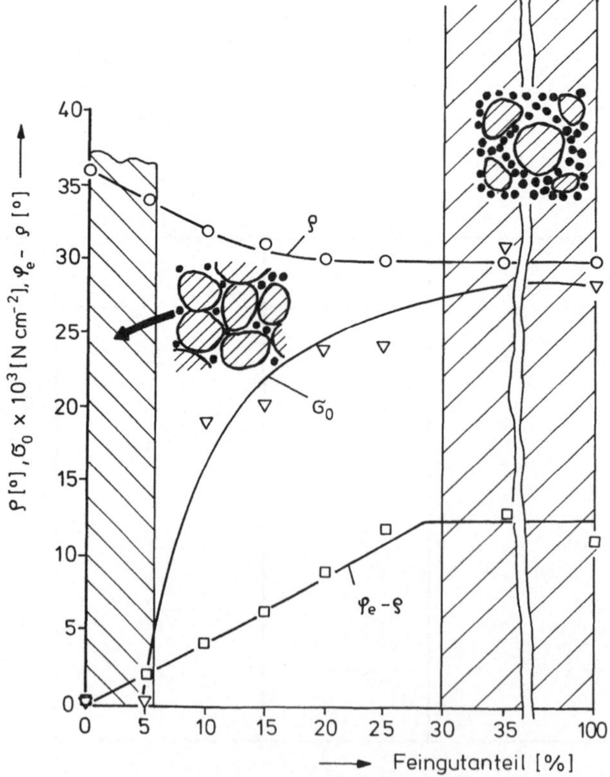

Abb. 6.23:   Abhängigkeit der Parameter ρ, σ_0, $\varphi_e - \rho$ vom Feingutanteil

Entfernt man dagegen zunehmend Feingut aus dem Stützgerüst des Grobgutes, d.h. bewegt man sich im Bereich niedriger Feingutanteile < 10 %, so sind die Gleitflächen im Schüttgut durch die Grobgutpartikeln festgelegt, d.h. mit abnehmendem Feingutanteil wird das Schüttgut "rauher", was sich per Saldo in einem mit abnehmendem Feingutanteil ansteigenden inneren Reibungswinkel äußert.

Ab Feingutanteilen > 25 % ist die Differenz φ_e - ρ innerhalb der Meßgenauigkeit praktisch konstant. Bei vollständig in die Feingutpartikeln eingebettetem Grobgut ist zu erwarten, daß die Zunahme der Haftkräfte mit der Verfestigung praktisch der des Feingutes allein gleich ist. Bei gleichartiger Oberflächenrauhigkeit von Grobgut und Feingut ist die Haftung Feingutpartikel / Feingutpartikel nicht verschieden von der zwischen Feingutpartikel und Grobgutpartikel. Das Innere einer Grobgutpartikel ist dann aber einem Bereich erhöhter Festigkeit gleichwertig, der jedoch die insgesamt wesentliche niedrigere Festigkeit der Partikel / Partikel - Kontakte nicht zu verbessern vermag.

Umgekehrt bedeutet zunehmende Feingutverarmung unterhalb eines Feingutanteils von 30 % zunehmende direkte Kontakte grobkörniger Partikeln untereinander, damit stark abnehmende Anzahl der Kontakte. Bei gleichem Niveau der im Schüttgut übertragenen Spannungen bedeutet dios aber eine erhebliche Erhöhung der pro Partikelkontakt übertragenen Kraft, d.h. es wird zunehmend das Verhalten grobkörniger und damit kohäsionsloser Schüttgüter erreicht.

Ist das Feingut lediglich lose zwischen kontaktierenden Grobkornpartikeln angeordnet, d.h. bleibt der Feingutanteil unter $\simeq$ 6 %, so ist die theoretische, dreiachsige Zugfestigkeit σ_0 der unverfestigten Mischung allein durch das Grobgut bestimmt und damit praktisch gleich Null. Für die Umrechnung zwischen Spannung σ_0 und mittlerer Haftkraft pro Kontakt H_0 gilt nämlich entsprechend Gl. (6.6)

$$\sigma_0 \sim \frac{H_0}{d^2} \; .$$

Bei einem Sprung in der Korngröße zwischen Feingut und Grobgut um den Faktor $45/3,4 \simeq 13$ beim untersuchten Schüttgut ist dann die charakteristische Spannung σ_0 des Grobgutes bei konstanter Haftkraft H_0 pro Kontakt nur noch < 1 % der des Feingutes und damit vernachlässigbar.

Mit zunehmendem Feingutanteil steigt die Anzahl der Partikelkontakte im Schüttgut erheblich an. Dies erklärt den raschen Anstieg von σ_0 mit zunehmendem Feingutanteil. Sind die Grobgutpartikeln ganz im Feingut eingelagert, d.h. ist der Feingutanteil $\geq$ 30 %, so werden (im Rahmen der erzielbaren Meßgenauigkeit) die Werte σ_0 für 100 % Feingut erreicht.

Entsprechend Gl. (6.22) kann über gemessene Materialdaten ρ , $\varphi_e - \rho$, σ_0 die Druckfestigkeit f_c als Funktion der Verfestigungsspannung σ_1 berechnet werden.

Bei bekannten Materialdaten ρ , $\varphi_e - \rho$, σ_0 läßt sich mit dieser Beziehung zu jedem Wert σ_1 der größten Hauptspannung beim Verfestigen eine Druckfestigkeit f_c berechnen.

Als Test für den praktischen Nutzen der Theorie läßt sich mit Hilfe der in Tabelle 6.4 aufgelisteten Materialdaten für jedes der drei gewählten Verfestigungsniveaus (σ_1 = 0,4; 0,8; 1,2 Ncm^{-2}) für jede Mischung die Druckfestigkeit entsprechend der voranstehenden Beziehung berechnen.

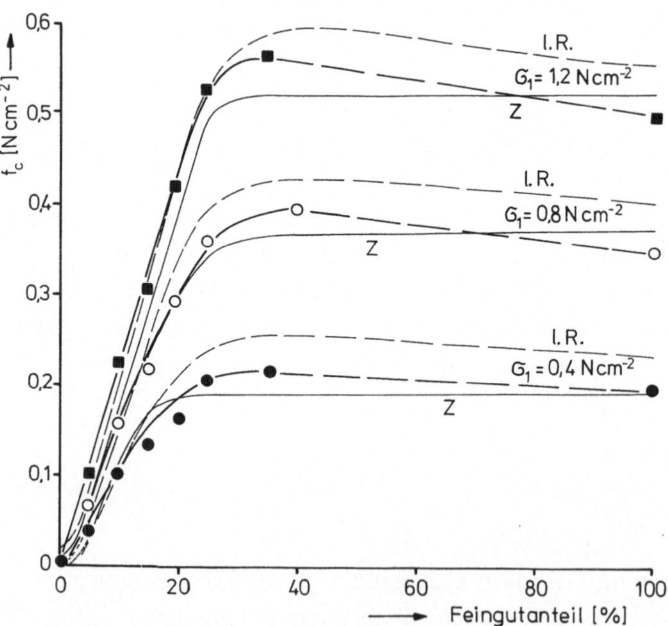

Abb. 6.24:   Vergleich der aus Materialdaten berechneten Druck-
             festigkeiten mit durch unmittelbare Fließortaus-
             wertung gewonnenen Druckfestigkeiten

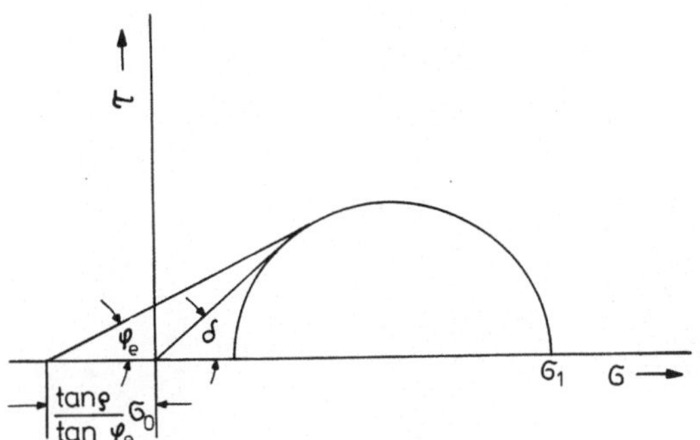

Abb. 6.25:   Zusammenhang zwischen δ, φ_e, ρ, σ_0 und σ_1

In Abb. 6.24 sind die berechneten Werte f_c aufgetragen. Gleichzeitig sind als dünn gestrichelte bzw. dünn ausgezogene Linien die Daten von Abb. 6.21 eingetragen, d.h. die durch lineare Regression bzw. unmittelbare zeichnerische Auswertung gewonnenen Werte f_c.

Wie man aus Abb. 6.25 abliest, besteht zwischen den Größen δ, φ_e, ρ, σ_0 und σ_1 die Beziehung

$$\sin\delta = \frac{1}{\dfrac{1 + \sin\varphi_e}{\sin\varphi_e + \tan\rho\,\cos\varphi_e\,\dfrac{\sigma_0}{\sigma_1}} - 1} \; . \qquad (6.23)$$

Analog zur Abhängigkeit $f_c\,(\sigma_1)$ läßt sich daher die Funktion $\delta\,(\sigma_1)$ für gemessene Materialdaten φ_e, ρ, σ_0 berechnen.

In Abb. 6.26 sind die entsprechend Abb. 6.22 direkt gemessenen Werte als ausgezogene Linien eingetragen, während die aus gemessenen Materialdaten berechneten Werte als Punkte eingetragen sind.

Sowohl Abb. 6.24 wie Abb. 6.26 zeigen eindeutig, daß mit den Materialeigenschaften berechnete Auslegungsdaten zuverlässig darstellbar sind. Im Gegensatz zu den Auslegungsdaten sind aber, vergl. Abb. 6.23, die Materialdaten eindeutige Funktionen der Mischungszusammensetzung. Eine Interpolation für unbekannte Mischungszusammensetzungen, ausgehend von den Materialdaten ρ, $\varphi_e - \rho$, σ_0 ist daher zuverlässiger.

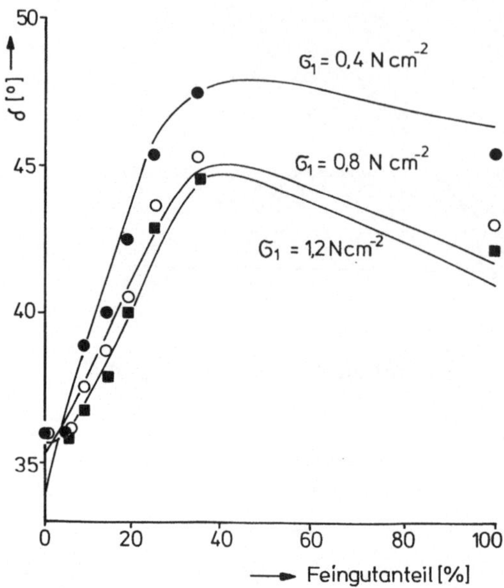

Abb. 6.26:   Aus gemessenen Daten φ_e, ρ, σ_0 berechnete Werte δ
              (Punkte) bzw. direkt gemessene Werte (ausgezogene
              Linien)

Aus den hier vorgestellten Ergebnissen ergeben sich die nachstehend
aufgelisteten Schlußfolgerungen:

a) Es ist angebracht, sorgfältig zwischen solchen Schüttgutdaten
   zu unterscheiden, die als Rechengrößen in Auslegungsvorschrif-
   ten auftreten und solchen, die einer physikalisch sinnvollen
   Interpretation zugänglich sind. Nur die Veränderungen der
   letztgenannten lassen sich z.B. bei Variation des Feinanteils
   sinnvoll deuten.

b) Auch bei Anwendungen in der Praxis kann es zweckmäßiger sein,
   aus Scherversuchen die Materialdaten, d.h. die Parameter ρ,
   $\varphi_e - \rho$, σ_0 zu messen und dann die z.B. für die Bunkerauslegung
   interessierenden Abhängigkeiten f_c (σ_1) bzw. δ (σ_1) zu rechnen.
   Es lassen sich dann nämlich z.B. Zwischenwerte für nicht
   gemessene Mischungszusammensetzungen abschätzen, da nur die
   Materialdaten ρ, $\varphi_e - \rho$, σ_0 eindeutige Funktionen der Mischungszusammensetzung sind.

6.11 Die Druckfestigkeit feuchter Schüttgüter

Mit Hilfe der voranstehend abgeleiteten Beziehungen läßt sich auch
die Druckfestigkeit feuchter, nichtlöslicher Schüttgüter auf die pro
Partikelkontakt übertragene Haftkraft zurückführen. Falls Feuchte im
Schüttgut die Fließeigenschaften wesentlich bestimmt, kann der
Beitrag der van der Waals - Kräfte vernachlässigt werden. Die in
einem Schüttgut infolge von Flüssigkeitsbrücken übertragenen Haft-
kräfte sind wenigstens näherungsweise räumlich gleichverteilt und
entsprechen daher einem isostatischen Spannungszustand mit einer
Zugspannung gemäß Gl. (4.8). Bei gegebener Porosität ε und gegebener
Flüssigkeitsmenge im Schüttgut ist die mittlere Haftkraft F_H pro
Kontakt festgelegt. In diesem Sinne ist das Verhalten eines feuchten
Schüttgutes von der Belastungsvorgeschichte unabhängig. Im konkreten
Fall hat man jedoch zu beachten, daß bei einem gegebenenfalls vorangegangenen Pressen die Porosität ε und damit bei gegebener Flüssig-
keitsmenge sowohl die Anzahl der Kontakte pro Partikel als auch die
geometrischen Verhältnisse der Flüssigkeitsbrücken zwischen den
Partikeln sich ändern können. Mit $\varphi_e = \rho$ und der bekannten Näherung
$k\,\varepsilon \simeq \pi$ [22] folgt aus (4.8) und (6.22) für die Druckfestigkeit
eines feuchten Schüttgutes

$$f_c = \frac{2 \sin \rho}{1 - \sin \rho}\,\sigma_0 = \frac{2 \sin \rho}{1 - \sin \rho}\,\frac{(1 - \varepsilon)\,F_H}{\varepsilon\,d^2}\,. \qquad (6.24)$$

In (6.24) bezeichnet F_H die (mittlere) Haftkraft pro Partikelkontakt.
Entsprechend einer von Tomas [27] gegebenen Darstellung läßt sich
die Haftkraft F_H pro Partikelkontakt wie nachstehend beschrieben abschätzen. Nimmt man als Modellkörper wie zuvor schon gleich große
Kugeln, so läßt sich eine Flüssigkeitsbrücke zwischen diesen durch
die in Abb. 6.27 dargestellten Parameter näherungsweise beschreiben.

Vernachlässigt man die Auskehlung der freien Flüssigkeitsoberfläche,
so wird das Flüssigkeitsvolumen näherungsweise gleich dem Zylindervo-
lumen, vermindert um zweimal das eintauchende Kugelkappenvolumen:

$$V_1^{\cdot} \simeq \pi\,R_2'^{\,2}\,h_B - 2\,\frac{\pi}{3}\left(\frac{h_B}{2}\right)^2\left(\frac{3}{2}\,d - \frac{h_B}{2}\right)\,. \qquad (6.25)$$

Aus Abb. 6.27 liest man ab

$$R_2' = \frac{d}{2} \sin \beta \tag{6.26}$$

bzw.

$$h_B = d \, (1 - \cos \beta). \tag{6.27}$$

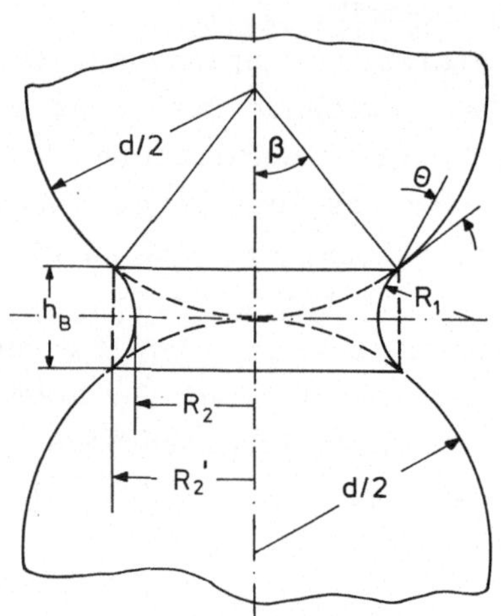

Abb. 6.27:   Flüssigkeitsbrücke zwischen gleich großen Kugeln

Wie man aus Abb. 6.28 entnimmt, gilt im Bereich $0 \le \beta \le 60°$ genau genug die Näherung

$$1 - \cos \beta \simeq 0{,}562 \sin^2 \beta \, . \tag{6.28}$$

Für den Flüssigkeitsgehalt x_1 gilt

$$x_1 = \frac{m_1}{m_s} = \frac{k \, V_1 \, \rho_1}{2 \, \frac{\pi \, d^3}{6} \, \rho_s} \, . \tag{6.29}$$

Aus den Beziehungen (6.25) bis (6.29) ergibt sich mit der zuvor schon benutzten Näherung $k \, \varepsilon \simeq \pi$ (siehe [22]):

$$\sin^2 \beta \simeq 1{,}313 \, \sqrt{\frac{\varepsilon \, \rho_s}{\rho_1} \, x_1} \, . \tag{6.30}$$

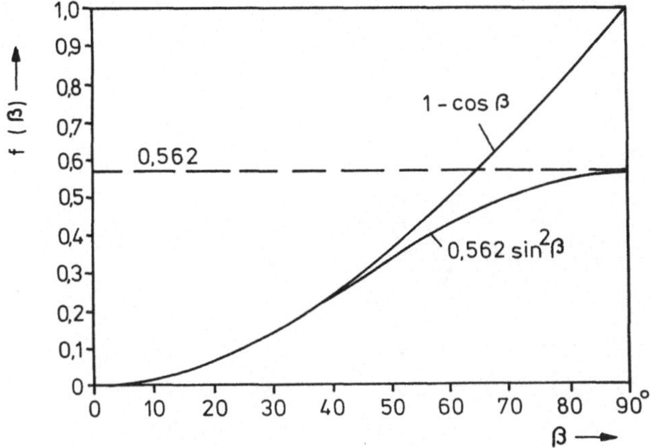

Abb. 6.28:   Zur Erläuterung der Näherungsbeziehung Gl. (6.28)

Für eine Flüssigkeitsbrücke entsprechend Abb. 6.27 ist die Randkraft

$$F_{Ra} = \gamma \, \pi \, d \, \sin \beta \, \sin (\beta + \theta) \qquad\qquad (6.31)$$

und die Kapillarkraft

$$F_{Ka} = p_K \, \frac{\pi \, d^2}{4} \, \sin^2 \beta. \qquad\qquad (6.32)$$

In (6.31) bzw. (6.32) bezeichnen γ die Grenzflächenspannung flüssig – gasförmig, θ den Randwinkel und p_K den Kapillardruck. Für vollständige Benetzung gilt $\theta = 0$. Damit folgt aus (6.31) und (6.32) die gesamte in einem Kontakt übertragene Haftkraft zu

$$F_H = F_{Ra} + F_{Ka} = \gamma \, \pi \, d \, \sin^2 \beta \left(1 + \frac{p_K \, d}{4\gamma} \right). \qquad\qquad (6.33)$$

Einsetzen der Näherung (6.30) liefert schließlich

$$F_H = 1,313 \, \pi \, \sqrt{\frac{\varepsilon \, \rho_s}{\rho_1}} \, x_1 \, \gamma \, d \left(1 + \frac{p_K \, d}{4\gamma} \right). \qquad\qquad (6.34)$$

Die problematischste Größe in Gl. (6.34) ist der Kapillardruck p_K in einer sich deformierenden Schüttung. Als plausible Abschätzung schlägt Tomas die Verwendung des Eintrittskapillardruckes [28, 29, 30]

$$p_{Ke} = 8 \frac{\gamma \, (1 - \epsilon)}{d \, \epsilon} \tag{6.35}$$

vor. Mit (6.35) folgt aus (6.34)

$$F_H = 1,313 \, \pi \, \frac{2 - \epsilon}{\sqrt{\epsilon}} \, \sqrt{\frac{\rho_s \, x_1}{\rho_1}} \, \gamma \, d. \tag{6.36}$$

Definitionsgemäß ist die Spannung σ_0 in (6.24) der Betrag einer hypothetischen dreiachsigen Zugfestigkeit. Beim Vergleich mit Meßwerten
hat man daher zu beachten, daß bei der Zugfestigkeitsmessung von
Agglomeraten der Betrag der einachsigen Zugfestigkeit σ_1 gemessen
wird, während für das Fließverhalten kohäsiver Schüttgüter die
Druckfestigkeit f_c interessiert (vergl. Abb. 6.29).

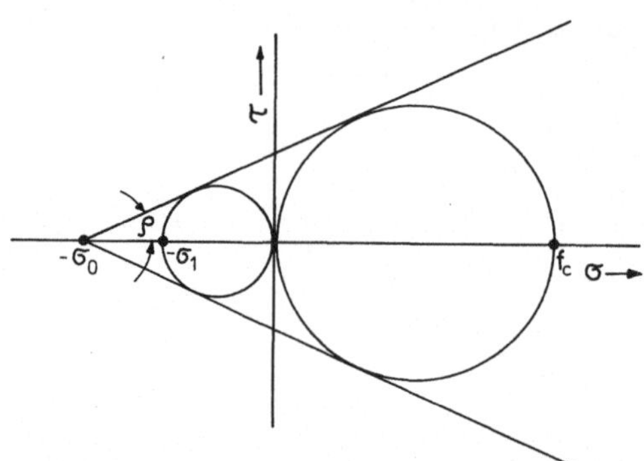

Abb. 6.29:   Dreiachsige Zugfestigkeit σ_0, einachsige Zugfestigkeit σ_1 und Druckfestigkeit f_c

Aus Abb. 6.29 liest man unmittelbar ab, daß zwischen σ_0 und σ_1 der
Zusammenhang

$$\sigma_1 = \frac{2 \sin \rho}{1 + \sin \rho} \, \sigma_0 \tag{6.37}$$

besteht. An Stelle des bei Praktikern gebräuchlichen Feuchtegehaltes
x_1 wird bei der Darstellung von Agglomeratfestigkeiten die physikalisch sinnvollere Sättigung S des Porenraumes (= Flüssigkeitsvolumen bezogen auf Porenvolumen) benutzt, die mit dem Feuchtegehalt
über

$$x_1 = \frac{\epsilon}{1 - \epsilon} \, \frac{\rho_1}{\rho_s} \, S \tag{6.38}$$

verknüpft ist. Aus (6.37) folgt bei Beachtung von (6.24), (6.36) und (6.38)

$$\sigma_1 = \frac{8{,}25 \sin\rho}{1 + \sin\rho} \; \frac{(2-\epsilon)\;\sqrt{1-\epsilon}}{\epsilon} \; \sqrt{S} \; \frac{\gamma}{d} \; . \qquad (6.39)$$

In Abb. 6.30 sind Messungen mit Gl. (6.39) verglichen. Hierbei wurde der Schätzwert $\rho = 30^\circ$ benutzt (vergl. hierzu etwa Abb. 6.23).

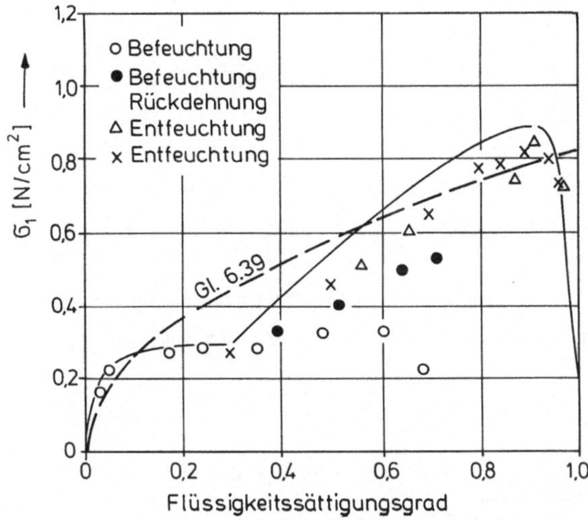

Abb. 6.30:   Vergleich der mit der Gl. (6.39) errechneten Zug-
             festigkeit mit den Modell- und Meßwerten für Kalk-
             stein von Schubert [28, 29]
             $d = 71$ µm, $\epsilon = 0{,}415$, $\gamma = 0{,}072$ N/m, $\rho = 30^\circ$

Wie man unmittelbar aus Abb. 6.30 entnehmen kann, nähern die berechneten Zugfestigkeiten die Meßwerte in brauchbarer Weise an. Selbstverständlich kann eine Näherungsformel wie Gl. (6.39) solche Details,
wie den Übergang vom Bereich der reinen Brückenflüssigkeit ($S \leq 0.3$)
zu dem Bereich, in dem Brückenflüssigkeit und teilweise erfüllte Ka-
pillaren koexistieren ($0{,}3 \leq S \leq 0{,}7$) nicht genau genug erfassen.

Man wird daher erwarten können, daß die entsprechend abgeleitete
Beziehung für die Druckfestigkeit

$$f_c = \frac{8{,}25 \sin\rho}{1 - \sin\rho} \; \frac{(2-\epsilon)(1-\epsilon)}{\epsilon\sqrt{\epsilon}} \; \sqrt{\frac{\rho_s\, x_1}{\rho_1}} \; \frac{\gamma}{d} \qquad (6.40)$$

feuchter Schüttgüter ebenfalls eine brauchbare Abschätzung darstellt,
die in Auslegungsrechnungen (vergl. Kapitel 11) benutzt werden kann.

7 Differentialgleichungen des Spannungsfeldes

7.1 Spannungsgleichgewicht im Schwerefeld

Im folgenden werden für in Ruhe befindliches Material die Gleichungen
für das Spannungsfeld hergeleitet. Diese gelten auch für stationär
fließendes Material, solange die dann konvektiven Beschleunigungen
vernachlässigbar klein sind. Die Koordinaten sind raumfest und nicht
materiefest.

Im Falle des ebenen Spannungszustandes mit einer dann konstanten
Hauptspannung senkrecht zur Zeichenebene (vergl. Abb. 7.1)

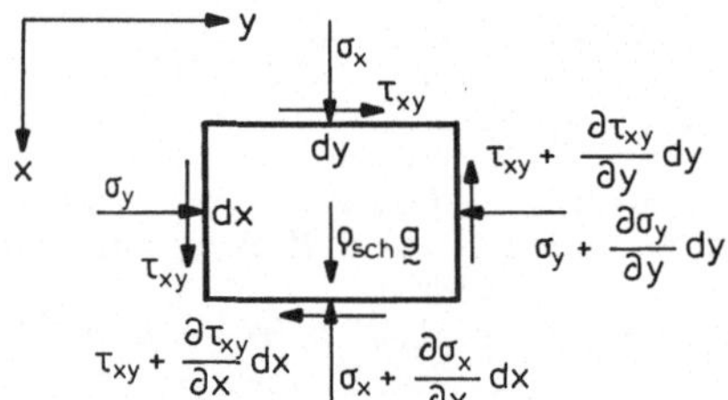

Abb. 7.1: Spannungsgleichgewicht eines Volumenelementes bei ebenem
Spannungszustand

liefert das Kräftegleichgewicht in vertikaler bzw. horizontaler
Richtung, wobei g die Erdbeschleunigung und ρ_{sch} die Schüttdichte
des Gutes bedeuten:

$$\left.\begin{aligned}
\frac{\partial \sigma_x}{\partial x} + \frac{\partial \tau_{xy}}{\partial y} &= \rho_{sch}\, g \;, \\[2ex]
\frac{\partial \sigma_y}{\partial y} + \frac{\partial \tau_{xy}}{\partial x} &= 0 \;.
\end{aligned}\right\} \qquad (7.1)$$

Im Falle des rotationssymmetrischen Spannungszustandes verschwinden
die partiellen Ableitungen nach der Umfangskoordinate ($\partial/\partial\alpha \equiv 0$) und
die Umfangsspannung ist eine Hauptspannung (vergl. Abb. 7.2).

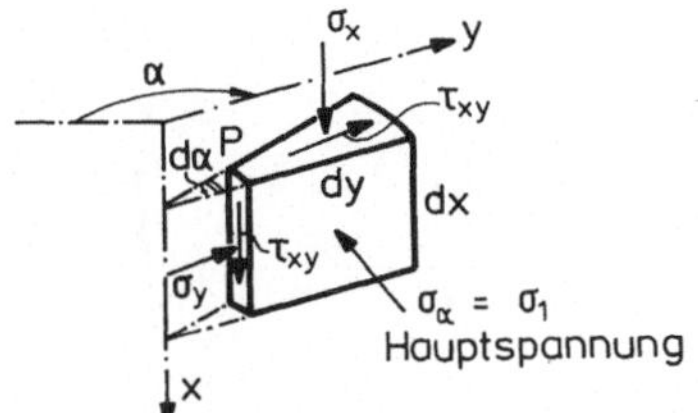

Abb. 7.2:   Rotationssymmetrischer Spannungszustand

Bei Vernachlässigung der Trägheitskräfte erhält man (vergl. Abb.
7.3) für das Gleichgewicht in vertikaler bzw. radialer Richtung:

$$\frac{\partial\sigma_x}{\partial x} + \frac{\partial\tau_{xy}}{\partial y} + \frac{\tau_{xy}}{y} = \rho_{sch}\, g \, ,$$

$$\frac{\partial\tau_{xy}}{\partial x} + \frac{\partial\sigma_y}{\partial y} + \frac{\sigma_y - \sigma_\alpha}{y} = 0 \, . \qquad (7.2)$$

Die Gleichungen (7.1) und (7.2) lassen sich formal zu einer einzigen
Darstellung

$$\frac{\partial\sigma_x}{\partial x} + \frac{\partial\tau_{xy}}{\partial y} + m\,\frac{\tau_{xy}}{y} = \rho_{sch}\, g \, ,$$

$$\frac{\partial\tau_{xy}}{\partial x} + \frac{\partial\sigma_y}{\partial y} + m\,\frac{\sigma_y - \sigma_\alpha}{y} = 0 \qquad (7.3)$$

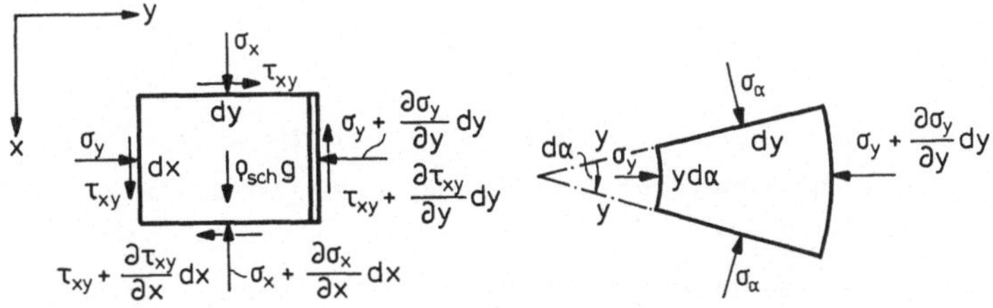

Abb. 7.3:   Spannungsgleichgewicht bei rotationssymmetrischem
                 Spannungszustand

mit m = 0 im Falle des ebenen Spannungszustandes bzw. m = 1 im Falle
des rotationssymmetrischen Spannungszustandes zusammenfassen. Der
Vergleich von Abb. 7.4, linke Seite mit Abb. 3.13 zeigt, daß für
einen entsprechend Abb. 7.4 eingeführten Winkel ω gemäß den Gleichungen (3.42) ($\varphi \rightarrow \omega$) gilt

$$\left.\begin{aligned}
\sigma_x &= \frac{1}{2}(\sigma_1 + \sigma_3) + \frac{1}{2}(\sigma_1 - \sigma_3)\cos 2\omega, \\[2ex]
\sigma_y &= \frac{1}{2}(\sigma_1 + \sigma_3) - \frac{1}{2}(\sigma_1 - \sigma_3)\cos 2\omega, \\[2ex]
\tau_{xy} &= \frac{1}{2}(\sigma_1 - \sigma_3)\sin 2\omega .
\end{aligned}\right\} \qquad (7.4)$$

Die Gleichungen (7.4) legen den Zusammenhang der Spannungen σ_x, σ_y,
τ_{xy} mit den Hauptspannungen σ_1, σ_3 und dem Winkel ω fest, den die
größte Hauptspannung mit der x - Richtung einschließt. Die Beziehung
für σ_y folgt unmittelbar aus der für σ_x, wenn man beachtet, daß entsprechend Abb. 7.4 im Falle von σ_y $\cos(2\omega + \pi) = -\cos 2\omega$ einzusetzen ist.

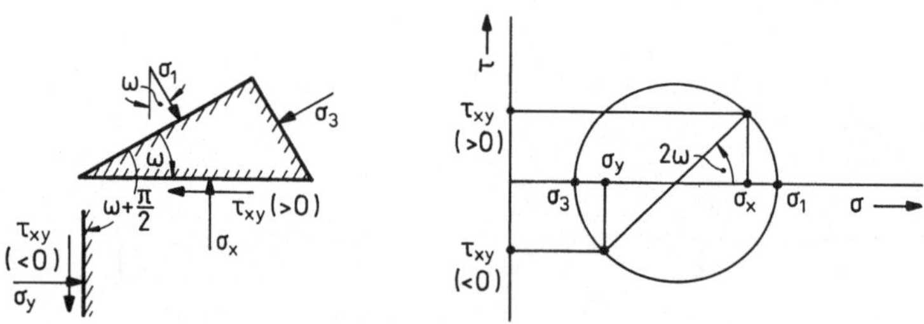

Abb. 7.4:   Orientierung der größten Hauptspannung

7.2 Spannungen im fließenden Schüttgut

Die Spannungsfeldgleichungen lassen sich mit vernünftigem Aufwand
nur für den Fall lösen, daß im gesamten Feld ein einziges Fließkriterium mit einem geradlinigen Fließort angenommen wird (Abb. 7.5).

Die Kohäsion c eines Schüttgutes ist der Ordinatenabschnitt des
Fließortes, und die Spannungsgröße σ läßt sich grafisch als Strecke
vom Abszissenendpunkt des Fließortes bis zur Mitte des Mohrkreises

darstellen. Aus Abb. 7.5 liest man

$$\left.\begin{array}{l} \dfrac{\sigma_1 + \sigma_3}{2} = \sigma - c \cot\rho\,, \\[2em] \dfrac{\sigma_1 - \sigma_3}{2} = \sigma \sin\rho \end{array}\right\} \qquad (7.5)$$

ab.

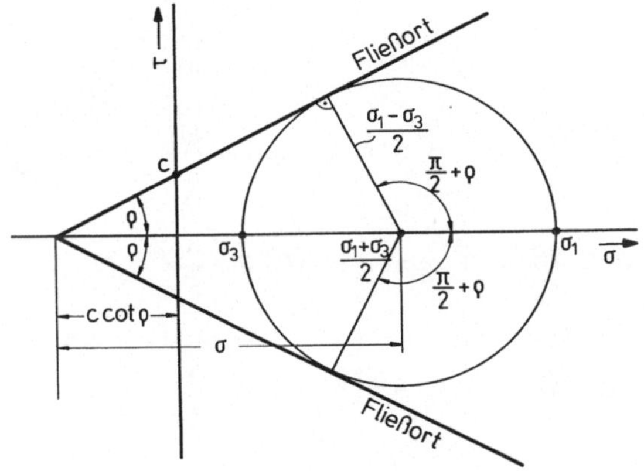

Abb. 7.5:$\qquad$Spannungszustand im fließenden Schüttgut

Einsetzen der Beziehungen (7.5) in (7.4) liefert für den Spannungszustand im fließenden Schüttgut

$$\left.\begin{array}{l} \sigma_x = \sigma\,(1 + \sin\rho \cos 2\omega) - c \cot\rho\,, \\[2em] \sigma_y = \sigma\,(1 - \sin\rho \cos 2\omega) - c \cot\rho\,, \\[2em] \tau_{xy} = \sigma \sin\rho \sin 2\omega\,. \end{array}\right\} \qquad (7.6)$$

Die Gleichungen (7.6) beschreiben den Spannungszustand beim ebenen
Fließen, bei dem die mittlere Hauptspannung unbestimmt bleibt. Beim
konvergenten, rotationssymmetrischen Fließen z.B. in einem konischen
Trichter ist die Umfangsspannung σ_α gleich der größten Hauptspannung
σ_1, d.h. im Falle des konvergenten, rotationssymmetrischen Fließens
kommt zu den Beziehungen (7.6) noch die Gleichung

$$\sigma_\alpha = \sigma\,(1 + \sin\rho) - c \cot\rho \qquad (7.7)$$

hinzu.

7.3 Die Spannungsfeldgleichungen des ebenen Fließzustandes

Als Beispiel für die Lösung der partiellen Differentialgleichungen und als Vorarbeit für Kapitel 14 werden die Spannungsfeldgleichungen des ebenen Fließzustandes in diesem und dem übernächsten Abschnitt in eine geeignete mathematische Darstellung umgeformt. Einsetzen der Beziehungen (7.6) in die Gleichungen (7.1) liefert

$$
\left.
\begin{aligned}
(1 + \sin\rho \, \cos 2\omega) \, \frac{\partial\sigma}{\partial x} - 2\,\sigma\,\sin\rho\,\sin 2\omega \, \frac{\partial\omega}{\partial x} + \\
+ \sin\rho\,\sin 2\omega \, \frac{\partial\sigma}{\partial y} + 2\,\sigma\,\sin\rho\,\cos 2\omega \, \frac{\partial\omega}{\partial y} = \rho_{sch}\, g, \\
(1 - \sin\rho \, \cos 2\omega) \, \frac{\partial\sigma}{\partial y} + 2\,\sigma\,\sin\rho\,\sin 2\omega \, \frac{\partial\omega}{\partial y} + \\
+ \sin\rho\,\sin 2\omega \, \frac{\partial\sigma}{\partial x} + 2\,\sigma\,\sin\rho\,\cos 2\omega \, \frac{\partial\omega}{\partial x} = 0.
\end{aligned}
\right\}
\quad (7.8)
$$

Die Beziehungen (7.8) sind zwei quasilineare partielle Differentialgleichungen erster Ordnung für die unbekannten Funktionen σ (x, y), ω (x, y). Die Differentialgleichungen (7.8) werden quasilinear genannt, weil sie in den Ableitungen, nicht aber in den Funktionswerten selbst linear sind.

Mit folgenden Prozeduren lassen sich die Differentialgleichungen (7.8) in eine für die mathematische Behandlung geeignetere Darstellung überführen:

a) Die erste der Beziehungen (7.8) wird mit $\sin(\omega + \rho/2 - \pi/4)$, die zweite mit $\cos(\omega + \rho/2 - \pi/4)$ multipliziert und danach die zweite von der ersten abgezogen.

b) Die erste der Beziehungen (7.8) wird mit $\sin(\omega - \rho/2 + \pi/4)$, die zweite mit $\cos(\omega - \rho/2 + \pi/4)$ multipliziert und danach die zweite von der ersten abgezogen.

Nach Anwendung der trigonometrischen Umformungen

$$
\sin(\alpha \pm \beta) = \sin\alpha\,\cos\beta \pm \cos\alpha\,\sin\beta,
$$

$$
\cos(\alpha \pm \beta) = \cos\alpha\,\cos\beta \mp \sin\alpha\,\sin\beta
$$

erhält man die zu (7.8) äquivalenten Beziehungen

$$\cos\rho \cos\left(\omega - \frac{\rho}{2} + \frac{\pi}{4}\right)\frac{\partial\sigma}{\partial x} + 2\,\sigma\sin\rho\cos\left(\omega - \frac{\rho}{2} + \frac{\pi}{4}\right)\frac{\partial\omega}{\partial x} +$$

$$+ \cos\rho \sin\left(\omega - \frac{\rho}{2} + \frac{\pi}{4}\right)\frac{\partial\sigma}{\partial y} + 2\,\sigma\sin\rho\sin\left(\omega - \frac{\rho}{2} + \frac{\pi}{4}\right).\frac{\partial\omega}{\partial y} =$$

$$= -\sin\left(\omega + \frac{\rho}{2} - \frac{\pi}{4}\right)\rho_{sch}\,g,$$

$$\cos\rho \cos\left(\omega + \frac{\rho}{2} - \frac{\pi}{4}\right)\frac{\partial\sigma}{\partial x} - 2\,\sigma\sin\rho\cos\left(\omega + \frac{\rho}{2} - \frac{\pi}{4}\right)\frac{\partial\omega}{\partial x} +$$

$$+ \cos\rho \sin\left(\omega + \frac{\rho}{2} - \frac{\pi}{4}\right)\frac{\partial\sigma}{\partial y} - 2\,\sigma\sin\rho\sin\left(\omega + \frac{\rho}{2} - \frac{\pi}{4}\right)\frac{\partial\omega}{\partial y} =$$

$$= \sin\left(\omega - \frac{\rho}{2} + \frac{\pi}{4}\right)\rho_{sch}\,g.$$

$$(7.9)$$

Wie man durch unmittelbaren Vergleich feststellt, lassen sich die Beziehungen (7.9) jeweils durch Division in die Form

$$\frac{\cot\rho}{2\,\sigma}\frac{\partial\sigma}{\partial x} + \frac{\partial\omega}{\partial x} + \tan\left(\omega - \frac{\rho}{2} + \frac{\pi}{4}\right)\left(\frac{\cot\rho}{2\,\sigma}\frac{\partial\sigma}{\partial y} + \frac{\partial\omega}{\partial y}\right) =$$

$$= -\frac{\sin\left(\omega + \frac{\rho}{2} - \frac{\pi}{4}\right)}{2\,\sigma\sin\rho\cos\left(\omega - \frac{\rho}{2} + \frac{\pi}{4}\right)}\rho_{sch}\,g,$$

$$\frac{\cot\rho}{2\,\sigma}\frac{\partial\sigma}{\partial x} - \frac{\partial\omega}{\partial x} + \tan\left(\omega + \frac{\rho}{2} - \frac{\pi}{4}\right)\left(\frac{\cot\rho}{2\,\sigma}\frac{\partial\sigma}{\partial y} - \frac{\partial\omega}{\partial y}\right) =$$

$$= \frac{\sin\left(\omega - \frac{\rho}{2} + \frac{\pi}{4}\right)}{2\,\sigma\sin\rho\cos\left(\omega + \frac{\rho}{2} - \frac{\pi}{4}\right)}\rho_{sch}\,g$$

$$(7.10)$$

bringen. Anstelle der dimensionsbehafteten Spannungsgröße σ führt man zweckmäßig das dimensionslose Spannungsmaß S über

$$S = \frac{\cot \rho}{2} \ln \frac{\sigma}{\sigma_0} \qquad (7.11)$$

ein.

Wie man aus (7.11) entnimmt, gilt S = 0 für einen Rand, auf dem $\sigma = \sigma_0$ ist. Aus (7.11) folgt

$$\left. \begin{array}{l} \dfrac{\partial S}{\partial x} = \dfrac{\cot \rho}{2\,\sigma}\,\dfrac{\partial \sigma}{\partial x} \, , \\[2em] \dfrac{\partial S}{\partial y} = \dfrac{\cot \rho}{2\,\sigma}\,\dfrac{\partial \sigma}{\partial y} \end{array} \right\} \qquad (7.12)$$

bzw.

$$\sigma = \sigma_0 \exp (2 \tan \rho\, S). \qquad (7.13)$$

Einsetzen der Beziehungen (7.12) und (7.13) in die Differentialgleichungen (7.10) liefert die endgültigen Differentialgleichungen für das Spannungsfeld bei ebenem Fließen für die dimensionslosen Unbekannten

$$S\,(x,\,y),\ \omega\,(x,\,y)$$

$$\left. \begin{array}{l} \dfrac{\partial\,(S + \omega)}{\partial x} + \tan\left(\omega - \dfrac{\rho}{2} + \dfrac{\pi}{4}\right) \dfrac{\partial\,(S + \omega)}{\partial y} = \\[2em] = - \dfrac{\exp\,(- 2 \tan \rho\, S)\,\sin\left(\omega + \dfrac{\rho}{2} - \dfrac{\pi}{4}\right)}{2 \sin \rho\, \cos\left(\omega - \dfrac{\rho}{2} + \dfrac{\pi}{4}\right)}\,\dfrac{\rho_{sch}\,g}{\sigma_0} \, , \\[3em] \dfrac{\partial\,(S - \omega)}{\partial x} + \tan\left(\omega + \dfrac{\rho}{2} - \dfrac{\pi}{4}\right) \dfrac{\partial\,(S - \omega)}{\partial y} = \\[2em] = - \dfrac{\exp\,(- 2 \tan \rho\, S)\,\sin\left(\omega - \dfrac{\rho}{2} + \dfrac{\pi}{4}\right)}{2 \sin \rho\, \cos\left(\omega + \dfrac{\rho}{2} - \dfrac{\pi}{4}\right)}\,\dfrac{\rho_{sch}\,g}{\sigma_0} \, . \end{array} \right\} \qquad (7.14)$$

7.4 Die charakteristischen Kurven der quasilinearen Differentialgleichung erster Ordnung bei zwei unabhängigen Veränderlichen

Die nachstehend beschriebenen Überlegungen sind Gegenstand klassischer Lehrbücher der Mathematik, siehe z.B. [31]. Wenn u (x, y) die gesuchte Funktion darstellt, so sind die Differentialgleichungen (7.14) vom Typ

$$a \frac{\partial u}{\partial x} + b \frac{\partial u}{\partial y} = c \qquad (7.15)$$

mit a = a (x, y, u), b = b (x, y, u), c = c (x, y, u). Die a, b, c und ihre ersten Ableitungen seien stetig und es gelte

$$a^2 + b^2 \neq 0,$$

d.h. die Koeffizienten a, b der Ableitungen verschwinden nicht gleichzeitig. Es läßt sich eine geometrische Deutung der Differentialgleichung (7.15) geben:

Eine Lösung der Differentialgleichung (7.15) stellt eine Fläche im (x, y, u) - Raum dar (vergl. Abb. 7.6)

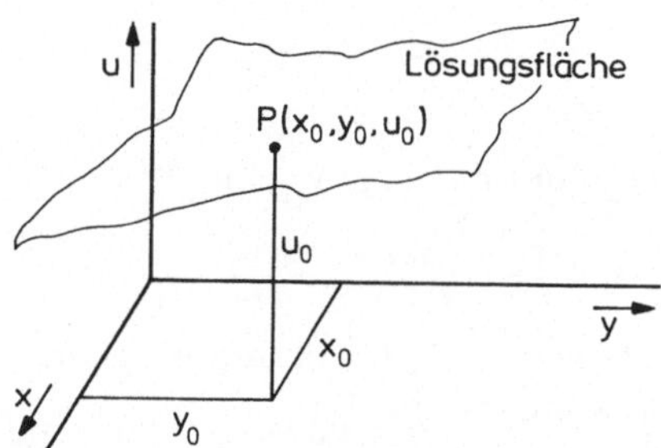

Abb. 7.6:   Geometrische Deutung einer Lösung der Differential-gleichung (7.15)

Es wird jetzt ein Punkt P (x_0, y_0, u_0) der Lösungsfläche betrachtet. In diesem Punkt seien die partiellen Ableitungen

$$\frac{\partial u}{\partial x} = p, \quad \frac{\partial u}{\partial y} = q.$$

Alle möglichen Lösungen der Differentialgleichung, die durch
P (x_0, y_0, u_0) gehen, bilden dort eine Schar von Tangentialebenen.
Mit dem totalen Differential

$$du = \frac{\partial u}{\partial x}\, dx + \frac{\partial u}{\partial y}\, dy = p\, dx + q\, dy \qquad (7.16)$$

läßt sich die Gleichung der Tangentialebenen unmittelbar anschreiben:

$$u - u_0 = p\,(x - x_0) + q\,(y - y_0), \qquad (7.17)$$

denn x_0, y_0, u_0 ist offensichtlich Lösung von (7.17), es gilt
$\partial u/\partial x = p$, $\partial u/\partial y = q$ und die Beziehung (7.17) ist linear, beschreibt
also eine Ebene. In Abb. 7.7 ist eine Tangentialebene in x_0, y_0, u_0
veranschaulicht.

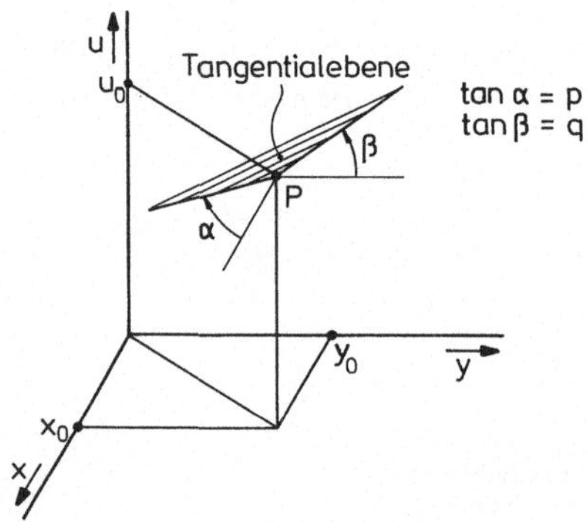

Abb. 7.7:   Tangentialebene im Punkt (x_0, y_0, u_0)

Wegen des Typs (7.15) der Differentialgleichung besteht für alle Tangentialebenen der Lösungskurven durch P (x_0, y_0, u_0) die Beziehung

$$a\,p + b\,q = c. \qquad (7.18)$$

Aus dem Vergleich zwischen (7.16) und (7.18) folgt aber unmittelbar
die Relation

$$dx : dy : du = a : b : c, \qquad (7.19)$$

d.h. die Schar der Tangentialebenen muß derart sein, daß sie die

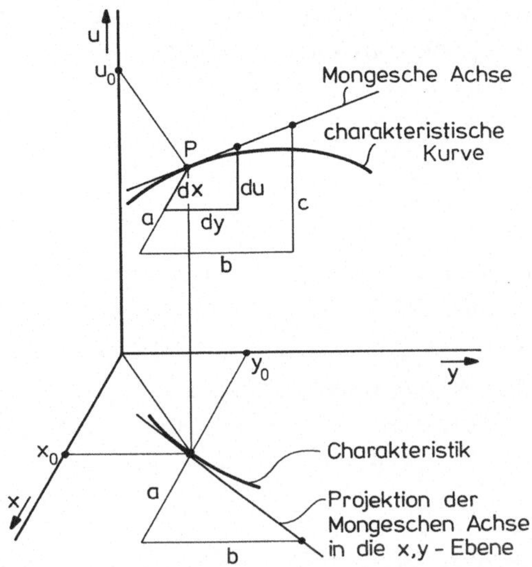

Abb. 7.8:   Charakteristische Kurve durch den Punkt $(x_0,\ y_0,\ u_0)$

durch die Relation (7.19) festgelegte Gerade durch P enthalten. Abb. 7.8 veranschaulicht, daß die Beziehung (7.19) eine Gerade festlegt, die Mongesche Achse genannt wird.

Die Tangentialebenen in P können also um die Mongesche Achse drehbar gedacht werden. Der Punkt P mit der hindurchgehenden Mongeschen Achse wird charakteristisches Linienelement genannt.

Faßt man jetzt verschiedene Punkte P ins Auge, so bilden die Mongeschen Achsrichtungen ein Richtungsfeld. Die Verbindungen der Mongeschen Achsrichtungen von Punkt zu Punkt bilden dann aber Bahnkurven. Die Bahnkurven dieses Linienfeldes sind aber durch das System der gewöhnlichen Differentialgleichungen (7.19) definiert. Diese Bahnkurven heißen charakteristische Kurven der Differentialgleichung.

Auf den charakteristischen Kurven kann ein Parameter s eingeführt werden, d.h. eine charakteristische Kurve ist eine Raumkurve x (s), y (s), u (s). Aus (7.19) folgen dann aber die gewöhnlichen Differentialgleichungen der charakteristischen Kurve

$$\frac{dx}{ds} = a, \quad \frac{dy}{ds} = b, \quad \frac{du}{ds} = c. \tag{7.20}$$

Die Projektionen der charakteristischen Kurven in die x, y - Ebene
sind die Charakteristiken. Für diese gilt offensichtlich gemäß der
Relation (7.19)

$$\frac{dy}{dx} = \frac{b}{a} \, . \qquad\qquad (7.21)$$

Die Integration der partiellen Differentialgleichung (7.15) bedeutet
dann aber das Auffinden von Flächen u (x, y), die in jedem Punkt auf
das Mongesche Feld passen, d.h. es sind Flächen, deren Tangentialebenen in jedem Punkt die Mongesche Achsrichtung in der Tangentialebene enthalten. Daraus folgt aber unmittelbar, daß jede von einer
einparametrigen Schar von charakteristischen Kurven erzeugte Fläche
u (x, y) eine Lösungsfläche der partiellen Differentialgleichung
ist.

Umgekehrt gilt: Jede Lösungsfläche wird so erzeugt. Dies läßt sich
folgendermaßen einsehen:

Auf jeder Lösungsfläche u (x, y) der Differentialgleichung (7.15)
wird durch die gewöhnlichen Differentialgleichungen

$$\frac{dx}{ds} = a; \quad \frac{dy}{ds} = b$$

mit a und b so, daß die Lösung u (x, y) eingesetzt ist, eine einparametrige Schar von Kurven x = x (s), y = y (s), u = u (x (s), y (s))
definiert.

Die für u geltende partielle Differentialgleichung (7.15) geht längs
einer solchen Kurve gemäß den Beziehungen (7.20) in die gewöhnliche
Differentialgleichung

$$\frac{du}{ds} = c \qquad\qquad (7.22)$$

über. Diese einparametrige Schar genügt also den Beziehungen (7.20)
und besteht damit aus charakteristischen Kurven.

Damit ist aber gezeigt, daß jede Lösungsfläche durch die charakteristischen Kurven erzeugt wird. Dabei ist zu beachten, daß der Parameter s in den Differentialgleichungen (7.20) nicht explizit auftritt.
Man erhält daher dieselben Integralkurven, wenn s durch s + const

ersetzt wird. In diesem Sinne ist eine additive Konstante im Parameter s unwesentlich. Da die Lösungen des Differentialgleichungssystems (7.20) durch die Anfangswerte von x, y, u für s = 0 eindeutig festgelegt sind, erhält man schließlich die beiden folgenden Sätze:

a) Jede charakteristische Kurve, die einen Punkt mit einer Lösungsfläche gemeinsam hat, liegt ganz auf der Lösungsfläche.

b) Jede Lösungsfläche wird aus einer einparametrigen Schar von charakteristischen Kurven erzeugt.

7.5 Die Charakteristiken des Spannungsfeldes für ebenes Fließen

Der Vergleich der ersten bzw. der zweiten der Differentialgleichungen (7.14) mit (7.15) zeigt unmittelbar, daß für die erste der Differentialgleichungen (7.14) gilt

$$
\left.
\begin{aligned}
a &= 1, \quad b = \tan\left(\omega - \frac{\rho}{2} + \frac{\pi}{4}\right), \\[2em]
c &= -\;\frac{\exp(-2\tan\rho\, S)\,\sin\left(\omega + \frac{\rho}{2} - \frac{\pi}{4}\right)}{2\sin\rho\,\cos\left(\omega - \frac{\rho}{2} + \frac{\pi}{4}\right)}\;\frac{\rho_{sch}\, g}{\sigma_0}
\end{aligned}
\right\} \quad (7.23)
$$

bzw. für die zweite

$$
\left.
\begin{aligned}
a &= 1, \quad b = \tan\left(\omega + \frac{\rho}{2} - \frac{\pi}{4}\right), \\[2em]
c &= \frac{\exp(-2\tan\rho\, S)\,\sin\left(\omega - \frac{\rho}{2} + \frac{\pi}{4}\right)}{2\sin\rho\,\cos\left(\omega + \frac{\rho}{2} - \frac{\pi}{4}\right)}\;\frac{\rho_{sch}\, g}{\sigma_0}
\end{aligned}
\right\} \quad (7.24)
$$

Für die Charakteristiken der ersten der Gleichungen (7.14) gilt gemäß Gl. (7.21)

$$
\frac{dy}{dx} = \tan\left(\omega - \frac{\rho}{2} + \frac{\pi}{4}\right). \qquad (7.25)
$$

Eine Charakteristik ist eine Kurve y = y (x).

Längs einer Charakteristik wird die linke Seite der ersten der
Gleichungen (7.14) ein totales Differential, d.h. es gilt gemäß Gl.
(7.16) längs einer durch (7.25) festgelegten Charakteristik

$$\frac{d\,(S+\omega)}{dx} = \frac{\partial\,(S+\omega)}{\partial x} + \tan\left(\omega - \frac{\rho}{2} + \frac{\pi}{4}\right)\frac{\partial\,(S+\omega)}{\partial y} =$$
$$= -\frac{\exp\left(-2\tan\rho\,S\right)\sin\left(\omega + \frac{\rho}{2} - \frac{\pi}{4}\right)}{2\sin\rho\,\cos\left(\omega - \frac{\rho}{2} + \frac{\pi}{4}\right)}\;\frac{\rho_{sch}\,g}{\sigma_0}\,. \tag{7.26}$$

Analog erhält man für die zweite der Gleichungen (7.14) für die
Charakteristik

$$\frac{dy}{dx} = \tan\left(\omega + \frac{\rho}{2} - \frac{\pi}{4}\right) \tag{7.27}$$

bzw. für das totale Differential längs der Charakteristik

$$\frac{d\,(S-\omega)}{dx} = \frac{\partial\,(S-\omega)}{\partial x} + \tan\left(\omega + \frac{\rho}{2} - \frac{\pi}{4}\right)\frac{\partial\,(S-\omega)}{\partial y} =$$
$$= \frac{\exp\left(-2\tan\rho\,S\right)\sin\left(\omega - \frac{\rho}{2} + \frac{\pi}{4}\right)}{2\sin\rho\,\cos\left(\omega + \frac{\rho}{2} - \frac{\pi}{4}\right)}\;\frac{\rho_{sch}\,g}{\sigma_0}\,. \tag{7.28}$$

Die gewöhnlichen Differentialgleichungen (7.26) bzw. (7.28) können
längs ihrer Charakteristiken numerisch integriert werden. Ihre gegen-
seitige Verknüpfung bringt keine grundsätzlichen Schwierigkeiten,
sondern kompliziert lediglich die Rechnung.

Aus den Gleichungen (7.25) und (7.27) folgt unmittelbar, daß (vergl.
Abb. 7.9) die beiden Charakteristikenscharen mit der Richtung der
größten Hauptspannung symmetrisch den Winkel $\pm\,(\pi/4 - \rho/2)$ ein-
schließen.

Wie man unmittelbar aus Abb. 7.5 entnimmt, besitzen die Charakteristiken in dem Fall eine anschauliche physikalische Bedeutung, wenn
die Berührpunkte des Mohrkreises an den Fließort die Gleitebenen (im
Falle des ebenen Fließens: Gleitlinien) festlegen: In diesem Fall
sind die Charakteristiken des Spannungsfeldes die Gleitlinien im
fließenden Schüttgut.

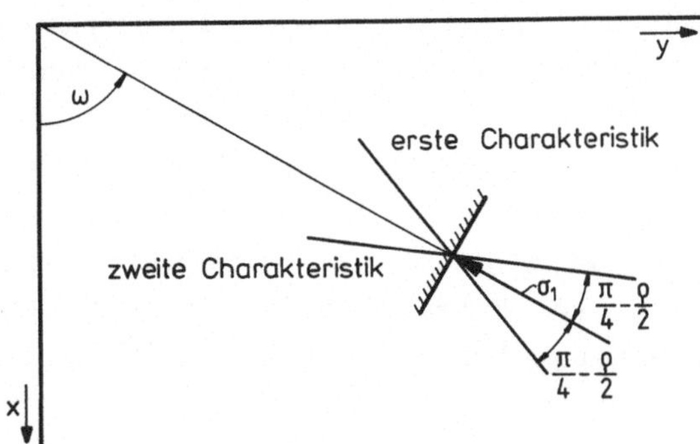

Abb. 7.9:   Orientierung der Charakteristikenscharen zur Richtung der größten Hauptspannung σ_1

7.6 Zur numerischen Integration der Differentialgleichungen für das Spannungsfeld

Einzelheiten der Prozedur sind in [32] beschrieben. Die numerische Lösung mittels Digitalrechner läuft dabei nach folgendem Schema ab (vergl. Abb. 7.10):

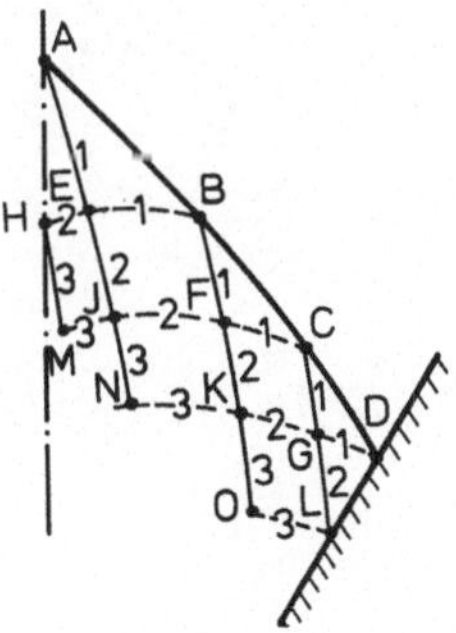

Abb. 7.10:   Zur numerischen Integration längs der Charakteristiken

Es seien die Randbedingungen längs einer Linie vollständig vorgegeben, die keine Charakteristik ist. Ein solcher Rand ist etwa die freie Oberfläche des Schüttgutes. Auf anderen Rändern sind die Bedingungen nur zum Teil vorgegeben. So ist bei einem gegen eine feste Wand rutschenden Schüttgut über die Wandreibungsverhältnisse die Richtung ω der größten Hauptspannung, nicht aber die dimensionslose Spannungsgröße S vorgegeben. In Abb. 7.10 sind die jeweils weiterführenden Schritte mit 1, 2, 3 bezeichnet. In den Punkten A, B, C und D an der freien Oberfläche sind S und ω vorgegeben. Integration

längs je einer Charakteristik (erste Schar ausgezogen gezeichnet,
zweite gestrichelt) (Schritt 1) liefert in den Knotenpunkten E, F
und G die Werte $S + \omega$ bzw. $S - \omega$, zusammen also S, ω. Integrations-
schritt 2 längs der Charakteristiken liefert $S + \omega$, $S - \omega$ in J bzw.
K, zusammen also S, ω in J bzw. K. Integration längs der zweiten
Charakteristik liefert im zweiten Schritt ausgehend von E den Wert
$S - \omega$ im Symmetriepunkt H. Aus Symmetriegründen ist in H die Richtung
der größten Hauptspannung und damit ω vorgegeben, dann aber auch S
bekannt.

Integration längs der ersten Charakteristik liefert im zweiten
Schritt ausgehend von G den Wert $S + \omega$ im Wandpunkt L. Über die
Reibungsverhältnisse an der Wand ist aber ω an der Wand bekannt und
damit auch S. Ausgehend von den jetzt bekannten Daten S, ω in den
Punkten H, J, K und L lassen sich in einem dritten Schritt die Werte
S, ω in den Knotenpunkten M, N und O berechnen. Die Rechnung häkelt
sich in der hier prinzipiell dargestellten Weise durch das gesamte
Feld durch.

8 Differentialgleichungen für Spannungs- und Geschwindigkeitsfelder bei stationärem, langsamen Fließen in geeigneten orthogonalen Koordinaten

8.1 Problemstellung

Bei der Siloauslegung für nicht frei fließende Schüttgüter ist das für den Verfahrenstechniker wichtigste Problem die Vorhersage der kritischen Minimalabmessungen des Auslaßquerschnittes für sicheren Ausfluß des Materials. Bei üblichen Betriebsbedingungen bedeutet diese Forderung, daß bei Wiederingangsetzen des Materialaustrittes wirklich wieder Materialfluß einsetzt. Aufgrund der hohen inneren Reibung des Schüttgutes ist der Fluß im allgemeinen so langsam, daß Trägheitseffekte bei stationärem Fluß vernachlässigbar sind.

Darüber hinaus wird bei technischen Anlagen der Materialfluß im allgemeinen nicht durch die Wechselwirkung zwischen Schwerkraft, Wandreibung und innerer Reibung des Schüttgutes festgelegt, sondern durch Abzugsorgane wie Zellenradschleusen, Schneckenförderer, schwingende Abzugsrinnen oder Drehteller mit Abstreifern [13]. Das Material befindet sich daher bei stationärem Fluß in einem statischen Grenzgleichgewicht, das durch den stationären Fließort festgelegt ist. Die Annahme ist daher vernünftig, daß nach Unterbrechung des Materialflusses das Schüttgut im konvergenten Teil eines Massenflußbunkers dem selben Spannungszustand ausgesetzt ist wie während des Fließens. Zur Beurteilung der dadurch erreichten Verfestigung sind gegebenenfalls Zeiteffekte bei der Messung der Schüttguteigenschaften zu berücksichtigen (vergl. Kapitel 10). Im Sinne der Schüttgutmechanik beschreibt daher vorangegangenes stationäres Fließen die Belastungsvorgeschichte des Materials. Zur Lösung der anfangs formulierten Aufgabe hat man daher die Gleichungen für das Spannungsfeld bei stationärem Fluß für die entsprechenden Bunkergeometrien zu lösen. Diese sind (vergl. Abb. 8.1) bezüglich der konvergenten Siloteile: konisch (Abb. 8.1 a), meißelförmig (Abb. 8.1 b), keilförmig (Abb. 8.1 c) bzw. konisch mit rotationssymmetrischen Einbauten (Abb. 8.1 d).

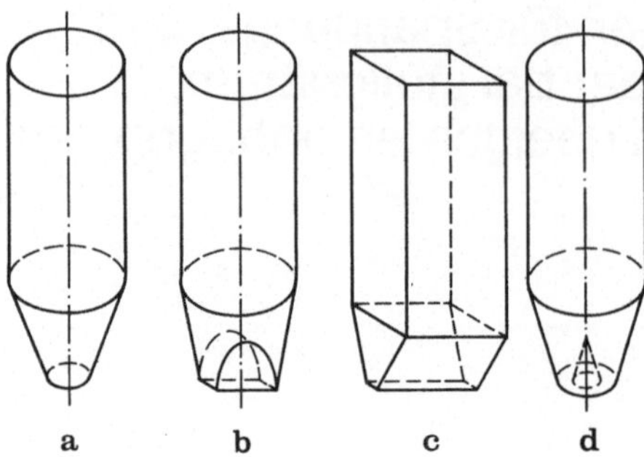

Abb. 8.1:   Typische Silogeometrien

Im Vergleich zu konischen konvergenten Teilen zeigen meißelförmige
bzw. keilförmige eine geringere Querschnittsreduktion bei gegebener
Baulänge. Man wird diese Bauformen daher insbesondere bei fließ-
schwierigeren Materialien der konischen Bauform vorziehen. In beiden
Fällen b und c ist der Austrittsquerschnitt schlitzförmig. In diesem
Fall können in genügender Genauigkeit die Endeffekte der (mehr oder
weniger) vertikalen Seitenwände der Meißelform bzw. des Keiles
vernachlässigt werden, d.h. man vernachlässigt den Einfluß der dort
wirksamen Wandschubspannungen und nimmt ebenes Fließen mit einer
unbestimmt bleibenden mittleren Hauptspannung senkrecht zur Fließebene an. Der Fall d mit konischen inneren Einbauten schließlich
läßt sich näherungsweise auf den Fall c abbilden, indem man sich die
rotationssymmetrische Geometrie abgewickelt denkt. Zur Berechnung
der Spannungsfelder verbleiben damit zwei Grundmuster: Rotationssymmetrischer Fluß in einem konischen Kanal bzw. ebener Fluß in einem
keilförmigen Kanal. Die dazu angepaßten Koordinatensysteme sind
Kugelkoordinaten bei rotationssymmetrischem Spannungszustand bzw.
Zylinderkoordinaten. Aus den zuvor angeführten Gründen (Einstellung
des Materialflusses über Abzugsorgane) ist die absolute Größe der
Geschwindigkeit in einem Punkt des Geschwindigkeitsfeldes nicht von
Interesse. Man hat jedoch zu prüfen, ob die berechneten Spannungsfelder mit Geschwindigkeitsfeldern kompatibel sind, die ihrerseits die
geometrischen Randbedingungen erfüllen.

8.2 Differentialgleichungen der Spannungsfelder in Zylinder- und in Kugelkoordinaten

Bei ebenem Fließen mit einer Hauptspannung senkrecht zur Fließebene ergeben sich bei r, θ, z - Zylinderkoordinaten die in Abb. 8.2 (z - Richtung senkrecht zur Zeichenebene) eingezeichneten Spannungen an einem Volumenelement.

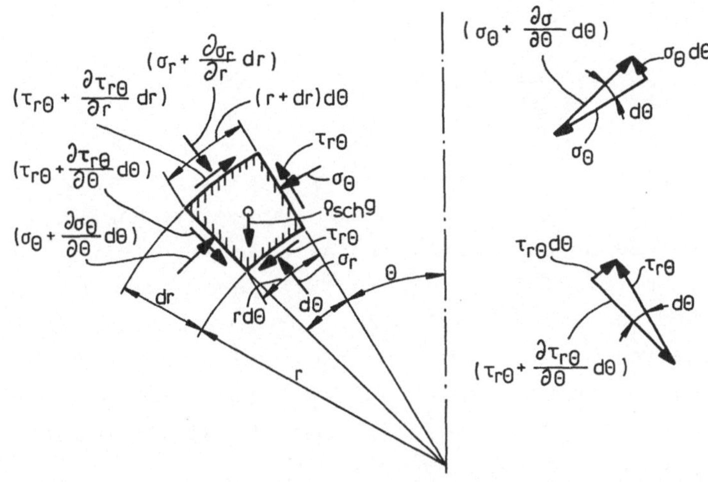

Abb. 8.2:   Spannungen an einem Volumenelement, Zylinderkoordinaten

Da sich die Spannung σ_z senkrecht zur Zeichenebene mit z nicht ändert, stehen die Spannungen σ_z für sich im Gleichgewicht. Außer den Normalspannungen σ_r, σ_θ gibt es daher nur die ganz in der Zeichenebene liegende Schubspannung $\tau_{r\theta}$.

Aus Abb. 8.2 liest man für die Gleichgewichte in radialer bzw. in Umfangsrichtung ab:

$$\left(\sigma_r + \frac{\partial\sigma_r}{\partial r}\,dr\right)(r + dr)\,d\theta - \sigma_r\,r\,d\theta + \left(\tau_{r\theta} + \frac{\partial\tau_{r\theta}}{\partial\theta}\,d\theta\right)dr -$$

$$- \tau_{r\theta}\,dr - \sigma_\theta\,d\theta\,dr + \rho_{sch}\,g\,r\,d\theta\,dr\,\cos\theta = 0,$$

$$\left(\sigma_\theta + \frac{\partial\sigma_\theta}{\partial\theta}\,d\theta\right)dr - \sigma_\theta\,dr + \left(\tau_{r\theta} + \frac{\partial\tau_{r\theta}}{\partial r}\,dr\right)(r + dr)\,d\theta -$$

$$- \tau_{r\theta}\,r\,d\theta + \tau_{r\theta}\,d\theta\,dr - \rho_{sch}\,g\,\sin\theta\,r\,d\theta\,dr = 0.$$

$$\left.\right\} \quad (8.1)$$

Die Kräftedreiecke in der rechten Bildhälfte von Abb. 8.2 deuten an, wie die Normalspannung σ_θ (Schubspannung $\tau_{r\theta}$) zum Kräftegleichgewicht in radialer (in Umfangs-) Richtung beitragen. Umformung der Gleichungen (8.1) und Unterdrückung von Termen, die mit dr, dθ → 0 verschwinden, liefert

$$\left. \begin{array}{l} \dfrac{\partial \sigma_r}{\partial r} + \dfrac{1}{r}\dfrac{\partial \tau_{r\theta}}{\partial \theta} + \dfrac{\sigma_r - \sigma_\theta}{r} + \rho_{sch}\, g \cos \theta \;=\; 0, \\[4mm] \dfrac{\partial \tau_{r\theta}}{\partial r} + \dfrac{1}{r}\dfrac{\partial \sigma_\theta}{\partial \theta} + 2\,\dfrac{\tau_{r\theta}}{r} - \rho_{sch}\, g \sin \theta \;=\; 0. \end{array} \right\} \qquad (8.2)$$

Die bei Rotationssymmetrie des Spannungsfeldes um die vertikale Symmetrieachse an einem Volumenelement angreifenden Spannungen sind in Abb. 8.3 bei Bezug auf Kugelkoordinaten r, θ, α dargestellt. Aus der Rotationssymmetrie folgt, daß die Umfangsspannung σ_α eine Hauptspannung ist und daß außer den in Abb. 8.3 eingezeichneten keine weiteren Schubspannungen wirken. Mit der für kleine dθ. gültigen Entwicklung sin (θ + dθ) ≃ sin θ + cos θ dθ und bei Beachtung der Abbildungen 8.4 und 8.5 entnimmt man aus Abb. 8.3 für die Gleichgewichte in r - bzw. θ - Richtung:

$$\left. \begin{array}{l} \left(\sigma_r + \dfrac{\partial \sigma_r}{\partial r}\, dr \right)\, (r + dr)^2 \sin \theta\, d\alpha\, d\theta \;-\; \sigma_r\, r^2\, d\theta \sin \theta\, d\alpha \;- \\[4mm] -\; \sigma_\theta\, d\theta\, r \sin \theta\, d\alpha\, dr - \sigma_\alpha\, r \sin \theta\, d\alpha\, d\theta\, dr + \\[4mm] +\; \left(\tau_{r\theta} + \dfrac{\partial \tau_{r\theta}}{\partial \theta}\, d\theta \right)\, r\, (\sin \theta + \cos \theta\, d\theta)\, d\alpha\, dr\; - \\[4mm] -\; \tau_{r\theta}\, r \sin \theta\, d\alpha\, dr + \rho_{sch}\, g \cos \theta\, r^2\, d\theta \sin \theta\, d\alpha\, dr \;=\; 0, \\[4mm] \left(\sigma_\theta + \dfrac{\partial \sigma_\theta}{\partial \theta}\, d\theta \right)\, r\, (\sin \theta + \cos \theta\, d\theta)\, d\alpha\, dr - \sigma_\theta\, r \sin \theta\, d\alpha\, dr + \\[4mm] +\; \left(\tau_{r\theta} + \dfrac{\partial \tau_{r\theta}}{\partial r}\, dr \right)\, (r + dr)^2 \sin \theta\, d\theta\, d\alpha \;-\; \tau_{r\theta}\, r^2 \sin \theta\, d\theta\, d\alpha\, - \\[4mm] -\; \sigma_\alpha \cos \theta\, d\alpha\, r\, d\theta\, dr + \tau_{r\theta}\, d\theta\, dr\, r \sin \theta\, d\alpha\; - \\[4mm] -\; \rho_{sch}\, g \sin \theta\, r^2\, d\theta\, dr \sin \theta\, d\alpha \;=\; 0. \end{array} \right\} \;(8.3)$$

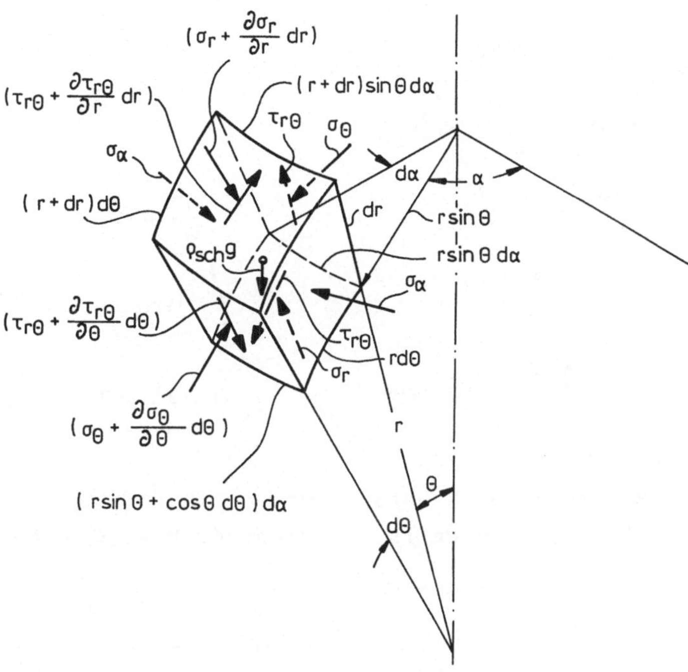

Abb. 8.3:   Spannungen an einem Volumenelement, Kugelkoordinaten

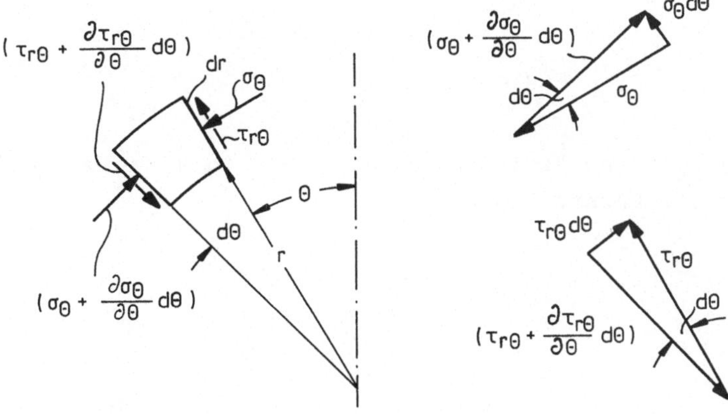

Abb. 8.4:   Beitrag der Normalspannung σ_θ (Schubspannung $\tau_{r\theta}$)
             zum Gleichgewicht in r - Richtung bzw. θ - Richtung

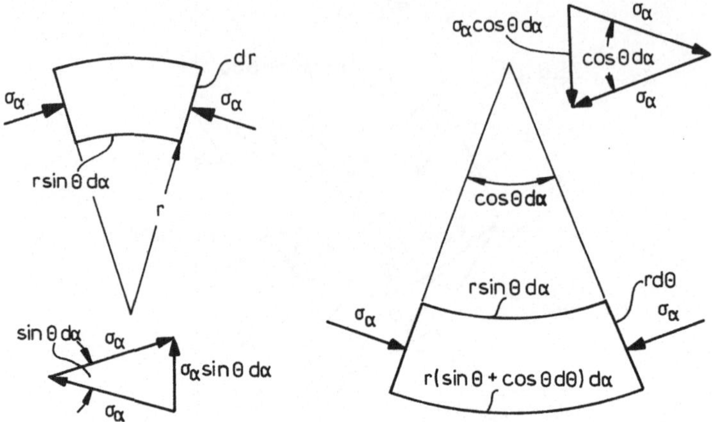

Abb. 8.5:   Beiträge der Hauptspannung σ_α in Umfangsrichtung zu den Gleichgewichten in r - Richtung bzw. θ - Richtung

Umformung der Gleichungen (8.3) und Unterdrückung der mit dr, dθ, d$\alpha \to 0$ verschwindenden Terme liefert

$$\left.\begin{aligned}
\frac{\partial \sigma_r}{\partial r} + \frac{1}{r}\frac{\partial \tau_{r\theta}}{\partial \theta} + \frac{1}{r}\left(2\,\sigma_r - \sigma_\alpha - \sigma_\theta + \cot\theta\;\tau_{r\theta}\right) + \\
+ \rho_{sch}\, g \cos\theta \;=\; 0, \\
\frac{\partial \tau_{r\theta}}{\partial r} + \frac{1}{r}\frac{\partial \sigma_\theta}{\partial \theta} + \frac{1}{r}\left[(\sigma_\theta - \sigma_\alpha)\cot\theta + 3\,\tau_{r\theta}\right] - \\
- \rho_{sch}\, g \sin\theta \;=\; 0.
\end{aligned}\right\} \quad (8.4)$$

Der Vergleich der Beziehungen (8.2) und (8.4) zeigt, daß eine gemeinsame formale Darstellung

$$\frac{\partial \sigma_r}{\partial r} + \frac{1}{r}\,\frac{\partial \tau_{r\theta}}{\partial \theta} + \frac{1}{r}\left[\sigma_r - \sigma_\theta + m\,(\sigma_r - \sigma_\alpha) + m\,\tau_{r\theta}\,\cot\theta\right] + \rho_{sch}\,g\,\cos\theta = 0,$$

$$\frac{\partial \tau_{r\theta}}{\partial r} + \frac{1}{r}\,\frac{\partial \sigma_\theta}{\partial \theta} + \frac{1}{r}\left[m\,(\sigma_\theta - \sigma_\alpha)\,\cot\theta + (2 + m)\,\tau_{r\theta}\right] - \rho_{sch}\,g\,\sin\theta = 0$$

$$\left.\right\}\quad (8.5)$$

gefunden werden kann, wobei m = 0 im Falle der Zylinderkoordinaten bzw. m = 1 im Falle der Kugelkoordinaten gilt.

8.3 Fließbedingungen bei stationärem Fluß

Stationäres ebenes Fließen erfolgt derart, daß die in der Fließebene wirkenden Hauptspannungen den größten Mohrkreis festlegen, der den stationären Fließort tangiert (vergl. Abb. 6.1). Wie der Vergleich mit Abb. 3.13 lehrt, ist bei Zylinderkoordinaten der Winkel φ zwischen der größten Hauptspannung σ_1 und der Normalspannung σ_r so orientiert, wie in Abb. 8.6 eingezeichnet.

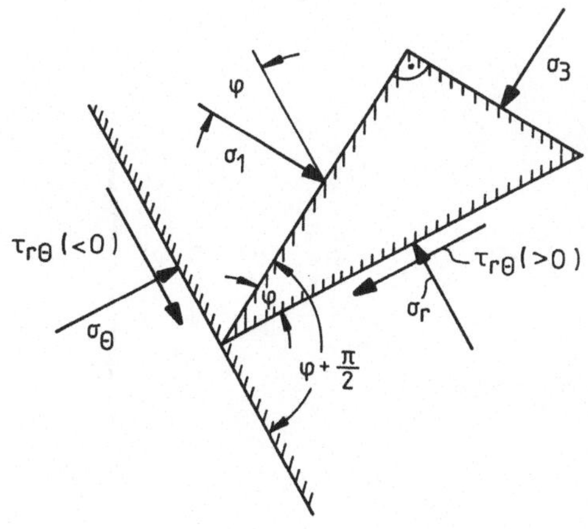

Abb. 8.6: Orientierung der größten Hauptspannung bei Zylinderkoordinaten, Mohrkreiskonvention der Vorzeichen

Wie bereits erwähnt, bleibt die senkrecht zur Fließebene wirkende mittlere Hauptspannung σ_2 unbestimmt. Durch Vergleich mit Abb. 3.13 bzw. mit den Gleichungen (3.42) und aus Abb. 8.7 liest man daher für die Spannungen σ_r, σ_θ, $\tau_{r\theta}$ ab:

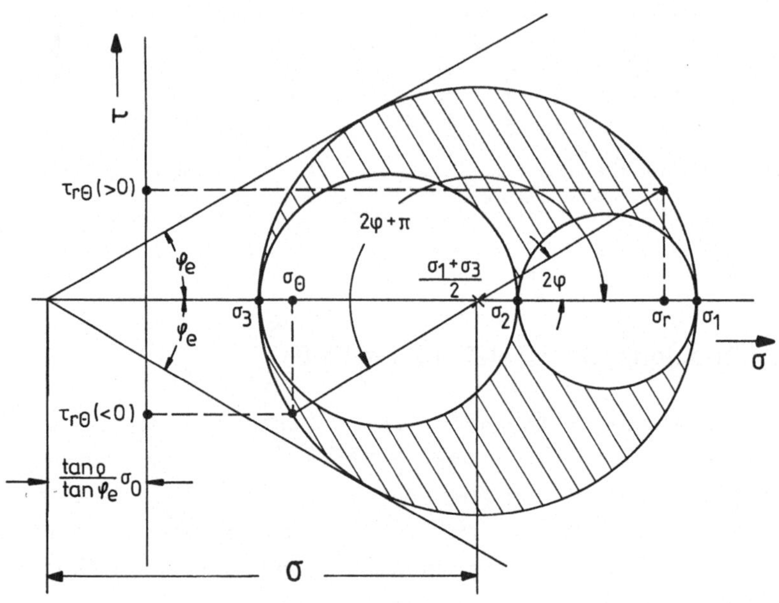

Abb. 8.7: Fließbedingungen bei ebenem, stationärem Fließen

$$\left.\begin{aligned}
\sigma_r &= \frac{1}{2}(\sigma_1 + \sigma_3) + \frac{1}{2}(\sigma_1 - \sigma_3)\cos 2\,\varphi, \\[2em]
\sigma_\theta &= \frac{1}{2}(\sigma_1 + \sigma_3) - \frac{1}{2}(\sigma_1 - \sigma_3)\cos 2\,\varphi, \\[2em]
\tau_{r\theta} &= \frac{1}{2}(\sigma_1 - \sigma_3)\sin 2\,\varphi.
\end{aligned}\right\} \qquad (8.6)$$

Aus Abb. 8.7 liest man andererseits als Fließbedingung bei stationärem Fluß ab:

$$\frac{\sigma_1 - \sigma_3}{2} = \sin\varphi_e\left(\frac{\sigma_1 + \sigma_3}{2} + \frac{\tan\rho}{\tan\varphi_e}\,\sigma_0\right). \qquad (8.7)$$

Definiert man über

$$\sigma \equiv \frac{\sigma_1 + \sigma_3}{2} + \frac{\tan \rho}{\tan \varphi_e} \, \sigma_0 \tag{8.8}$$

eine Spannungsgröße σ, so liefert Einsetzen von (8.8) in (8.7)

$$\left.\begin{aligned}
\frac{\sigma_1 + \sigma_3}{2} &= \sigma - \frac{\tan \rho}{\tan \varphi_e} \, \sigma_0 \;, \\[2em]
\frac{\sigma_1 - \sigma_3}{2} &= \sigma \sin \varphi_e \;.
\end{aligned}\right\} \tag{8.9}$$

Einsetzen von (8.9) in (8.6) ergibt schließlich

$$\left.\begin{aligned}
\sigma_r &= \sigma \, (1 + \sin \varphi_e \cos 2\varphi) - \frac{\tan \rho}{\tan \varphi_e} \, \sigma_0 \;, \\[2em]
\sigma_\theta &= \sigma \, (1 - \sin \varphi_e \cos 2\varphi) - \frac{\tan \rho}{\tan \varphi_e} \, \sigma_0 \;, \\[2em]
\tau_{r\theta} &= \sigma \sin \varphi_e \sin 2\varphi \;.
\end{aligned}\right\} \tag{8.10}$$

Mit Hilfe der Fließbedingungen (8.10) sind die drei Spannungen σ_r, σ_θ, $\tau_{r\theta}$ durch die zwei Größen: Spannungsgröße σ entsprechend Definitionsgleichung (8.8) und den Winkel φ zwischen der Richtung der größten Hauptspannung σ_1 und dem Fahrstrahl r ersetzt (vergl. die Abbildungen 8.2 und 8.6).

Stationäres Fließen mit Rotationssymmetrie bezüglich einer vertikalen Achse erfolgt derart, daß die Umfangsspannung σ_α eine Hauptspannung ist. Aus der Orthogonalität der Hauptspannungen folgt dann aber andererseits, daß die beiden anderen Hauptspannungen in einer radialen Ebene α = const wirken. Bei rotationssymmetrischem Fließen legen dann aber die in radialen Ebenen wirkenden Hauptspannungen σ_1, σ_3 den größten Mohrkreis fest. Bei konvergentem Fluß in einem konischen Kanal schrumpft ein abgegrenzt gedachtes Schüttgutelement in Umfangsrichtung. Daraus folgt aber, daß die Umfangsspannung gleich der größten Hauptspannung ist, d.h. es gilt $\sigma_\alpha = \sigma_1$. Die daraus resultierenden Bedingungen für die Spannungen σ_r, σ_θ, $\tau_{r\theta}$ sind in Abb. 8.8

dargestellt, während Abb. 8.9 die Orientierung der größten Hauptspannung σ_1 in einer radialen Ebene zeigt.

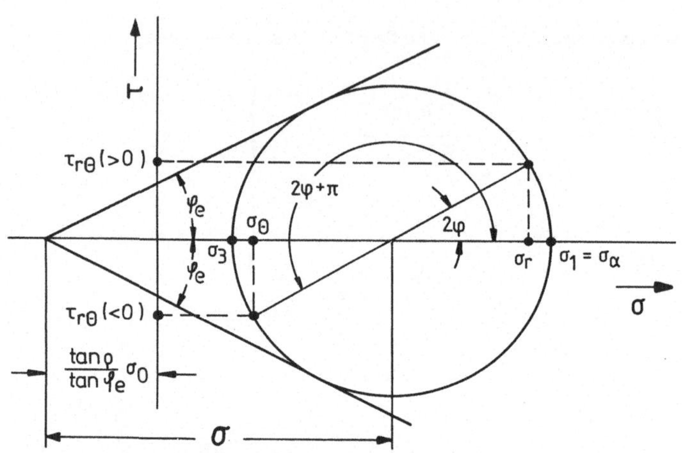

Abb. 8.8:   Fließbedingungen bei stationärem, rotations-
            symmetrischem Fluß in einem konvergenten Kanal

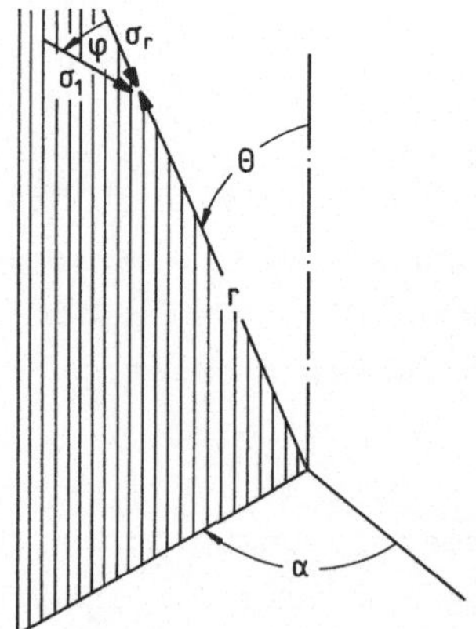

Abb. 8.9:   Orientierung der größten Hauptspannung σ_1 in einer
            radialen Ebene bei rotationssymmetrischem Fluß

Der unmittelbare Vergleich zwischen Abb. 8.8 und Abb. 8.7 lehrt, daß im Falle des rotationssymmetrischen Flusses die selben Beziehungen für die Spannungen σ_r, σ_θ, $\tau_{r\theta}$ gelten wie im Falle des ebenen Flusses. Wenn daher wiederum die Spannungsgröße σ entsprechend ihrer

Definition, Gl. (8.8) eingeführt wird, so gelten die Gleichungen (8.10) ungeändert auch für den Fall des rotationssymmetrischen Fließens. Für die Hauptspannung σ_α in Umfangsrichtung liest man aus Abb. 8.8 bei Beachtung der Beziehungen (8.9)

$$\sigma_\alpha = \sigma_1 = \sigma\,(1 + \sin\varphi_e) - \frac{\tan\rho}{\tan\varphi_e}\,\sigma_0 \tag{8.11}$$

ab. Einsetzen von (8.10) und (8.11) in die generalisierte Form (8.5) der Gleichungen liefert für die Spannungsfeldgleichungen bei stationärem Fließen:

$$
\begin{aligned}
&\frac{\partial\sigma}{\partial r}\,(1 + \sin\varphi_e \cos 2\varphi) - 2\,\sigma \sin\varphi_e \sin 2\varphi\,\frac{\partial\varphi}{\partial r} + \\[2mm]
&+ \frac{1}{r}\,\frac{\partial\sigma}{\partial\theta} \sin\varphi_e \sin 2\varphi + \frac{2}{r}\,\sigma \sin\varphi_e \cos 2\varphi\,\frac{\partial\varphi}{\partial\theta} + \\[2mm]
&+ \frac{2}{r}\,\sigma \sin\varphi_e \cos 2\varphi - \frac{m}{r}\,\sigma \sin\varphi_e\,(1 - \cos 2\varphi) + \\[2mm]
&+ \frac{m}{r}\,\sigma \sin\varphi_e \sin 2\varphi \cot\theta + \rho_{sch}\,g \cos\theta = 0, \\[4mm]
&\frac{\partial\sigma}{\partial r} \sin\varphi_e \sin 2\varphi + 2\,\sigma \sin\varphi_e \cos 2\varphi\,\frac{\partial\varphi}{\partial r} + \\[2mm]
&+ \frac{1}{r}\,\frac{\partial\sigma}{\partial\theta}\,(1 - \sin\varphi_e \cos 2\varphi) + \frac{2}{r}\,\sigma \sin\varphi_e \sin 2\varphi\,\frac{\partial\varphi}{\partial\theta} - \\[2mm]
&- \frac{m}{r}\,\sigma \sin\varphi_e\,(1 + \cos 2\varphi)\cot\theta + \\[2mm]
&+ \frac{2 + m}{r}\,\sigma \sin\varphi_e \sin 2\varphi - \rho_{sch}\,g \sin\theta = 0.
\end{aligned}
\tag{8.12}
$$

Multiplikation der ersten der Gleichungen (8.12) mit $(-\sin\varphi_e \sin 2\varphi)$ der zweiten mit $(1 + \sin\varphi_e \cos 2\varphi)$ und Addition beider Gleichungen liefert die erste der Gleichungen (8.13). Ähnlich liefert Multiplikation der ersten der Gleichungen (8.12) mit $(1 - \sin\varphi_e \cos 2\varphi)$, der zweiten mit $(-\sin\varphi_e \sin 2\varphi)$ und Addition beider Gleichungen nach Umordnung die zweite der Gleichungen (8.13):

$$\frac{1}{r}\,\frac{\partial\sigma}{\partial\theta}\,\cos^2\varphi_e + \frac{\partial\varphi}{\partial r}\,2\,\sigma\,\sin\varphi_e\,(\cos 2\varphi + \sin\varphi_e) +$$

$$+\,\frac{1}{r}\,\frac{\partial\varphi}{\partial\theta}\,2\,\sigma\,\sin\varphi_e\,\sin 2\varphi +$$

$$+\,\frac{\sigma\,\sin\varphi_e}{r}\left[-\,m\,\cot\theta\,(1 + \sin\varphi_e)\,(1 + \cos 2\varphi) + \right.$$

$$\left. +\,2\,\sin 2\varphi + m\,\sin 2\,\varphi(1 + \sin\varphi_e)\right] -$$

$$-\,\rho_{sch}\,g\left[\sin\theta + \sin\varphi_e\,\sin(\theta + 2\varphi)\right]\;=\;0,$$

$$\frac{\partial\sigma}{\partial r}\,\cos^2\varphi_e - \frac{\partial\varphi}{\partial r}\,2\,\sigma\,\sin\varphi_e\,\sin 2\varphi +$$

$$+\,\frac{1}{r}\,\frac{\partial\varphi}{\partial\theta}\,2\,\sigma\,\sin\varphi_e\,(\cos 2\varphi - \sin\varphi_e) +$$

$$+\,\frac{\sigma\,\sin\varphi_e}{r}\left[2\,\cos 2\varphi - 2\,\sin\varphi_e + \right.$$

$$+\,m\,\cot\theta\,\sin 2\varphi\,(1 + \sin\varphi_e) -$$

$$\left. -\,m\,(1 - \cos 2\varphi)\,(1 + \sin\varphi_e)\right] +$$

$$+\,\rho_{sch}\,g\left[\cos\theta - \sin\varphi_e\,\cos(\theta + 2\varphi)\right]\;=\;0.$$

$$(8.13)$$

Bei dieser Prozedur wurden die trigometrischen Beziehungen

$$\sin\alpha\,\cos\beta + \cos\alpha\,\sin\beta\;=\;\sin(\alpha + \beta)$$

bzw.

$$\cos\alpha\,\cos\beta - \sin\alpha\,\sin\beta\;=\;\cos(\alpha + \beta)$$

benutzt.

Die Gleichungen (8.13) definieren ein System aus zwei gekoppelten partiellen Differentialgleichungen erster Ordnung für die zwei unbekannten Funktionen σ (r, Θ) bzw. φ (r, Θ), die für gegebene Randbedingungen gelöst werden können. Wegen der komplizierten Nichtlinearität der Gleichungen (8.13) lassen sich lediglich numerische Lösungen gewinnen.

8.4 Der Tensor der Deformationsgeschwindigkeiten in beliebigen orthogonalen Koordinaten

Im Falle krummliniger orthogonaler Koordinaten α_1, α_2, α_3 legt jeder Wertesatz α_1, α_2, α_3 einen Punkt P in einem Kontinuum fest. Die Verschiebungskomponenten des Punktes P während eines kurzen Zeitintervalles Δt sind dann die Inkremente $\Delta\xi_1$, $\Delta\xi_2$, $\Delta\xi_3$ der Koordinaten α_1, α_2, α_3.

Entsprechend der in Abschnitt 3.5 beschriebenen Prozedur werden zwei infinitesimal benachbarte Punkte P, Q betrachtet, die zur Zeit t den Abstand dl haben, die während der Zeitspanne Δt in die Positionen P_1, Q_1 verlagert werden und danach den neuen Abstand dl_1 besitzen.

Die Positionen der Punkte P, Q zur Zeit t sind durch P $(\alpha_1, \alpha_2, \alpha_3)$ bzw. Q $(\alpha_1 + d\alpha_1, \alpha_2 + d\alpha_2, \alpha_3 + d\alpha_3)$ definiert. Die Positionen der Punkte P_1, Q_1 zur Zeit $t + \Delta t$ sind daher P_1 $(\alpha_1 + \Delta\xi_1, \alpha_2 + \Delta\xi_2, \alpha_3 + \Delta\xi_3)$ bzw. Q_1 $[\alpha_1 + \Delta\xi_1 + d(\alpha_1 + \Delta\xi_1), \alpha_2 + \Delta\xi_2 + d(\alpha_2 + \Delta\xi_2), \alpha_3 + \Delta\xi_3 + d(\alpha_3 + \Delta\xi_3)]$.

Wegen der vorausgesetzten Orthogonalität der Koordinaten α_1, α_2, α_3 gilt für den Abstand dl zwischen den Punkten P, Q:

$$dl^2 = g_1\, d\alpha_1^2 + g_2\, d\alpha_2^2 + g_3\, d\alpha_3^2 , \tag{8.14}$$

wobei für ein gegebenes orthogonales Koordinatensystem α_1, α_2, α_3 die g_1, g_2, g_3 Funktionen der Koordinaten α_1, α_2, α_3 sind. Aus (8.14) folgt für den Abstand dl_1 der Punkte P_1, Q_1:

$$dl_1^{\,2} = g_1\,(\alpha_1 + \Delta\xi_1,\ \alpha_2 + \Delta\xi_2,\ \alpha_3 + \Delta\xi_3)\,[d\,(\alpha_1 + \Delta\xi_1)]^2 +$$

$$+ g_2\,(\alpha_1 + \Delta\xi_1,\ \alpha_2 + \Delta\xi_2,\ \alpha_3 + \Delta\xi_3)\,[d\,(\alpha_2 + \Delta\xi_2)]^2 +$$

$$+ g_3\,(\alpha_1 + \Delta\xi_1,\ \alpha_2 + \Delta\xi_2,\ \alpha_3 + \Delta\xi_3)\,[d\,(\alpha_3 + \Delta\xi_3)]^2 . \qquad (8.15)$$

Da ein kurzes Zeitintervall Δt ins Auge gefaßt wird, darf bezüglich der $\Delta\xi_1$, $\Delta\xi_2$, $\Delta\xi_3$ linearisiert werden. Dann gilt z.B.:

$$g_1\,(\alpha_1 + \Delta\xi_1,\ \alpha_2 + \Delta\xi_2,\ \alpha_3 + \Delta\xi_3) \simeq$$

$$\simeq g_1\,(\alpha_1,\ \alpha_2,\ \alpha_3) + \frac{\partial g_1}{\partial \alpha_1}\,\Delta\xi_1 + \frac{\partial g_1}{\partial \alpha_2}\,\Delta\xi_2 + \frac{\partial g_1}{\partial \alpha_3}\,\Delta\xi_3. \qquad (8.16)$$

Da die $\Delta\xi_i$ von den α_j abhängen, gilt z.B.:

$$d\,(\alpha_1 + \Delta\xi_1) \simeq d\alpha_1 + \frac{\partial \Delta\xi_1}{\partial \alpha_1}\,d\alpha_1 + \frac{\partial \Delta\xi_1}{\partial \alpha_2}\,d\alpha_2 + \frac{\partial \Delta\xi_1}{\partial \alpha_3}\,d\alpha_3. \qquad (8.17)$$

Wenn wiederum in den $\Delta\xi_i$ quadratische Terme vernachlässigt werden, folgt aus (8.17):

$$[d\,(\alpha_1 + \Delta\xi_1)\,]^2 \simeq d\alpha_1^{\,2} + 2\,\frac{\partial \Delta\xi_1}{\partial \alpha_1}\,d\alpha_1^{\,2} +$$

$$+ 2\,\frac{\partial \Delta\xi_1}{\partial \alpha_2}\,d\alpha_1\,d\alpha_2 + 2\,\frac{\partial \Delta\xi_1}{\partial \alpha_3}\,d\alpha_1\,d\alpha_3. \qquad (8.18)$$

Den Beziehungen (8.16) bzw. (8.18) entsprechende Entwicklungen für die übrigen Terme in (8.15) liefern aus (8.15):

$$dl_1^{\,2} \simeq g_1\, d\alpha_1^{\,2} + g_2\, d\alpha_2^{\,2} + g_3\, d\alpha_3^{\,2} +$$

$$+\, 2 \left(g_1\, \frac{\partial \Delta \xi_1}{\partial \alpha_1}\, d\alpha_1^{\,2} + g_1\, \frac{\partial \Delta \xi_1}{\partial \alpha_2}\, d\alpha_1\, d\alpha_2 + \right.$$

$$+\, g_1\, \frac{\partial \Delta \xi_1}{\partial \alpha_3}\, d\alpha_1\, d\alpha_3 + g_2\, \frac{\partial \Delta \xi_2}{\partial \alpha_1}\, d\alpha_1\, d\alpha_2 +$$

$$+\, g_2\, \frac{\partial \Delta \xi_2}{\partial \alpha_2}\, d\alpha_2^{\,2} + g_2\, \frac{\partial \Delta \xi_2}{\partial \alpha_3}\, d\alpha_2\, d\alpha_3 +$$

$$+\, g_3\, \frac{\partial \Delta \xi_3}{\partial \alpha_1}\, d\alpha_1\, d\alpha_3 + g_3\, \frac{\partial \Delta \xi_3}{\partial \alpha_2}\, d\alpha_2\, d\alpha_3 +$$

$$\left. +\, g_3\, \frac{\partial \Delta \xi_3}{\partial \alpha_3}\, d\alpha_3^{\,2} \right) +$$

$$+ \left(\frac{\partial g_1}{\partial \alpha_1}\, \Delta \xi_1 + \frac{\partial g_1}{\partial \alpha_2}\, \Delta \xi_2 + \frac{\partial g_1}{\partial \alpha_3}\, \Delta \xi_3 \right) d\alpha_1^{\,2} +$$

$$+ \left(\frac{\partial g_2}{\partial \alpha_1}\, \Delta \xi_1 + \frac{\partial g_2}{\partial \alpha_2}\, \Delta \xi_2 + \frac{\partial g_2}{\partial \alpha_3}\, \Delta \xi_3 \right) d\alpha_2^{\,2} +$$

$$+ \left(\frac{\partial g_3}{\partial \alpha_1}\, \Delta \xi_1 + \frac{\partial g_3}{\partial \alpha_2}\, \Delta \xi_2 + \frac{\partial g_3}{\partial \alpha_3}\, \Delta \xi_3 \right) d\alpha_3^{\,2} . \qquad (8.19)$$

Für das Linienelement in Richtung wachsender Werte α_1, d.h. für $d\alpha_2 = d\alpha_3 = 0$ folgt aus (8.19)

$$dl_1^{\,2} \simeq g_1\, d\alpha_1^{\,2} \left(1 + 2\, \frac{\partial \Delta \xi_1}{\partial \alpha_1} + \frac{1}{g_1}\, \frac{\partial g_1}{\partial \alpha_1}\, \Delta \xi_1 + \right.$$

$$\left. +\, \frac{1}{g_1}\, \frac{\partial g_1}{\partial \alpha_2}\, \Delta \xi_2 + \frac{1}{g_1}\, \frac{\partial g_1}{\partial \alpha_3}\, \Delta \xi_3 \right) . \qquad (8.20)$$

Aus (8.20) folgt bei Linearisierung bezüglich der $\Delta\xi_i$:

$$dl_1 \simeq \sqrt{g_1}\, d\alpha_1 \left(1 + \frac{\partial\Delta\xi_1}{\partial\alpha_1} + \frac{1}{2g_1}\frac{\partial g_1}{\partial\alpha_1}\Delta\xi_1 + \right.$$

$$\left. + \frac{1}{2g_1}\frac{\partial g_1}{\partial\alpha_2}\Delta\xi_2 + \frac{1}{2g_1}\frac{\partial g_1}{\partial\alpha_3}\Delta\xi_3 \right) . \qquad (8.21)$$

Bei Beachtung von Gl. (8.14) folgt aus (8.21) für die bezogene Längenänderung, d.h. für die Dehnung in Richtung wachsender Koordinatenwerte α_1 während der Zeitspanne Δt:

$$\Delta\varepsilon_{11} = \frac{dl_1 - dl}{dl} = \frac{\partial\Delta\xi_1}{\partial\alpha_1} + \frac{1}{2g_1}\frac{\partial g_1}{\partial\alpha_1}\Delta\xi_1 +$$

$$+ \frac{1}{2g_1}\frac{\partial g_1}{\partial\alpha_2}\Delta\xi_2 + \frac{1}{2g_1}\frac{\partial g_1}{\partial\alpha_3}\Delta\xi_3 . \qquad (8.22)$$

Nach Bezug auf die Zeitspanne Δt ergeben sich aus (8.22) (sinngemäß für die anderen Koordinatenrichtungen) die auf der Hauptdiagonalen des Tensors der Deformationsgeschwindigkeiten stehenden Elemente, welche die Dehnungsgeschwindigkeiten beschreiben:

$$\left. \begin{aligned} \frac{d\varepsilon_{11}}{dt} &= \dot\varepsilon_{11} = \frac{\partial\dot\xi_1}{\partial\alpha_1} + \frac{1}{2g_1}\frac{\partial g_1}{\partial\alpha_1}\dot\xi_1 + \frac{1}{2g_1}\frac{\partial g_1}{\partial\alpha_2}\dot\xi_2 + \frac{1}{2g_1}\frac{\partial g_1}{\partial\alpha_3}\dot\xi_3 \,, \\[2ex] \frac{d\varepsilon_{22}}{dt} &= \dot\varepsilon_{22} = \frac{\partial\dot\xi_2}{\partial\alpha_2} + \frac{1}{2g_2}\frac{\partial g_2}{\partial\alpha_1}\dot\xi_1 + \frac{1}{2g_2}\frac{\partial g_2}{\partial\alpha_2}\dot\xi_2 + \frac{1}{2g_2}\frac{\partial g_2}{\partial\alpha_3}\dot\xi_3 \,, \\[2ex] \frac{d\varepsilon_{33}}{dt} &= \dot\varepsilon_{33} = \frac{\partial\dot\xi_3}{\partial\alpha_3} + \frac{1}{2g_3}\frac{\partial g_3}{\partial\alpha_1}\dot\xi_1 + \frac{1}{2g_3}\frac{\partial g_3}{\partial\alpha_2}\dot\xi_2 + \frac{1}{2g_3}\frac{\partial g_3}{\partial\alpha_3}\dot\xi_3 \,. \end{aligned} \right\} \qquad (8.23)$$

Ähnlich der in Abschnitt 3.5 beschriebenen Vorgehensweise wird zur Ermittlung der anderen Elemente des Tensors der Deformationsgeschwin-

digkeiten die Änderung ursprünglich rechter Winkel betrachtet
(vergl. Abb. 8.10).

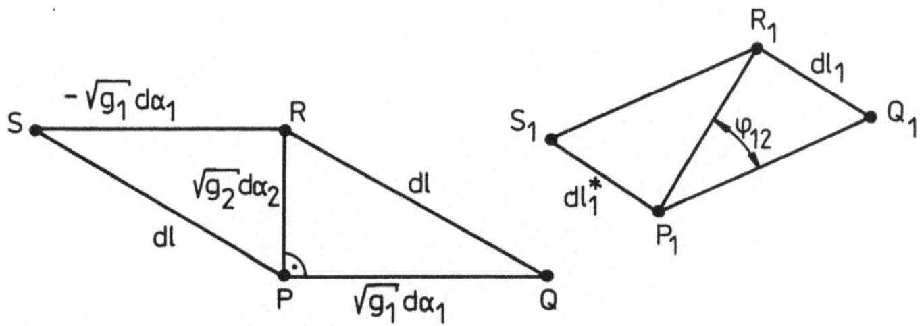

Abb. 8.10:   Veränderung ursprünglich rechter Winkel während
              der Zeitspanne Δt

Aus der rechten Bildhälfte der Abb. 8.10 liest man für das Dreieck
$P_1 \, Q_1 \, R_1$ bei Beachtung der Gleichungen (8.20), (8.21):

$$dl_1^{\,2} = g_1 \, d\alpha_1^{\,2} + 2g_1 \frac{\partial \Delta\xi_1}{\partial\alpha_1} \, d\alpha_1^{\,2} +$$

$$+ \left(\frac{\partial g_1}{\partial\alpha_1} \Delta\xi_1 + \frac{\partial g_1}{\partial\alpha_2} \Delta\xi_2 + \frac{\partial g_1}{\partial\alpha_3} \Delta\xi_3 \right) d\alpha_1^{\,2} +$$

$$+ g_2 \, d\alpha_2^{\,2} + 2g_2 \frac{\partial \Delta\xi_2}{\partial\alpha_2} \, d\alpha_2^{\,2} +$$

$$+ \left(\frac{\partial g_2}{\partial\alpha_1} \Delta\xi_1 + \frac{\partial g_2}{\partial\alpha_2} \Delta\xi_2 + \frac{\partial g_2}{\partial\alpha_3} \Delta\xi_3 \right) d\alpha_2^{\,2} -$$

$$- 2 \sqrt{g_1 \, g_2} \, d\alpha_1 \, d\alpha_2 \left(1 + \frac{\partial \Delta\xi_1}{\partial\alpha_1} + \frac{1}{2g_1} \frac{\partial g_1}{\partial\alpha_1} \Delta\xi_1 + \right.$$

$$+ \frac{1}{2g_1} \frac{\partial g_1}{\partial\alpha_2} \Delta\xi_2 + \frac{1}{2g_1} \frac{\partial g_1}{\partial\alpha_3} \Delta\xi_3 \right) \left(1 + \frac{\partial \Delta\xi_2}{\partial\alpha_2} + \right.$$

$$+ \frac{1}{2g_2} \frac{\partial g_2}{\partial\alpha_1} \Delta\xi_1 + \frac{1}{2g_2} \frac{\partial g_2}{\partial\alpha_2} \Delta\xi_2 + \frac{1}{2g_2} \frac{\partial g_2}{\partial\alpha_3} \Delta\xi_3 \right) \cos\varphi_{12}. \qquad (8.24)$$

Aus der rechten Bildhälfte von Abb. 8.10 liest man bei Beachtung von Gl. (8.19):

$$dl_1^{*2} = g_1 \, d\alpha_1^2 + 2g_1 \frac{\partial \Delta\xi_1}{\partial \alpha_1} \, d\alpha_1^2 +$$

$$+ \left(\frac{\partial g_1}{\partial \alpha_1} \Delta\xi_1 + \frac{\partial g_1}{\partial \alpha_2} \Delta\xi_2 + \frac{\partial g_1}{\partial \alpha_3} \Delta\xi_3 \right) d\alpha_1^2 +$$

$$+ \; g_2 \, d\alpha_2^2 + 2g_2 \frac{\partial \Delta\xi_2}{\partial \alpha_2} \, d\alpha_2^2 +$$

$$+ \left(\frac{\partial g_2}{\partial \alpha_1} \Delta\xi_1 + \frac{\partial g_2}{\partial \alpha_2} \Delta\xi_2 + \frac{\partial g_2}{\partial \alpha_3} \Delta\xi_3 \right) d\alpha_2^2 -$$

$$- \; 2 \left(g_1 \frac{\partial \Delta\xi_1}{\partial \alpha_2} + g_2 \frac{\partial \Delta\xi_2}{\partial \alpha_1} \right) d\alpha_1 \, d\alpha_2. \qquad (8.25)$$

Da die Punkte Q und S der Abb. 8.10 infinitesimal benachbart sind, gilt $dl_1^2 \simeq dl_1^{*2}$. Der Vergleich von (8.24) mit (8.25) liefert daher

$$\cos \varphi_{12} = \frac{g_1 \dfrac{\partial \Delta\xi_1}{\partial \alpha_2} + g_2 \dfrac{\partial \Delta\xi_2}{\partial \alpha_1}}{\sqrt{g_1 \, g_2}} \cdot \left(1 + \frac{\partial \Delta\xi_1}{\partial \alpha_1} + \right.$$

$$\left. + \frac{1}{2g_1} \frac{\partial g_1}{\partial \alpha_1} \Delta\xi_1 + \frac{1}{2g_1} \frac{\partial g_1}{\partial \alpha_2} \Delta\xi_2 + \frac{1}{2g_1} \frac{\partial g_1}{\partial \alpha_3} \Delta\xi_3 \right)^{-1} \cdot$$

$$\cdot \left(1 + \frac{\partial \Delta\xi_2}{\partial \alpha_2} + \frac{1}{2g_2} \frac{\partial g_2}{\partial \alpha_1} \Delta\xi_1 + \frac{1}{2g_2} \frac{\partial g_2}{\partial \alpha_2} \Delta\xi_2 + \right.$$

$$\left. + \frac{1}{2g_2} \frac{\partial g_2}{\partial \alpha_3} \Delta\xi_3 \right)^{-1},$$

bzw. nach Linearisierung bezüglich der $\Delta\xi_i$:

$$\cos \varphi_{12} = \frac{g_1 \dfrac{\partial \Delta \xi_1}{\partial \alpha_2} + g_2 \dfrac{\partial \Delta \xi_2}{\partial \alpha_1}}{\sqrt{g_1\, g_2}} \; . \tag{8.26}$$

Entsprechend der Definition, Gl. (3.56) für kartesische Koordinaten folgt aus (8.26) für die Elemente des Tensors der Deformationsgeschwindigkeit, welche die zeitliche Veränderung von Winkeln beschreiben:

$$\frac{d\varepsilon_{12}}{dt} = \dot{\varepsilon}_{12} = \frac{g_1 \dfrac{\partial \dot{\xi}_1}{\partial \alpha_2} + g_2 \dfrac{\partial \dot{\xi}_2}{\partial \alpha_1}}{2\sqrt{g_1\, g_2}} \; ,$$

$$\frac{d\varepsilon_{13}}{dt} = \dot{\varepsilon}_{13} = \frac{g_1 \dfrac{\partial \dot{\xi}_1}{\partial \alpha_3} + g_3 \dfrac{\partial \dot{\xi}_3}{\partial \alpha_1}}{2\sqrt{g_1\, g_3}} \; , \qquad (8.27)$$

$$\frac{d\varepsilon_{23}}{dt} = \dot{\varepsilon}_{23} = \frac{g_2 \dfrac{\partial \dot{\xi}_2}{\partial \alpha_3} + g_3 \dfrac{\partial \dot{\xi}_3}{\partial \alpha_2}}{2\sqrt{g_2\, g_3}} \; .$$

Die in diesem Abschnitt hergeleiteten Ergebnisse lassen sich wie folgt zusammenfassen:

Bei Bezug auf sonst beliebige orthogonale Koordinaten α_1, α_2, α_3, deren Quadrat des Längenelementes durch Gl. (8.14) definiert ist, gilt für den symmetrischen Tensor der Deformationsgeschwindigkeiten

$$\left(\underset{\approx}{\dot{\varepsilon}}_{ij}\right) = \begin{pmatrix} \dot{\varepsilon}_{11} & \dot{\varepsilon}_{12} & \dot{\varepsilon}_{13} \\ \dot{\varepsilon}_{12} & \dot{\varepsilon}_{22} & \dot{\varepsilon}_{23} \\ \dot{\varepsilon}_{13} & \dot{\varepsilon}_{23} & \dot{\varepsilon}_{33} \end{pmatrix} \tag{8.28}$$

wobei die Elemente $\dot{\varepsilon}_{ij}$ durch die Gleichungen (8.23) bzw. (8.27) definiert sind.

Falls beispielsweise als Folge von Symmetriebedingungen kein Fluß und keine Veränderung des Geschwindigkeitsfeldes in Richtung α_3 beobachtet werden, d.h. falls sowohl $\dot{\xi}_3 = 0$ als auch $\partial\dot{\xi}_1/\partial\alpha_3 = \partial\dot{\xi}_2/\partial\alpha_3 = 0$ im gesamten Geschwindigkeitsfeld gilt, so folgt aus (8.27) $\dot{\varepsilon}_{13} = \dot{\varepsilon}_{23} = 0$ bzw. in anderen Worten: Die Richtung wachsender Werte α_3 definiert eine Hauptachsenrichtung des Tensors der Deformationsgeschwindigkeiten.

Da orthogonale Koordinaten als quasi lokale kartesische Koordinaten angesehen werden dürfen, folgt in diesem Fall aus dem direkten Vergleich mit Gl. (3.58) für den Winkel φ^* zwischen der Richtung wachsender Werte α_1 und der Richtung der größten Hauptdeformationsgeschwindigkeit

$$\tan 2\varphi^* = \frac{2\dot{\varepsilon}_{12}}{\dot{\varepsilon}_{11} - \dot{\varepsilon}_{22}}. \tag{8.29}$$

8.5 Orientierung der größten Hauptdeformationsgeschwindigkeit in Zylinder- und in Kugelkoordinaten

Bei ebenem Fluß in einem konvergenten, keilförmigen Kanal werden die Geschwindigkeitskomponenten u_r, u_θ zweckmäßig so positiv eingeführt, wie in Abb. 8.11 eingezeichnet. Die untereinander orthogonalen Koordinaten sind $\alpha_1 = r$, $\alpha_2 = \theta$, $\alpha_3 = z$.

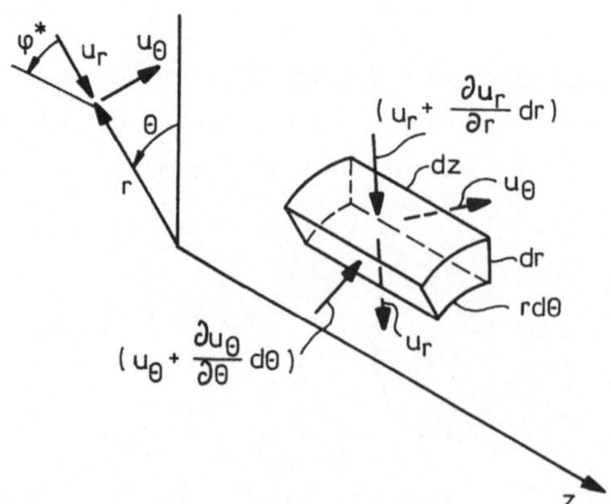

Abb. 8.11:   Zylinderkoordinaten, ebener Fluß

Im Falle des ebenen Flusses definiert die z - Richtung eines r, θ, z - Zylinderkoordinatensystems eine Hauptachsenrichtung des Tensors der Deformationsgeschwindigkeiten (vergl. Abb. 8.11).

Für das Längenelement dl gilt offensichtlich

$$dl^2 = dr^2 + r^2 \, d\theta^2 + dz^2. \tag{8.30}$$

Der Vergleich von (8.30) mit (8.14) liefert

$$g_1 = 1; \quad g_2 = r^2; \quad g_3 = 1.$$

Bei ebenem Fluß liest man aus Abb. 8.11 für die Geschwindigkeitskomponenten

$$\dot{\xi}_1 = -u_r; \quad \dot{\xi}_2 = -\frac{u_\theta}{r}; \quad \dot{\xi}_3 = 0.$$

Aus den Gleichungen (8.23) und (8.27) folgt daher

$$\dot{\varepsilon}_{11} = -\frac{\partial u_r}{\partial r}; \quad \dot{\varepsilon}_{22} = -\left(\frac{1}{r} \frac{\partial u_\theta}{\partial \theta} - \frac{u_r}{r} \right)$$

bzw.

$$\dot{\varepsilon}_{12} = -\frac{1}{2} \left(\frac{1}{r} \frac{\partial u_r}{\partial \theta} + \frac{\partial u_\theta}{\partial r} - \frac{u_\theta}{r} \right).$$

Einführen dieser Terme in Gl. (8.29) liefert

$$\tan 2\varphi^* = \frac{\dfrac{\partial u_\theta}{\partial r} + \dfrac{1}{r} \dfrac{\partial u_r}{\partial \theta} - \dfrac{u_\theta}{r}}{\dfrac{\partial u_r}{\partial r} - \dfrac{1}{r} \dfrac{\partial u_\theta}{\partial \theta} - \dfrac{u_r}{r}}. \tag{8.31}$$

Gleichung (8.31) definiert den Winkel φ^* in einer Ebene z = const. zwischen der Richtung der größten Hauptdeformationsgeschwindigkeit und der Richtung α_1, d.h. der r - Richtung (vergl. Abb. 8.11).

Bei konvergentem Fluß in einem konischen Kanal definiert die Umfangsrichtung aus Symmetriegründen eine Hauptachsenrichtung des Tensors der Deformationsgeschwindigkeiten.

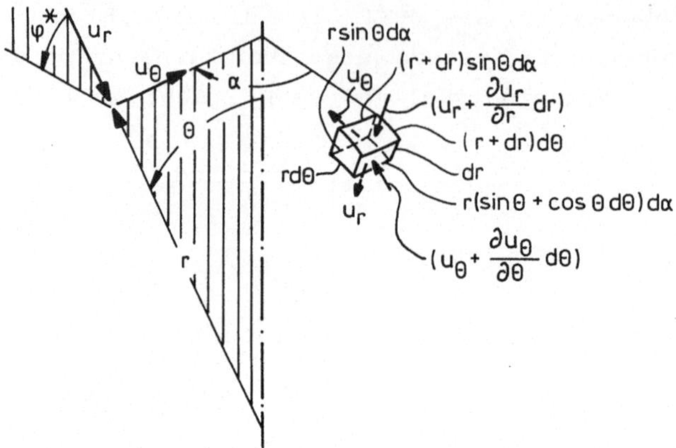

Abb. 8.12:   Kugelkoordinaten, konvergenter Fluß in einem
              konischen Kanal

In diesem Fall sind geeignete orthogonale Koordinaten die Kugelkoordinaten (vergl. Abb. 8.12):

$$\alpha_1 = r; \quad \alpha_2 = \theta; \quad \alpha_3 = \alpha.$$

Für das Längenelement dl gilt offensichtlich:

$$dl^2 = dr^2 + r^2\, d\theta^2 + r^2 \sin^2\theta\, d\alpha^2. \tag{8.32}$$

Der Vergleich von (8.32) mit (8.14) liefert daher

$$g_1 = 1; \quad g_2 = r^2; \quad g_3 = r^2 \sin^2\theta.$$

Aus Abb. 8.12 liest man für die bei konvergentem Fluß zweckmäßig nach
innen positiv gezählten Geschwindigkeitskomponenten:

$$\dot{\xi}_1 = -u_r; \quad \dot{\xi}_2 = -\frac{u_\theta}{r}, \quad \dot{\xi}_3 = 0.$$

Aus den Gleichungen (8.23) bzw. (8.27) folgt damit

$$\dot{\varepsilon}_{11} = -\frac{\partial u_r}{\partial r}; \quad \dot{\varepsilon}_{22} = -\frac{1}{r}\left(\frac{\partial u_\theta}{\partial \theta} + \frac{u_r}{r}\right)$$

bzw.

$$\dot{\varepsilon}_{12} = -\frac{1}{2}\left(\frac{1}{r}\frac{\partial u_r}{\partial\theta} + \frac{\partial u_\theta}{\partial r} - \frac{u_\theta}{r}\right).$$

Einführen dieser Terme in Gl. (8.29) liefert

$$\tan 2\varphi^* = \frac{\dfrac{\partial u_\theta}{\partial r} + \dfrac{1}{r}\dfrac{\partial u_r}{\partial\theta} - \dfrac{u_\theta}{r}}{\dfrac{\partial u_r}{\partial r} - \dfrac{1}{r}\dfrac{\partial u_\theta}{\partial\theta} - \dfrac{u_r}{r}}, \tag{8.33}$$

d.h. formal das gleiche Ergebnis wie im Fall des ebenen Flusses.

8.6 Kontinuitätsgleichungen für inkompressible Materialien in Zylinder- bzw. in Kugelkoordinaten

Die Diskussion von Volumenänderungen spielt eine große Rolle in der Schüttgutmechanik (Volumenverminderung beim Verfestigen, Ausdehnung bei beginnendem Fließen). Bei stationärem Fließen bedeutet Inkompressibilität eine erträgliche Näherung, da zwar Volumenveränderungen beobachtet werden, diese jedoch weder drastisch sind noch entscheidend für das Fließverhalten des Materials.

Bei ebenem Fluß in Zylinderkoordinaten (vergl. Abb. 8.11) gilt dann für die Massenbilanz des Volumenelementes:

$$-\left(u_r + \frac{\partial u_r}{\partial r}\,dr\right)(r + dr)\,d\theta\,dz + u_r\,r\,d\theta\,dz -$$

$$-\left(u_\theta + \frac{\partial u_\theta}{\partial\theta}\,d\theta\right)dr\,dz + u_\theta\,dr\,dz = 0,$$

bzw. nach Unterdrückung eines mit $dr \to 0$ verschwindenden Terms

$$\frac{\partial(r\,u_r)}{\partial r} + \frac{\partial u_\theta}{\partial\theta} = 0. \tag{8.34}$$

Bei konvergentem, rotationssymmetrischem Fluß und Kugelkoordinaten liest man aus Abb. 8.12

$$- \left(u_r + \frac{\partial u_r}{\partial r}\, dr \right) (r + dr)^2 \sin\theta \; d\theta \; d\alpha \; +$$

$$+ \; u_r \; r^2 \sin\theta \; d\theta \; d\alpha \; -$$

$$- \left(u_\theta + \frac{\partial u_\theta}{\partial \theta}\, d\theta \right) r \; (\sin\theta + \cos\theta \; d\theta) \; dr \; d\alpha \; +$$

$$+ \; u_\theta \; r \sin\theta \; dr \; d\alpha = 0,$$

bzw. nach Unterdrückung von Termen, die mit dr, $d\theta \to 0$ verschwinden:

$$\frac{\partial}{\partial r} \left(u_r \; r^2 \sin\theta \right) + \frac{\partial}{\partial \theta} \left(u_\theta \; r \sin\theta \right) = 0. \qquad (8.35)$$

9 Das Konzept der radialen Spannungs- und Geschwindigkeitsfelder

9.1 Problemstellung

Zur numerischen Integration der im voranstehenden Kapitel hergeleiteten partiellen Differentialgleichungen werden Lösungsmethoden in der einschlägigen Literatur (siehe z.B. [32]) beschrieben. Mit Hilfe von Digitalrechnern können Einzelfälle auch mit erträglichem Aufwand durchgerechnet werden.

Wie z.B. Arbeiten von Johanson [33, 34] zu entnehmen ist, bedeutet "Einzelfall" wegen der Nichtlinearität der Differentialgleichungen (8.13) die Beschränkung auf jeweils zahlenmäßig vorgegebene Geometrien und Stoffdaten. Zur Anwendung auf Auslegungszwecke ist aber eine derartige Vorgehensweise ungeeignet. Man wird vielmehr anstreben, die Ergebnisse theoretischer Untersuchungen möglichst allgemeingültig z.B. in Form von Diagrammen darzustellen. Eine derartige Forderung erzwingt dann aber von vorneherein die Beschränkung auf ein ganz bestimmtes Lösungskonzept.

Die hier gegebene Darstellung folgt weitgehend dem von Jenike und Mitarbeitern [12, 34, 35] erarbeiteten Lösungsweg. Dieser Lösungsweg ist ein ingenieurwissenschaftlicher, d.h. es wird ein Problem von praktischer Bedeutung mit ausreichender Genauigkeit und mit Hilfe von Methoden gelöst, die sich noch mit erträglichem Aufwand handhaben lassen. Strenge, aber aufwendige Lösungen werden nicht angestrebt. Die Brauchbarkeit dieser Näherungen ist dann durch strenge Modellrechnungen für Einzelfälle bzw. durch Experimente zu überprüfen. In einer klassischen Disziplin, der Festigkeitslehre, ist ein Analogon z.B. die ingenieurwissenschaftliche Theorie der Balkenbiegung im Vergleich zu exakten elastizitätstheoretischen Lösungen.

Beim Fließen eines Siloinhaltes lassen sich zwei Flußtypen unterscheiden (vergl. Abb. 9.1):

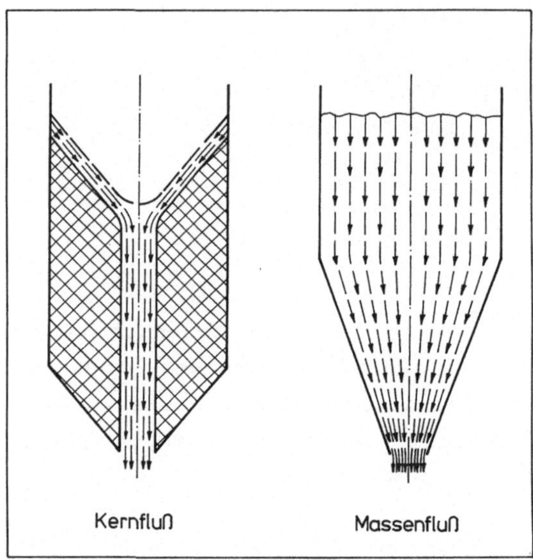

Abb. 9.1:   Flußtypen in einem Silo
              a) Kernfluß   (Abb. 9.1, linke Bildhälfte)
              b) Massenfluß (Abb. 9,1, rechte Bildhälfte)

Kernfluß bedeutet, daß mehr oder weniger nur eine sich oberhalb des
Austrittsquerschnitts erstreckende Gutsäule in Bewegung gerät, während das in den äußeren Bereichen befindliche Material in Ruhe
bleibt. Gutnachschub in das Kerngebiet erfolgt durch Abrutschen des
Materials an der freien Gutoberfläche, die eine konische Gestalt besitzt.

Beim Massenfluß gerät dagegen der gesamte Siloinhalt in Bewegung.
Insbesondere rutscht das Material längs der Silowand. Massenfluß
läßt sich daran erkennen, daß der Gutspiegel ohne Ausbildung eines
Konus einfach absinkt.

Im Falle technischer Silos erfolgt die Regelung des austretenden
Massenstromes durch Austragsorgane wie Schwingrinnen, Drehteller,
Zellenradschleusen oder Schneckenförderer [13]. Hierbei ist die

Gutbewegung in aller Regel so langsam, daß im Vergleich zur Wirkung von Wandreibung bzw. innerer Gutreibung Trägheitseffekte bedeutungslos sind. Beim Massenflußsilo bedeutet dies, daß sich der Siloinhalt im Bereich verengender Querschnitte, d.h. insbesondere in der Nähe des Austrittsquerschnitts im Zustand des langsamen, stationären Fließens befindet. Wird der austretende Gutstrom unterbrochen, so ist der im ruhenden Gut sich einstellende Spannungszustand praktisch gleich dem des in Fluß befindlichen Materials. Die für das Materialverhalten bei erneutem Gutaustrag wesentliche Belastungsvorgeschichte ist dann aber stationäres, langsames Fließen. Der bei stationärem, langsamem Fließen sich einstellende Spannungszustand muß dann aber für den fließkritischen Bereich, d.h. für die Umgebung des Austrittsquerschnitts berechnet werden.

Diese Aufgabe wird in den nachstehenden Abschnitten des Kapitels 9 behandelt.

9.2 Die Differentialgleichungen des radialen Spannungsfeldes

Einer von v. Kármán [36, 37] vorgeschlagenen Prozedur entsprechend hat Jenike eine Annahme eingeführt die er "radial stress field" - zu deutsch: radiales Spannungsfeld - nennt. Dabei wird sowohl für ebenes wie für rotationssymmetrisches Fließen in konvergenten Kanälen angenommen, daß

> a) der Winkel φ der Richtung der größten Hauptspannung nur von θ nicht aber von r abhängt, d.h.

$$\varphi = \varphi\,(\theta) \tag{9.1}$$

> und daß

> b) für die durch Gl. (8.8) definierte Spannungsgröße σ

$$\sigma = \rho_{sch}\ g\ r\ F\,(\theta) \tag{9.2}$$

> gilt.

Entsprechend den Annahmen (9.1) und (9.2) verbleiben als Unbekannte
nur noch die dimensionslosen Funktionen φ (θ) und F (θ), d.h. aus den
partiellen Differentialgleichungen (8.13) ergeben sich mit den Ansät-
zen (9.1) und (9.2) gewöhnliche Differentialgleichungen. Wegen der
Nichtlinearität der Spannungsfeldgleichungen (8.13) läßt sich kein
genereller Nachweis für die Gültigkeit des Ansatzes (9.1), (9.2) führen. Insbesondere besagt der Ansatz (9.2), daß man nicht mehr frei
ist in der Erfüllung von Randbedingungen auf vorgegebenen Radien r.
Es lassen sich mit dem Ansatz (9.1), (9.2) nur noch Randbedingungen
für vorgegebene Werte θ, d.h. an der Bunkerwand, erfüllen.

Durch numerische Integration der Spannungsfeldgleichungen (8.13) hat
Johanson [34] eine Rechtfertigung der Annahme eines radialen Spannungsfeldes gegeben. Er hat die Spannungsverteilungen in zwei konvergenten Kanälen mit zwei verschiedenen Wandneigungswinkeln untersucht,
beide mit spannungsfreier oberer Gutoberfläche. Der dritte von ihm
untersuchte Fall war ein konvergenter Kanal, an den sich oben ein
Bunker mit vertikalen Seitenwänden anschloß. Für alle drei Fälle hat
Johanson die Spannungsverteilungen im Schüttgut bei stationärem
Fließen aus den partiellen Differentialgleichungen und für das radiale Spannungsfeld berechnet. Alle drei Fälle zeigen, daß im unteren
Teil des konvergenten Kanals die Lösungen der partiellen Differentialgleichungen mit denen des radialen Spannungsfeldes zusammenfallen.

Eine anschauliche Erklärung für diesen Befund läßt sich wie folgt
formulieren:

Das ausfließende Material stützt sich über Normalspannungen und
Schubspannungen auf die Bunkerwand ab. Hierbei wird der überwiegen-
de Teil der Auflast schon im oberen Teil des sich keilförmig bzw.
konisch verengenden Auslaßteiles abgefangen. In der Nähe des Austrittsquerschnitts ist daher der Spannungszustand praktisch unabhängig von der Auflast im oberen Teil. Entsprechend Gl. (9.2) stellt
sich aber das niedrigste Spannungsniveau in der Nähe des Austrittsquerschnitts ein. Gemäß den in Kapitel 2 beschriebenen Überlegungen
ist dann aber die Umgebung des Austrittsquerschnitts fließkritisch.

Einsetzen der Annahmen (9.1) und (9.2) in die Spannungsfeldgleichung-
en (8.13) liefert nach elementaren Umformungen

$$\frac{dF}{d\theta} \cos^2 \varphi_e + \frac{d\varphi}{d\theta} 2 F \sin \varphi_e \sin 2\varphi -$$

$$- m F \sin \varphi_e \cot \theta (1 + \sin \varphi_e) (1 + \cos 2\varphi) +$$

$$+ 2 F \sin \varphi_e \sin 2\varphi + m F \sin \varphi_e \sin 2\varphi (1 + \sin \varphi_e) -$$

$$- \sin \theta - \sin \varphi_e \sin (\theta + 2\varphi) = 0$$

und

$$\frac{d\varphi}{d\theta} = - 1 - \left[2 F \sin \varphi_e (\cos 2\varphi - \sin \varphi_e) \right]^{-1} \cdot$$

$$\cdot \left[m F \sin \varphi_e (1 + \sin \varphi_e) (\cot \theta \sin 2\varphi - 1 + \right.$$

$$+ \cos 2\varphi) + \cos \theta - \sin \varphi_e \cos (\theta + 2\varphi) +$$

$$\left. + F \cos^2 \varphi_e \right] .$$

$$(9.3)$$

Einsetzen der zweiten der Gleichungen (9.3) in die erste liefert nach
Umformungen und bei Beachtung der trigonometrischen Beziehungen
$\sin (\alpha \pm \beta) = \sin \alpha \cos \beta \pm \cos \alpha \sin \beta$ die zwei gekoppelten, nichtli-
nearen Differentialgleichungen erster Ordnung für die unbekannten
Funktionen $F(\theta)$, $\varphi(\theta)$:

$$\frac{dF}{d\theta} = \frac{1}{\cos 2\varphi - \sin \varphi_e} \Bigg\{ F \sin 2\varphi -$$

$$- m F \left[\sin 2\varphi - \cot \theta \, (1 + \cos 2\varphi) \right] + \sin (\theta + 2\varphi) \Bigg\}$$

und

$$\frac{d\varphi}{d\theta} = - 1 - \frac{1}{2 F \sin \varphi_e \, (\cos 2\varphi - \sin \varphi_e)} \left[F \cos^2 \varphi_e + \right.$$

$$+ m F \sin \varphi_e \, (1 + \sin \varphi_e) \, (\cot \theta \sin 2\varphi - 1 +$$

$$\left. + \cos 2\varphi) + \cos \theta - \sin \varphi_e \cos (\theta + 2\varphi) \right] .$$

$$(9.4)$$

Mit den zwei Differentialgleichungen erster Ordnung (9.4) lassen sich zwei Randbedingungen erfüllen, entweder eine auf je einem der Ränder θ_0, θ_1 oder zwei auf einem Rand θ_0.

9.3 Radiale Geschwindigkeitsfelder

Bevor man sich der Integration der Differentialgleichungen für das radiale Spannungsfeld zuwendet, hat man nachzuweisen, daß die grundlegenden Annahmen (9.1) bzw. (9.2) mit Geschwindigkeitsfeldern verträglich sind, welche die geometrischen Randbedingungen der in Frage stehenden Aufgabe erfüllen. Bei stationärem Massenfluß eines Schüttgutes wird Wandschlupf beobachtet. Bei ebenem Fluß in einem keilförmigen Kanal bzw. rotationssymmetrischem Fluß in einem konischen Kanal sind daher solche Geschwindigkeitsfelder mit den geometrischen Randbedingungen verträglich, für die $u_\theta \equiv 0$ im gesamten Geschwindigkeitsfeld gilt. Im Falle des ebenen Flusses folgt dann aus der Kontinuitätsgleichung (8.34)

$$r u_r = f_e(\theta) . \qquad\qquad (9.5)$$

Entsprechend den Prinzipien der Kontinuumsmechanik läßt sich (vergl. Kapitel 3) jeder Spannungszustand als Überlagerung dreier orthogonaler einachsiger Spannungszustände darstellen. Die Orientierungen dieser drei einachsigen Spannungszustände fallen mit den Hauptachsen des Spannungstensors zusammen.

Damit läßt sich intuitiv auch die Annahme rechtfertigen, daß bei stationärem Fließen in einem festen Punkt des Spannungs- bzw. Geschwindigkeitsfeldes die Deformation eines Volumenelementes des Schüttgutes so erfolgt, daß keine Winkeländerungen zwischen den Achsen auftreten, die in die Richtungen der Hauptspannungen zeigen. Diese Annahme bedeutet aber nichts anderes als die Übereinstimmung der Hauptachsenrichtungen von Spannungstensor und Tensor der Deformationsgeschwindigkeiten. Darüber hinaus ist es sinnvoll anzunehmen, daß die Richtung der größten Hauptspannung mit der Richtung der größten Hauptdeformationsgeschwindigkeit übereinstimmt, d.h. daß $\varphi = \varphi^*$ gilt. Mit $u_\theta \equiv 0$ folgt dann aus (8.33) sowohl für ebenes als auch für rotationssymmetrisches Fließen

$$\frac{1}{r}\frac{\partial u_r}{\partial \theta} = \tan 2\varphi \left(\frac{\partial u_r}{\partial r} - \frac{u_r}{r} \right). \qquad (9.6)$$

Für eine gegebene Lösung der Gleichungen (9.4) des radialen Spannungsfeldes ist die Funktion $\varphi\,(\theta)$ und damit auch die Funktion $\tan 2\varphi\,(\theta)$ in (9.6) bekannt. Im Falle des ebenen Fließens liefert Einsetzen von (9.5) in (9.6)

$$\frac{df_e}{d\theta} = -\,2 \tan 2\varphi\,(\theta)\, f_e$$

bzw. nach Trennung der Veränderlichen und Integration

$$f_e\,(\theta) = u_0\, r_0\, \exp\left[-\,2 \int_0^\theta \tan 2\varphi\,(\theta^*)\, d\theta^* \right]. \qquad (9.7)$$

In (9.7) wird der Wert $f_e\,(\theta = 0)$ mit $u_0\, r_0$ und die Laufvariable bei der Integration im Unterschied zur oberen Grenze θ mit θ^* bezeichnet. Einsetzen von (9.7) in (9.5) liefert für das radiale Geschwindigkeitsfeld bei ebenem Fließen

$$u_r\,(r,\,\theta) = \frac{u_0\,r_0}{r}\,\exp\left[-\,2\int_0^{\theta}\tan 2\varphi\,(\theta^*)\,d\theta^*\right],$$

$$u_\theta \equiv 0,$$

$$(9.8)$$

wobei das Integral in der ersten der Gleichungen (9.8) aus der Lösung des radialen Spannungsfeldes bekannt ist. Die Integrationskonstante u_0 ist durch die Geschwindigkeit in einem Punkt r_0, $\theta = 0$ des Geschwindigkeitsfeldes festgelegt.

Bei konvergentem Fluß in einem Konus folgt entsprechend aus der Kontinuitätsgleichung (8.35) mit $u_\theta \equiv 0$

$$u_r\,r^2 = f_{rot}\,(\theta).\qquad\qquad(9.9)$$

Einsetzen von (9.9) in (9.6) liefert

$$\frac{df_{rot}}{d\theta} = -\,3\,\tan 2\varphi\,(\theta)\,f_{rot}$$

bzw. nach Trennung der Veränderlichen und Integration

$$f_{rot}\,(\theta) = u_0\,r_0^{\,2}\,\exp\left[-\,3\int_0^{\theta}\tan 2\varphi\,(\theta^*)\,d\theta^*\right].\qquad(9.10)$$

Einsetzen von (9.10) in (9.9) liefert schließlich

$$u_r\,(r,\,\theta) = \frac{u_0\,r_0^{\,2}}{r^2}\,\exp\left[-\,3\int_0^{\theta}\tan 2\varphi\,(\theta^*)\,d\theta^*\right],$$

$$u_\theta \equiv 0$$

$$(9.11)$$

im Falle des rotationssymmetrischen Fließens. Wiederum beschreibt die Integrationskonstante u_0 die Geschwindigkeit in einem vorgegebenen Punkt r_0, $\theta = 0$ des Geschwindigkeitsfeldes. Bei Anwendungen in der technischen Praxis ist die Größe der auftretenden Geschwindigkeiten durch Abzugsorgane wie Schwingförderer, Austragsschnecken, Zellenradschleusen oder Drehteller festgelegt [13]. Vom Standpunkt der Praxis aus gesehen sind daher die hier hergeleiteten Lösungen für die Geschwindigkeitsfelder ausreichend, da gezeigt werden konnte, daß aus bekannten Lösungen des radialen Spannungsfeldes, d.h. gegebenen Funktionen $\tan 2\varphi\,(\theta^*)$ entsprechend den Gleichungen (9.8) und (9.11) für ebenes wie für rotationssymmetrisches Fließen Geschwindigkeitsfelder konstruiert werden können, die mit den jeweiligen geometrischen Randbedingungen verträglich sind ($u_\theta \equiv 0$).

9.4 Gültigkeitsgrenzen der Lösungen für das radiale Spannungsfeld

Aus den strengen Gleichungen (8.13) für das Spannungsfeld im stationär fließenden Schüttgut lassen sich Schranken des Gültigkeitsbereichs der Lösungen für das radiale Spannungsfeld ableiten [12]. Mit der Substitution

$$\sigma\,(r,\,\theta) = \rho_{sch}\, g\, r\, F\,(r,\,\theta) \tag{9.12}$$

folgen aus den Gleichungen (8.13) die zu (8.13) völlig gleichwertigen Beziehungen

$$\frac{\partial F}{\partial \theta} + f\,(r,\,\theta)\,F + g\,(r,\,\theta) = 0$$

und

$$r\,\frac{\partial F}{\partial r} + h\,(r,\,\theta)\,F + j\,(r,\,\theta) = 0 \tag{9.13}$$

mit

$$f(r, \theta) = 2\left(\frac{\partial\varphi}{\partial\theta} + 1\right)\frac{\sin\varphi_e}{\cos^2\varphi_e}\sin 2\varphi +$$

$$+ 2\, r\, \frac{\partial\varphi}{\partial r}\, \frac{\sin\varphi_e}{\cos^2\varphi_e}\, (\sin\varphi_e + \cos 2\varphi) +$$

$$+ m\, \frac{\sin\varphi_e}{\cos^2\varphi_e}\, (1 + \sin\varphi_e)\, [\sin 2\varphi - \cot\theta\, (1 + \cos 2\varphi)]\, ,$$

$$g(r, \theta) = -\frac{\sin\varphi_e}{\cos^2\varphi_e}\sin(\theta + 2\varphi) - \frac{\sin\theta}{\cos^2\varphi_e}\, ,$$

$$h(r, \theta) = 1 + 2\left(\frac{\partial\varphi}{\partial\theta} + 1\right)\frac{\sin\varphi_e}{\cos^2\varphi_e}\, (\cos 2\varphi - \sin\varphi_e) -$$

$$- 2\, r\, \frac{\partial\varphi}{\partial r}\, \frac{\sin\varphi_e}{\cos^2\varphi_e}\sin 2\varphi +$$

$$+ m\, \frac{\sin\varphi_e}{\cos^2\varphi_e}\, (1 + \sin\varphi_e)\, (\cot\theta\, \sin 2\varphi + \cos 2\varphi - 1)$$

und

$$j(r, \theta) = -\frac{\sin\varphi_e}{\cos^2\varphi_e}\cos(\theta + 2\varphi) + \frac{\cos\theta}{\cos^2\varphi_e}\, .$$

$$(9.14)$$

Bei bestimmter Integration nach θ ausgehend von einem Anfangswert θ_0, folgt aus der ersten der Gleichungen (9.13), wie man durch Differenzieren und Einsetzen in (9.13) leicht nachprüft:

$$F(r, \theta) = F(r, \theta_0) \exp\left[-\int_{\theta_0}^{\theta} f(r, t)\, dt\right] -$$

$$- \exp\left[-\int_{\theta_0}^{\theta} f(r, t)\, dt\right] \int_{\theta_0}^{\theta} g(r, t) \exp\left[\int_{\theta_0}^{t} f(r, u)\, du\right] dt.$$

$$(9.15)$$

Da die Terme $f(r, \theta)$, $g(r, \theta)$ stetig sind, ist die Lösung (9.15) bei beschränkter Anfangsbedingung $F(r, \theta_0)$ ebenfalls beschränkt, d.h. es gilt

$$/F(r, \theta)/ \;<\; /F(r, \theta_0)/\, M_1 + M_2$$

mit zwei positiven, endlichen Zahlen M_1, M_2.

Damit ergibt sich aber aus der ersten der Gleichungen (9.13) keine kritische Bedingung.

Wegen des ähnlichen Aufbaues der beiden Gleichungen (9.13) läßt sich bei bekannter Lösung (9.15) der ersten eine Lösung bei bestimmter Integration nach r für die zweite unmittelbar angeben:

$$F(r, \theta) = F(r_0, \theta) \exp\left[-\int_{r_0}^{r} \frac{h(t, \theta)}{t}\, dt\right] -$$

$$- \exp\left[-\int_{r_0}^{r} \frac{h(t, \theta)}{t}\, dt\right] \frac{j(t, \theta)}{t} \exp\left[\int_{r_0}^{t} \frac{h(u, \theta)}{u}\, du\right] dt.$$

$$(9.16)$$

Es werden jetzt Grenzwerte der Lösung (9.16) für $r \longrightarrow 0$ untersucht. Hierbei sind zwei Fälle zu unterscheiden:

a) $\lim_{r \to 0} h(r, \theta) < 0$; $\lim_{r \to 0} j(r, \theta) \neq 0$

und

b) $\lim_{r \to 0} h(r, \theta) > 0$; $\lim_{r \to 0} j(r, \theta) \neq 0$.

Es gilt, wie man leicht nachprüft

$$\lim_{r \to 0} \exp\left[\int_{r_0}^{r} - \frac{h(t, \theta)}{t} \, dt \right] = \exp\left[\lim_{r \to 0} \int_{r}^{r_0} \frac{h(t, \theta)}{t} \, dt \right] =$$

$$= \left\{ \begin{array}{l} 0 \ \text{für } h(t, \theta) < 0 \\[2ex] \infty \ \text{für } h(t, \theta) > 0 \end{array} \right\} . \qquad (9.17)$$

Die grundlegende Voraussetzung für die Gültigkeit des radialen Spannungsfeldes besteht darin, daß der Spannungszustand auf einem Rand $r_0 > 0$ in genügender Entfernung von $r = 0$ den Spannungszustand für $r \to 0$ nicht beeinflußt. Aus dem Vergleich von (9.17) und (9.16) folgt unmittelbar, daß diese Voraussetzung nur für $h(r, \theta) < 0$ erfüllt ist. Mit $h(r, \theta) < 0$ folgt dann aus (9.16) der Grenzwert

$$\lim_{r \to 0} F(r, \theta) =$$

$$= \lim_{r \to 0} \left\{ - \exp\left[- \int_{r_0}^{r} \frac{h(t, \theta)}{t} \, dt \right] \int_{r_0}^{r} \frac{j(t, \theta)}{t} \exp\left[\int_{r_0}^{t} \frac{h(u, \theta)}{u} \, du \right] dt \right\}$$

Bei $h(r, \theta) < 0$ ist dieser Grenzwert ein unbestimmter Ausdruck von der Form $0 \cdot \infty$, der nach der Regel von Bernoulli - L'Hospital auf

$$\lim_{r \to 0} F(r, \theta) = \lim_{r \to 0} \left[\frac{- j(r, \theta)}{h(r, \theta)} \right] \qquad (9.18)$$

führt.

Wie der Vergleich von Abb. 8.7 bzw. Abb. 8.9 und Gleichung (8.8) unmittelbar lehrt, beschreibt die Spannungsgröße σ nichts anderes als den Abstand des Mittelpunktes des größten Mohrkreises von dem Abszissenschnittpunkt des stationären Fließortes. Dann muß aber $\sigma \geq 0$ und damit wegen (9.12) auch $F(r, \theta) \geq 0$ im gesamten Spannungsfeld gelten. Wegen $h(r, \theta) < 0$ ist diese Bedingung gemäß Gleichung (9.18) nur für $\lim\limits_{r \to 0} j(r, \theta) \geq 0$ erfüllt.

Aus der Definition für $j(r, \theta)$, Gleichung (9.14), folgt dann aber die Ungleichung

$$- \sin \varphi_e \cos(\theta + 2\varphi) + \cos \theta \geq 0. \qquad (9.19)$$

Beim Fluß in einem konvergenten Kanal (vergl. Abb. 9.2) verläuft die Trajektorie der größten Hauptspannung aus Symmetriegründen in der Kanalachse horizontal und die von der Wand auf das Schüttgut ausgeübte Wandspannung τ_w zeigt entgegen die Bewegungsrichtung.

Wie man aus Abb. 9.2 unmittelbar anschaulich entnimmt, gilt dann aber $\pi/2 \leq \varphi < \pi$, also $\sin 2\varphi \leq 0$. Damit läßt sich aber die Ungleichung (9.19) zu

$$\tan \theta \leq \frac{1 - \sin \varphi_e \cos 2\varphi}{- \sin \varphi_e \sin 2\varphi} \qquad (9.20)$$

umformen. Ein gegebenes Material besitzt einen festen Zahlenwert $0 < \sin \varphi_e < 1$. Wie man sich z.B. leicht durch Aufzeichnen der in (9.20) vorkommenden Funktionsverläufe klarmacht, folgt aus (9.20) die kritische Stelle an der Wand, d.h. für $\theta = \theta_w$, also

$$\tan \theta_w \leq \left(\frac{1 - \sin \varphi_e \cos 2\varphi}{- \sin \varphi_e \sin 2\varphi} \right)_w . \qquad (9.21)$$

Die hier aus der Analyse des Differentialgleichungssystems (8.13) gefolgerte Gültigkeitsgrenze, Gl. (9.21), für das radiale Spannungsfeld besitzt eine einfache anschauliche Bedeutung, wie man sich an Hand von Abb. 9.3 leicht klarmacht.

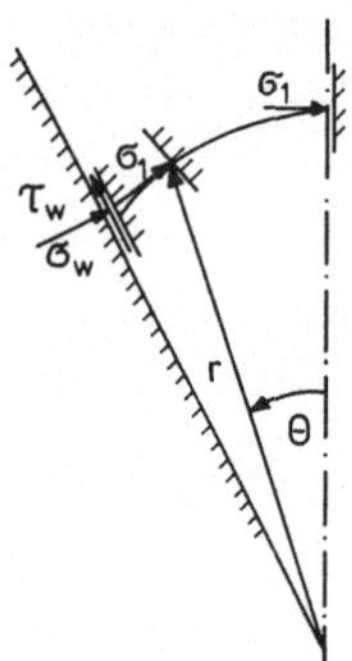

Abb. 9.2:   Hauptspannungstrajektorie beim Fluß im
             konvergenten Kanal

Wie man aus Abb. 9.3 unmittelbar abliest, gilt für die pro Flächen-
einheit von der Wand auf das Schüttgut übertragene Horizontalkomponente der Kraft

$$\sigma_H = \sigma_\theta \, \cos\theta_w + \tau_{r\theta} \, \sin\theta_w \; . \tag{9.22}$$

Wie im einzelnen im nächsten Abschnitt nachgewiesen wird, lassen sich
mit dem radialen Spannungsfeld kompatible Randbedingungen nur dann
formulieren, wenn man wenigstens näherungsweise ein völlig kohäsionsloses stationäres Fließverhalten, d.h. entsprechend Abb. 8.7 bzw.

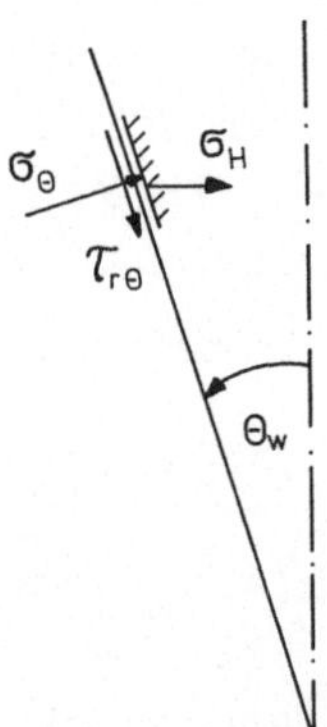

Abb. 9.3:   Anschauliche Bedeutung der Gültigkeitsgrenze,
             Gl. (9.21), für das radiale Spannungsfeld.

             Beachte: Vorzeichenfestsetzung für $\tau_{r\theta}$ in den
                      Spannungsfeldgleichungen

Abb. 8.9 $\sigma_0 = 0$ voraussetzt. Mit dieser Bedingung folgt aber bei Beachtung von (8.10) aus (9.22)

$$\sigma_H = \sigma \, [(1 - \sin \varphi_e \cos 2\varphi) \cos \theta_w + \sin \varphi_e \sin 2\varphi \sin \theta_w] \; .$$

Der Vergleich mit (9.21) zeigt dann aber unmittelbar, daß die Ungleichung (9.21) nichts anderes bedeutet als $\sigma_H \geq 0$, d.h. die Horizontalkomponente des von der Wand auf das Schüttgut ausgeübten Spannungsvektors zeigt in das Schüttgut hinein. Im Falle des ebenen Fließens steckt die Ungleichung (9.21) tatsächlich die Grenzen des radialen Spannungsfeldes ab, d.h. die kritischen Grenzen werden an der Bunkerwand erreicht. Im Falle des rotationssymmetrischen Fließens liegen die Grenzen des radialen Spannungsfeldes ganz innerhalb der durch die Ungleichung (9.21) gezogenen Grenzen. Hier werden, wie man direkt aus den im Anhang wiedergegebenen Diagrammen abliest, die Grenzen des radialen Spannungsfeldes durch die Forderung festgelegt, daß $\sigma \, (r, \, \theta = 0) \geq 0$ ist, d.h. daß gilt $F \, (\theta = 0) = F_0 \geq 0$. Beim rotationssymmetrischen Spannungsfeld werden also im Unterschied zum ebenen Spannungsfeld die kritischen Grenzwerte zuerst auf der Bunkerachse erreicht.

9.5 Numerische Integration der Differentialgleichungen für radiale Spannungsfelder

Wie aus den Differentialgleichungen (9.4) für das radiale Spannungsfeld unmittelbar abzulesen ist, enthalten diese von den Materialdaten den stationären Reibungswinkel φ_e. Numerische Lösungen lassen sich daher jeweils nur für zahlenmäßig vorgegebene Werte φ_e berechnen. Die grafische Darstellung der Ergebnisse kann dann auch nur für jeweils konstante Werte φ_e erfolgen. Für Zwischenwerte von φ_e muß man evtl. auf die Interpolation zwischen den Auswertungen mittels je zweier berechneter Diagramme ausweichen.

Wie in Abb. 9.2 angedeutet, verläuft die Trajektorie der größten Hauptspannung in Kanalmitte horizontal. Für die numerische Lösung der Differentialgleichungen des radialen Spannungsfeldes gilt daher stets die Randbedingung

$$\varphi \, (\theta = 0) = \frac{\pi}{2} \; . \tag{9.23}$$

Eine zunächst formale numerische Lösung der Differentialgleichungen des radialen Spannungsfeldes läßt sich dann derart gewinnen, daß man an Stelle der physikalisch gegebenen Randwertaufgabe (eine Randbedingung in Kanalmitte, Gl. (9.23) und eine Randbedingung über die Reibungsverhältnisse an der Bunkerwand) ein mathematisch einfacher zugängliches Anfangswertproblem löst und danach prüft, wie in diese Lösung die physikalische Randbedingung an der Bunkerwand einzuarbeiten ist. Für vorgegebene Anfangswerte, gemäß Gl. (9.23) $\varphi\,(\theta = 0) = \pi/2$ und vorgegebene Startwerte $F\,(\theta = 0) = F_0$ erhält man durch numerische Integration des Differentialgleichungssystems (9.4) je eine Lösungsschar $\varphi(\theta,\,F_0)$; $F\,(\theta,\,F_0)$.

Wie in Abb. 9.2 angedeutet, gilt stets wegen der nach oben abstützenden Wandschubspannung $\pi/2 \leq \varphi < \pi$, d.h. man trägt zweckmäßig entsprechend der prinzipiellen Darstellung Abb. 9.4 $\varphi\,(\theta) - \pi/2$ über θ mit F_0 als Parameter auf (strichpunktiert gezeichnete Kurven in Abb. 9.4).

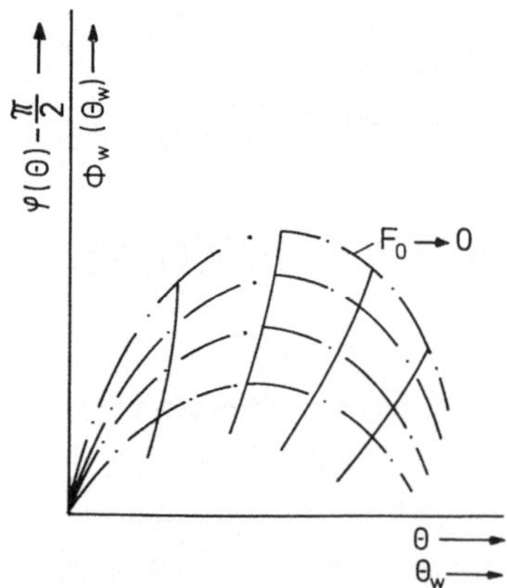

Abb. 9.4:   Grafische Darstellung der numerischen Lösungen
             der radialen Spannungsfeldgleichungen (9.4),
             jeweils für φ_e = const

Wie im voranstehenden Abschnitt erörtert, sind physikalisch sinnvolle Lösungen auf $\sigma \geq 0$ und damit insbesondere auf $F_0 \geq 0$ beschränkt. Die numerische Rechnung liefert daher als sinnvolle Grenze des Lösungsbereichs die Annäherung an die Grenze $F_0 \to 0$. Wegen der Startbedingung, Gl. (9.23), beginnen alle Lösungskurven im Koordinatenursprung. Die zweite Lösungsschar $F\,(\theta,\,F_0)$ läßt sich in einem Diagramm nach Art der Abb. 9.4 jetzt wie folgt darstellen:

Jeder Punkt des Lösungsbereichs mit Startwerten $F_0 \geq 0$ ist eindeutig durch ein Wertepaar θ, F_0 festgelegt. Über die zweite Lösungsschar $F (\theta, F_0)$ ist dann aber jedem Punkt ein Zahlenwert F zugeordnet, d.h. es lassen sich in einem Diagramm nach Art der Abb. 9.4 Linien $F = const.$ eintragen (ausgezogen gezeichnete Linien).

Will man diese zunächst formale Lösung in eine physikalisch sinnvolle umsetzen, so hat man die Randbedingung an der in Abb. 9.5 durch den Winkel θ_w festgelegten Bunkerwand in Rechnung zu stellen.

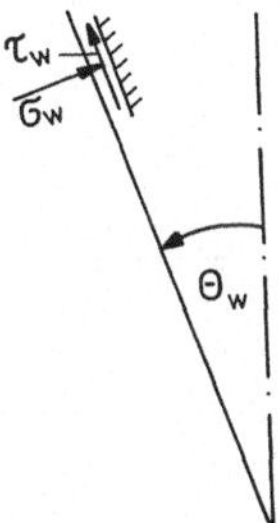

Abb. 9.5:   Randbedingung an der Bunkerwand

Bei abwärts fließendem Material sind die von der Wand auf das Schüttgut übertragenen Spannungen so gerichtet, wie in Abb. 9.4 eingezeichnet. Bei stationärem Materialfluß wird kein signifikanter Beitrag der zwischen Bunkerwand und Schüttgut wirkenden Haftkräfte angenommen, d.h. für die Wandreibung wird angesetzt

$$\tan \Phi_w = \frac{/\tau_w/}{\sigma_w} . \qquad (9.24)$$

Für eine gegebene Kombination von Schüttgut und Wandmaterial kann der Wandreibungswinkel Φ_w als Konstante angesehen werden. Wie der Vergleich mit Abb. 8.2 bzw. Abb. 8.3 unmittelbar zeigt, ist eine wie in Abb. 9.4 orientierte Schubspannung in den gewählten Koordinaten negativ, d.h. es gilt $\tau_{r\theta} (\theta_w) < 0$. Damit führt aber die Wandreibungsbeziehung (9.24) auf die Randbedingung

$$\frac{\tau_{r\theta} (\theta_w)}{\sigma_\theta (\theta_w)} = - \tan \Phi_w . \qquad (9.25)$$

Einsetzen der Beziehungen (8.10) liefert

$$\frac{\sin \varphi_e \, \sin 2\varphi}{1 - \sin \varphi_e \, \cos 2\varphi - \dfrac{\tan \rho \, \sigma_0}{\tan \varphi_e \, \sigma}} = - \tan \Phi_w \ . \qquad (9.26)$$

Mit den Annahmen (9.1) und (9.2) folgt aus (9.26)

$$\frac{\sin \varphi_e \, \sin [2\varphi \, (\theta_w)]}{1 - \sin \varphi_e \, \cos [2\varphi \, (\theta_w)] - \dfrac{\tan \rho \, \sigma_0}{\tan \varphi_e \, \rho_{sch} \, g \, r \, F \, (\theta)}} = - \tan \Phi_w \ .$$

$$(9.27)$$

Die physikalische Randbedingung (9.27) ist aber nur dann von r unabhängig, d.h. mit den Annahmen für das radiale Spannungsfeld verträglich, wenn $\sigma_0 = 0$ gesetzt wird, d.h. wenn das stationär fließende
Schüttgut als völlig kohäsionslos angesehen wird. Mit dieser Annahme
folgt aus (9.27)

$$\frac{\sin \delta \, \sin [2\varphi \, (\theta_w)]}{1 - \sin \delta \, \cos [2\varphi \, (\theta_w)]} = - \tan \Phi_w \ . \qquad (9.28)$$

In der Auslegungspraxis bedeutet der beim Übergang von Gl. (9.27) zu
Gl. (9.28) vollzogene Schritt, daß man an Stelle des durch die Einhüllende der End - Mohrkreise definierten stationären Reibungswinkels
φ_e den effektiven Reibungswinkel δ in der Definition nach Jenike ein-
führt. Wegen der dann üblichen Abhängigkeit $\delta = \delta \, (\sigma_1)$ (vergl. z. B.
Abb. 10.5) ist dies an sich physikalisch sinnlos, denn es werden ja
dann je nach Belastungsniveau (gegeben durch σ_1) andere stationäre
Fließorte postuliert, mithin ist die Größe δ lediglich eine Rechengröße zur Festlegung von End - Mohrkreisen. Man hat insbesondere zu
beachten, daß der Schritt von (9.27) zu (9.28) entgegen den in Kapitel 6 beschriebenen theoretischen und experimentellen Erkenntnissen

allein aus der Notwendigkeit folgt, eine mit den Annahmen des radialen Spannungsfeldes verträgliche physikalische Randbedingung zu formulieren. Welche Konsequenzen dies für die praktische Auslegung hat,
muß getrennten Überlegungen überlassen werden (vergl. hierzu Kapitel 11).

Wie zuvor erörtert, läßt sich je ein Diagramm nach Art der Abb. 9.4
für jeweils einen vorgegebenen Zahlenwert φ_e (jetzt δ) berechnen. Für
einen festen Wert von δ ist aber jedem Wert φ (θ_w) über Gl. (9.28)
eindeutig ein Zahlenwert Φ_w zugeordnet. Die physikalische Randbedingung (9.28) läßt sich dann aber derart in ein Diagramm nach Art
der Abb. 9.4 einbauen, daß die Abszisse gleichzeitig als Wandwinkel θ_w interpretiert wird und eine zweite Ordinate Φ_w, gewissermaßen
als verzerrte Skala der ersten Ordinate eingezeichnet wird. Nach diesem Prinzip sind sämtliche im Anhang wiedergegebene Diagramme A.1 bis
A.10 aufgebaut.

10 Messung der Schüttguteigenschaften für Auslegungszwecke

10.1 Problemstellung

Wie in Kapitel 6 ausführlich diskutiert, hängen die Fließeigenschaften feinkörniger, kohäsiver Schüttgüter nicht zuletzt von der Korngrößenverteilung der Partikeln ab. Bei einer konkreten Aufgabenstellung hat man daher in aller Regel zunächst die Fließeigenschaften des in Frage stehenden Schüttgutes zu messen.

Es ist das Verdienst Jenikes (vergl. z.B. [12]), als Erster nicht nur die charakteristischen Eigenarten kohäsiver Schüttgüter bei deren Lagerung in Bunkern erkannt und eine angepaßte theoretische Lösung erarbeitet zu haben, sondern auch ein geeignetes Meßsystem samt einer sinnvollen Meßprozedur entwickelt zu haben. Gegenstand dieses Kapitels ist daher die Darstellung des von Jenike entwickelten Meßsystems und der von Jenike erarbeiteten Meßprozedur im Lichte der in Kapitel 6 abgeleiteten theoretischen Erkenntnisse über das Fließverhalten kohäsiver Schüttgüter.

Hat man es mit kohäsiven Schüttgütern zu tun, so ist entsprechend den in Kapitel 6 beschriebenen theoretischen Erkenntnissen hinsichtlich Theorie und Experiment eine ganz bestimmte Vorgehensweise geboten.

Diese Vorgehensweise gründet sich bewußt oder unbewußt auf zwei Regeln:

a) Wenn die Eigenschaften eines kohäsiven Schüttgutes von dessen Vorgeschichte, d.h. seiner vorangegangenen mechanischen Beanspruchung abhängen, so können diese Eigenschaften nur jeweils einer einzigen Vorgeschichte sinnvoll zugeordnet werden.

b) Es ist sicher ein meßtechnisch aussichtsloses Unterfangen, die mechanischen Eigenschaften eines kohäsiven Schüttgutes allgemeingültig für beliebig variierte Vorgeschichten zu erfassen. Man muß eine sinnvolle und für die Praxis brauchbare Auswahl unter den prinzipiell möglichen Vorgeschichten treffen.

Aus der Forderung a) folgt unmittelbar, daß durch die meßtechnische Vorgehensweise dafür gesorgt wird, daß reproduzierbar immer wieder ein bestimmter Ausgangszustand hergestellt wird.

Insbesondere sind die an zwei verschieden konzipierten Apparaturen gewonnenen Meßergebnisse nur dann echt vergleichbar, wenn diese beiden Apparaturen dieselben Vorgeschichten realisieren. Dieser Punkt wird leicht übersehen.

Der Forderung b) wird derzeit folgendermaßen Rechnung getragen:

Bei einem funktionierenden Massenflußbunker gerät der gesamte Bunkerinhalt in Bewegung. Die Vorgeschichte des in einem Massenflußbunker befindlichen Schüttgutes ist daher in der Regel ein vorangegangenes stationäres Fließen.

Will man diese Vorgeschichte in einem Meßgerät simulieren, so hat man die Beanspruchung der Schüttgutprobe so durchzuführen, daß zunächst stationäres Fließen erreicht wird. Damit wird die prinzipiell mögliche Vielfalt der Vorgeschichten drastisch eingeschränkt.

10.2 Durchführung und Auswertung von Scherversuchen

Die Fließeigenschaften von Schüttgütern werden in sog. Schergeräten gemessen. In Abb. 10.1 ist die derzeit wohl meistbenutzte Jenikezelle dargestellt. Sie ist von zylindrischer Gestalt und besitzt ein topfähnliches Unterteil, einen darüber befindlichen Ring und einen aufgesetzten Deckel.

Man füllt eine Gutprobe ein, verfestigt das Gut unter einer Vertikallast und schert die Probe durch Aufbringen einer Tangentiallast bis zum Erreichen stationärer Spannungswerte an. Die Annahme ist sinnvoll, daß in der Trennebene zwischen Ring und Unterteil die bei gegebener Normalspannung σ_V jeweils maximal mögliche Schubspannung τ_V erreicht wird. Wie die in Kapitel 6 dargestellten theorctischen Überlegungen zeigen, muß dann die Trennebene nicht notwendig eine Gleitebene sein.

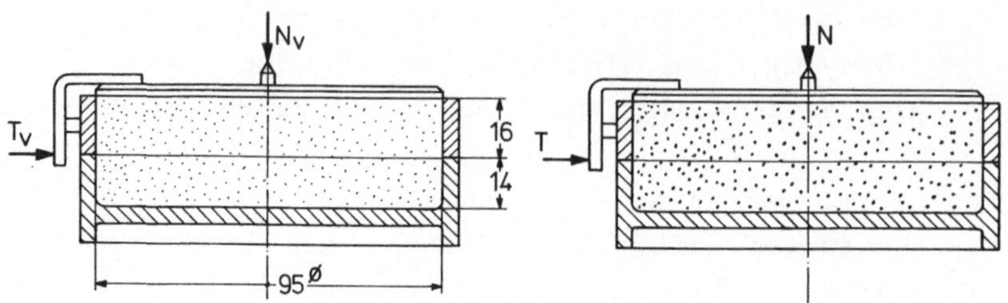

Abb. 10.1:   Jenike - Scherzelle, Maße in mm

Nach Division der aufgebrachten Kräfte durch die Querschnittsfläche
der Zelle hat man die Spannungswerte σ_V, τ_V gemessen, unter denen
stationäres Fließen im Schüttgut erreicht wurae. Hat man ein Schüttgut, das Zeitverfestigung zeigt, so lagert man diese angescherte Probe entsprechend der voraussichtlichen Lagerungsdauer in einer Ver-
festigungszelle unter Last und behandelt sie erst danach weiter.

Zeigt das Gut keine Zeitverfestigung, so kann man unmittelbar nach
dem Anscheren die Probe weiter behandeln. Hierbei wird die Vertikallast reduziert, d.h. die Normalspannung auf $\sigma < \sigma_V$ reduziert. Danach
wird der Maximalwert der Tangentialkraft, d.h. der Schubspannung τ
gemessen, der beim Abscheren der Probe erreicht wird.

Wiederholt man diese Prozedur bei unveränderten Werten der Verfestigung mit Anscheren, d.h. mit einem unveränderten Wertepaar σ_V, τ_V und
variiert die Normalspannung $\sigma < \sigma_V$ beim Abscheren, so mißt man für
einen wohl-definierten, nämlich durch σ_V, τ_V festgelegten Ausgangszustand eine Kurve $\tau = \tau\,(\sigma)$.

Sämtliche in diesem Buch dargestellten Fließorte wurden entsprechend
dieser Prozedur mit Hilfe eines modifizierten Jenike-Schergerätes gemessen.

Analog wie beim Anscheren ist auch beim Abscheren die Annahme sinnvoll, daß zu einer vorgegebenen Verfestigung, d.h. vorgegebenem σ_V,
τ_V in der Trennebene zwischen Ring und Unterteil die bei einer gegebenen Normalspannung σ für das Material charakteristische maximale
Schubspannung τ erreicht wird. Wie man sich an Hand von Abb. 10.2
klarmacht, bedeutet diese Annahme aber nichts anderes, als daß man
zu vorgegebener Verfestigung, d.h. vorgegebenen Wertepaaren σ_V, τ_V
bei Variation von σ mit den dann gemessenen Wertepaaren σ, τ einen
individuellen Fließort, nämlich eine Einhüllende von Mohrkreisen
mißt.

Entsprechend den in Kapitel 6 beschriebenen theoretischen Überlegungen ist die Trennebene zwischen Ring und Unterteil dann nicht notwendig eine Gleitebene, d.h. die auf dem individuellen Fließort gelegenen Wertepaare σ, τ legen nicht notwendig gleichzeitig die Gleitebenen fest.

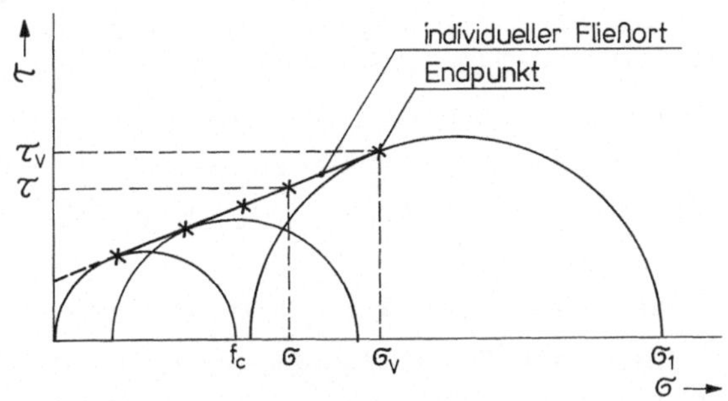

Abb. 10.2:   Messung eines Fließortes

Es lassen sich dann aber zwei Mohrkreise konstruieren, nämlich:

a) Der für Brückenbildung bzw. Schachtbildung charakteristische Mohrkreis durch den Koordinatenursprung, der die Druckfestigkeit f_c liefert,

   Hierzu eine Anmerkung:
   Die Druckfestigkeitswerte f_c eines kohäsiven Schüttgutes sind i.a. so niedrig, daß es nicht gelingt, die Druckfestigkeit direkt zu messen, d.h. das Material läßt sich nicht zu einer Tablette ausformen, die dann auf Druck beansprucht wird.
   Insbesondere ist die Druckfestigkeit für niedrige Verfestigungswerte σ_V, τ_V interessant.
   Dann kann die Druckfestigkeit f_c oft nur durch Extrapolation der zuverlässig meßbaren Teilbereiche des Fließortes bestimmt werden (vergl. Abschnitt 6.9).

b) Weiterhin läßt sich an den individuellen Fließort der Endmohrkreis zeichnen und damit die größte Hauptspannung σ_1 beim Verfestigen mit Anscheren ermitteln.

Einem individuellen Fließort läßt sich also ein Wertepaar $f_c = f_c(\sigma_1)$ zuordnen.

Variiert man nun den Ausgangszustand, d.h. stellt man ein anderes
Wertepaar σ_V, τ_V ein, so mißt man einen anderen individuellen Fließ-
ort durch und bestimmt insbesondere ein neues Wertepaar $f_c = f_c(\sigma_1)$
(Abb. 10.3).

Hat man für ein Schüttgut genügend viele individuelle Fließorte
durchgemessen, so legen diese individuellen Fließorte zusammen mit
den zugehörigen Endpunkten eine genügende Zahl von End - Mohrkreisen
fest. Die Einhüllende dieser End - Mohrkreise ist der stationäre
Fließort, der in genügender Genauigkeit als Gerade angesehen werden
kann, die mit der σ - Achse den stationären Reibungswinkel φ_e einschließt (Abb. 10.3). Stationäres Fließen in einem Bunker läuft doch
so ab:
Fortgesetzt werden Kontakte zwischen Partikeln gelöst und dafür wiederum andere neu gebildet. Dann und nur dann fallen aber verfestigen-
der und zum Fließen führender Spannungszustand zusammen. Genau dies
ist aber nur für die End - Mohrkreise der individuellen Fließorte der
Fall.

Wie man sieht, entspricht dieses allein aus Messungen gewonnene Ergebnis weitgehend dem theoretisch in Kapitel 6 abgeleiteten Fließverhalten.

In der Auswertungsprozedur nach Jenike wird anstelle von φ_e ein Winkel δ verwendet, der über die Tangente an den End - Mohrkreis durch
den Koordinatenursprung festgelegt ist (vergl. Abb. 10.4). Im Gegensatz zu dem Winkel φ_e ist δ eine reine Rechnungsgröße zur Festlegung
der End - Mohrkreise.

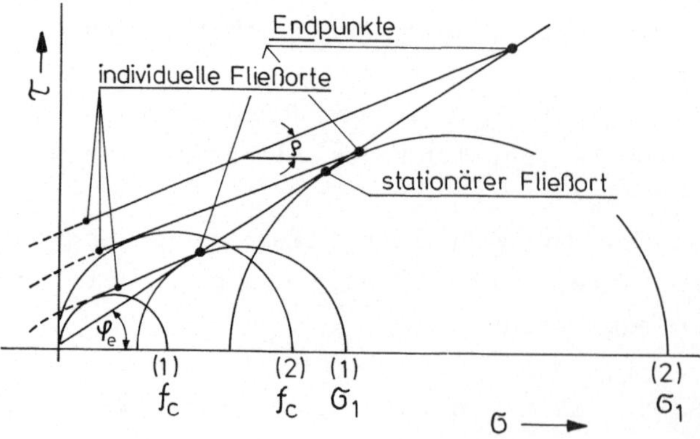

Abb. 10.3:   Individuelle Fließorte und stationärer Fließort

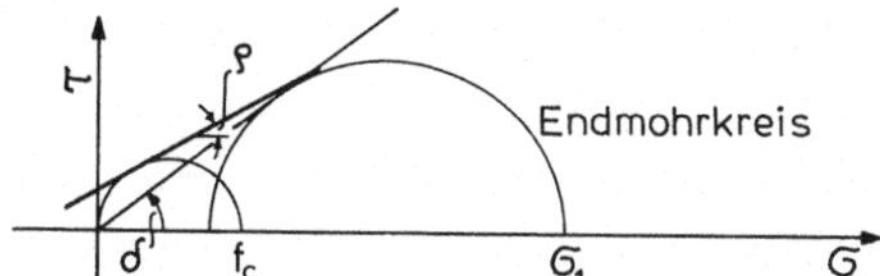

Abb. 10.4:   Kennwerte jeweils eines Fließortes

Die Auswertung der mit Hilfe einer Scherzelle durchgeführten Messungen liefert insgesamt folgende, für die Auslegung von Schüttgutbunkern erforderliche Daten:

Als Kennwerte jeweils eines Fließortes erhält man (vergl. Abb. 10.4):

- Reibungswinkel des beginnenden Fließens ρ
- Druckfestigkeit f_c (größter Mohrkreis mit einer verschwindenden Hauptspannung)
- größte Hauptspannung des Mohrkreises für das stationäre Fließen σ_1
- Schüttdichte ρ_{sch}
- effektiver Reibungswinkel δ in der Definition nach Jenike

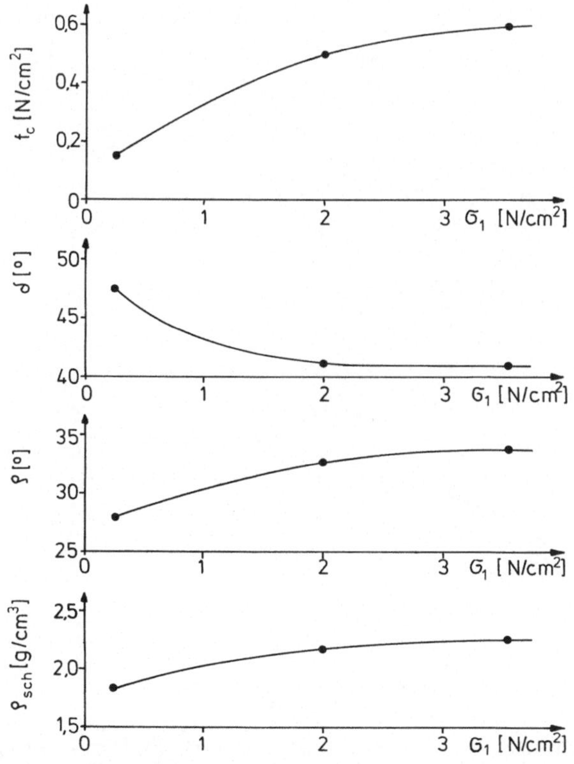

Abb. 10.5:   Auswertung von Schertests für ein Zinkpulver

Durch Auswertung einer Vielzahl von Fließorten lassen sich dann die funktionalen Abhängigkeiten $f_c = f_c (\sigma_1)$, $\delta = \delta (\sigma_1)$, $\rho = \rho (\sigma_1)$ und $\rho_{sch} = \rho_{sch} (\sigma_1)$ herausmessen. Das Ergebnis einer solchen Auswertung ist beispielhaft in Abb. 10.5 für ein Zinkpulver dargestellt.

10.3 Problematik der Schertests

Wie schon in Kapitel 6 bei der Herleitung einer Theorie des Fließverhaltens kohäsiver Schüttgüter angedeutet, enthält die in Abb. 10.5 beispielhaft dargestellte Auswertung von Scherversuchen das Spannungs - Verformungs - Verhalten des Schüttgutes nur in der eher banalen Form $\rho_{sch} = \rho_{sch} (\sigma_1)$. In die Auslegungsprozedur geht daher nur die Zunahme der Volumenkraft mit zunehmender Verfestigung ein, nicht jedoch das Verformungsverhalten selbst.

Will man aber notwendige, und bisher bewußt noch nicht beschriebene Details der gesamten Meßprozedur verstehen, so muß man wenigstens qualitativ auf das Spannungs - Verformungs - Verhalten eines kohäsiven Schüttgutes eingehen. Wie man aus Abb. 10.1 unmittelbar entnimmt, sind die mit der Jenike - Scherzelle erreichbaren Scherwege sehr begrenzt.

Beim Endverfestigen mit gleichzeitigem Anscheren wird sich aber ein stationärer Spannungswert τ_V für ein gegebenes σ_V erst nach einem recht langen Scherweg s einstellen (Kurve a in Abb. 10.6).

Ein solcher Scherweg überfordert aber die Jenike - Scherzelle bei weitem.

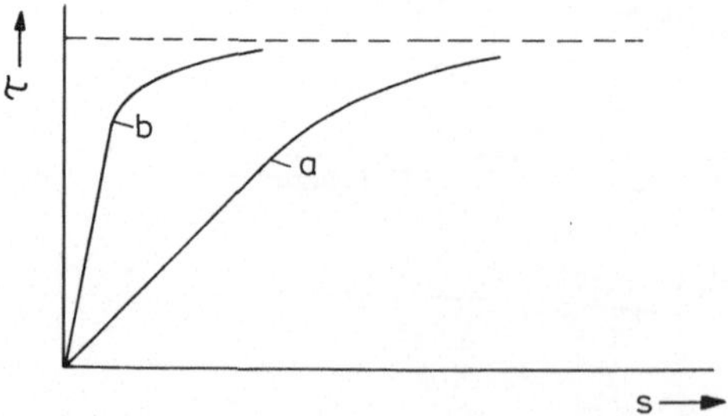

Abb. 10.6:   Schubspannung τ über Scherweg s bei Endverfestigung mit gleichzeitigem Anscheren (Kurve a) bzw. Endverfestigung und Anscheren getrennt (Kurve b)

Notgedrungen reduziert man daher den erforderlichen Scherweg, indem
man Verfestigung und Anscheren dadurch entkoppelt, daß man gegebenenfalls sogar bei $\sigma > \sigma_V$ und mit schwingender Drehbewegung des Deckels
verfestigt und danach erst unter σ_V anschert (Kurve b in Abb. 10.6).

Diese etwas willkürliche Prozedur, die bei unbedarfter Anwendung zu
Meßfehlern führt und daher Geschick und Einsicht des Experimentators
voraussetzt, gab zu Kritik Anlaß.

Als Alternative zu den Translationsschergeräten wie z.B. zur Jenike -
Scherzelle bieten sich Ringschergeräte an, deren prinzipieller Aufbau
in Abb. 10.7 wiedergegegeben ist.

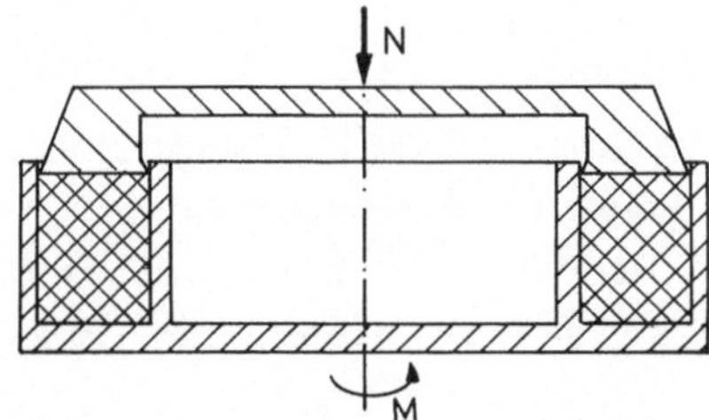

Abb. 10.7:   Ringschergerät, prinzipieller Aufbau

Die Gutprobe wird in den Ringraum eingefüllt. Durch Aufbringen einer
Normallast N bzw. eines Momentes M lassen sich Scherversuche wie für
die Translationsschergeräte beschrieben, d.h. mit Verfestigen und Anscheren durchführen. Wegen des Umbiegens des Scherweges in die Kreis-
bahn stehen aber bei den Ringschergeräten praktisch unbegrenzte
Scherwege zur Verfügung. Hat man es mit einem Material zu tun, das so
oder so erst nach langen Scherwegen zu stationären Spannungswerten
gelangt, so muß man auf das Ringschergerät ausweichen.

Für den Praktiker hat eine Scherzelle nach Jenike den Vorteil, daß
sie einfach aus dem Meßgerät herausnehmbar ist und zur Zeitverfestigung unter Last ausgelagert werden kann. Hat man es mit Materialien
zu tun, die Zeitverfestigung aufweisen, so ist man daher an Scherzellen nach Jenike gebunden. Aus dem bei Translationsschergeräten gemessenen Verlauf der Schubspannung über dem Scherweg beim Abscheren
einer einschließlich Anscheren verfestigten Probe (vergl. Abb. 10.8)
läßt sich ein prinzipieller Nachteil der Ringschergeräte herauslesen.

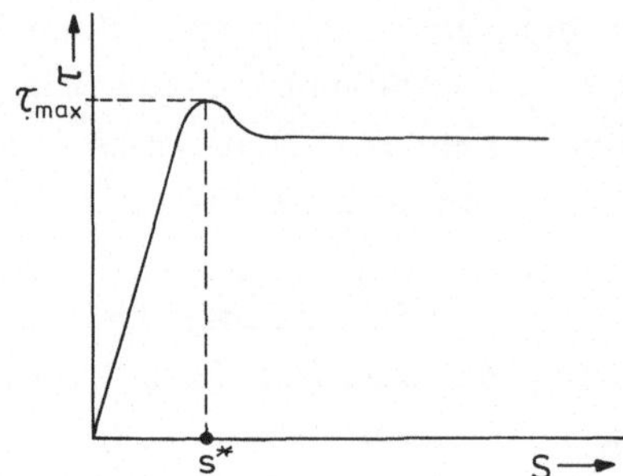

Abb. 10.8:   Schubspannung τ über Scherweg s einer zuvor einschließ-
               lich Anscheren verfestigten Gutprobe

Der in Abb. 10.8 dargestellte prinzipielle Verlauf weist ein Maximum
τ_{max} bei einem bestimmten Scherweg s* auf. Wegen der Rotationssymmetrie werden aber im Ringschergerät radienabhängig unterschiedliche
Scherwege realisiert. Das Meßsignal mittelt daher über unterschiedliche Scherwege. Da die interessierende Meßgröße der Wert τ_{max} ist,
der sich bei einem bestimmten Scherweg einstellt, ist das Ringschergerät von daher mit Zweifeln an seiner generellen Brauchbarkeit belastet.

Bei allen Diskussionen über Vor- und Nachteile von Translationsschergeräten nach Jenike gegenüber Ringschergeräten sollte man jedoch einen Gesichtspunkt nicht aus dem Auge verlieren: Fließorte sind sinnvoll definiert als Einhüllende von Mohrkreisen, Messung eines Fließortes bedeutet daher Ausmessen von Spannungszuständen derart, daß
Mohrkreise konstruiert werden können. In diesem Sinne erfüllen beide
Gerätetypen die eigentlich gestellte Aufgabe nicht. Mit Hilfe eines
gemessenen Wertepaares σ, τ lassen sich Mohrkreise nur unter Zuhilfe-
nahme zusätzlicher Annahmen konstruieren.

Es hat daher in den letzten Jahren nicht an Versuchen gefehlt, solche
Meßgeräte zu konzipieren und einzusetzen, mit deren Hilfe Mohrkreise
tatsächlich meßbar sind [21, 38, 39, 40].

Konzentriert man sich hierbei allein auf die gestellte Meßaufgabe und
ignoriert man die Eigenschaften der zu messenden Materialien, so sind
auch hier Mißverständnisse unvermeidlich, auf welche die nachstehenden Fragen zielen.

Was nützt ein hochgezüchtetes Meßsystem, wenn mit dessen Hilfe eine für die praktische Anwendung relevante Belastungsvorgeschichte gar nicht eingestellt wird [21]?

Wie ist der wirkliche Verfestigungszustand einer Gutprobe, in der durch Evakuieren evtl. eine Verfestigung mittels Strömungskräften erzeugt wurde [38]?

Wie homogen ist ein Verfestigungszustand, wenn ein Teil der Wände starr, ein anderer dagegen flexibel ist [39]?

Was nutzt ein Meßprinzip, das über einen Zeitraum von 10 Jahren nicht zur Funktionsreife gebracht werden kann [40]?

Schüttgüter liegen in ihrem Materialverhalten in eigentümlicher Weise zwischen dem eines Festkörpers, der unter Belastung zwar Deformation zeigt, aber keiner Stützung bedarf und dem einer Flüssigkeit die - abgesehen von geringen Oberflächenspannungseffekten - jeden angebotenen Raum ausfüllt. Es ist von daher fraglich ob es überhaupt gelingt, ein Meßsystem zu realisieren, das wirklich nur Materialeigenschaften mißt. Es muß generell damit gerechnet werden, daß jedes bisher benutzte Meßgerät in irgendeiner Form Materialeigenschaften plus Geräteeigenschaften mißt. Es ist an dieser Stelle vielleicht dienlich, darauf hinzuweisen, daß man an anderer Stelle, nämlich in der Werkstoffprüfung, bereits gelernt hat, mit einem solchen Dilemma zu leben. Jede Härtedefinition (Brinell, Rockwell, Vickers) ist an eine bestimmte Meßprozedur gebunden.

Darüber hinaus entbindet auch das raffinierteste Meßsystem nicht von der Notwendigkeit des Nachdenkens darüber, was man eigentlich gemessen hat. Mit anderen Worten: Es ist dem Verfasser keine experimentelle Arbeit bekannt geworden, die einen wesentlichen Zugewinn an grundlegenden Erkenntnissen gegenüber dem Kenntnisstand gebracht hätte, der bereits mit den zuvor beschriebenen, primitiven Meßgeräten erarbeitet wurde.

10.4 Ermittlung der Wandreibung eines Schüttgutes

Für Auslegungszwecke (Schüttgutbunkerung) wird außer Kennwerten des Schüttgutes noch das Verhältnis (tan Φ_w) der von der Bunkerwand auf das Schüttgut übertragbaren Schubspannung zu der auf die Bunkerwand wirkenden Normalspannung gemessen, das den Wandreibungswinkel Φ_w festlegt (vergl. Abb. 10.9).

Weist das Schüttgut generell Zeitabhängigkeit seines Verhaltens auf, so ist man gut beraten mit der Nachprüfung, ob dann auch für ein gegebenes Wandmaterial die Reibung zwischen Schüttgut und Wandmaterial ebenfalls zeitabhängig ist.

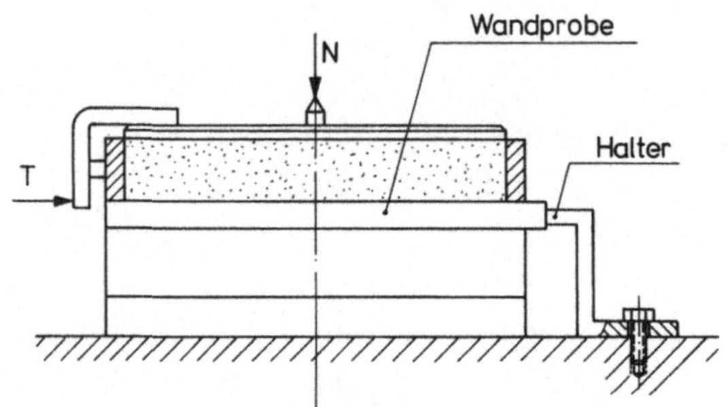

Abb. 10.9:   Messung des Wandreibungswinkels Φ_w

11 Vorhersage von Flußtyp und kritischen Austrittsquerschnitten für Massenflußbunker

11.1 Problemstellung

In vielen Verfahrensstufen z.B. bei der Erzaufbereitung oder in der chemischen Industrie treten mehr oder weniger feinkörnige Schüttgüter als Rohstoffe, Zwischen- oder Endprodukte bzw. als Betriebsmittel auf. Die Handhabung derartiger Schüttgüter bei zumindest teilautomatisierten Prozessen verlangt gegebenenfalls ein bestimmtes Verweilzeitverhalten eines Vorratssilos, in allen Fällen aber einen sicheren Ausfluß des im Silo gelagerten Materials. Wie in Abschnitt 9.1 beschrieben, lassen sich zwei Flußtypen in Silos unterscheiden, nämlich Kernfluß bzw. Massenfluß. Vor- und Nachteile beider Flußtypen sind unmittelbar aus Abb. 9.1 (S. 144) ersichtlich.

Kernfluß stellt sich bei eher stumpfen konischen Unterteilen ein im Vergleich zu den eher schlanken Konen bei Massenflußbunkern. Bei gegebenem Lagerraumvolumen oder Materialaufwand für die Silokonstruktion hat daher ein Kernflußbunker im Vergleich zum Massenflußbunker die größere Lagerkapazität. Da beim Kernflußsilo Materialfluß sich nur im Inneren des gelagerten Materials abspielt, das wandnahe Material dagegen in Ruhe bleibt, ist bei abrasivem Schüttgut der Verschleiß beim Kernflußsilo merklich geringer als beim Massenflußsilo.

Der Hauptvorteil des Massenflußbunkers besteht in seinem besseren Verweilzeitverhalten. Da beim Ausfluß stets der gesamte Siloinhalt in Bewegung gerät, verläßt zuerst eingefülltes Material den Bunker auch zuerst. Mit in den äußeren Bereichen stagnierendem Material des Kernflußbunkers, wird dieses Material erst dann ausgetragen, wenn der Bunker soweit entleert ist, daß dieses Material an der freien Oberfläche nachrutscht. Mit einem Kernflußsilo wird also ein in vielen Fällen ungünstiges "Zuerst eingefüllt, zuletzt entlassen" - Prinzip verwirklicht. Hat man es mit Materialien zu tun, deren Eigenschaften sich mit der Lagerungsdauer ungünstig verändern, so ist man schon von daher auf ein Massenflußsilo angewiesen. Dies braucht noch nicht einmal die Produktqualität selbst zu betreffen. Zeigt ein Material Zeitverfestigung, so ist nur beim Massenflußsilo die für das Fließverhalten maßgebliche Verfestigungszeit jeweils die Zeitspanne zwischen zwei Materialabzügen. Beim Massenflußsilo ist der Spannungszustand und damit die Verfestigung gleichmäßiger über den Querschnitt als beim Kernflußsilo. Wegen der bei kohäsiven Schüttgütern beobachteten Abhängigkeit der Schüttdichte von der Verfestigung ist dann beim Massenflußbunker auch die Porosität und damit die Gasdurchlässigkeit gleichmäßiger über den Querschnitt. Dieser Punkt ist dann von Bedeutung, wenn ohne Fluidisation ein Gas das Schüttgut durchdringen soll. Je nach den Prozeßanforderungen kann es daher entscheidend sein, ob Massenfluß oder Kernfluß garantiert werden kann. Eine die Schüttgutmechanik betreffende Aufgabe der Bunkerauslegung läßt sich daher wie folgt formulieren:

a) Vorhersage der Grenzbedingungen für Silogeometrie und Reibungsverhalten des Wandmaterials derart, daß für ein gegebenes Schüttgut Massenfluß bzw. Kernfluß garantiert werden kann.

Diese Aufgabe ist auch für solche Materialien von Bedeutung, die als "freifließend" klassifiziert sind und daher ansonsten problemlos sind.

Aus den Flußtypen, Abb. 9.1, für Kernfluß bzw. Massenfluß lassen sich die bei fließschwierigen Materialien zu erwartenden Betriebsstörungen anschaulich einsehen (vergl. Abb. 11.1).

Bei Kernfluß wird man erwarten, daß im wesentlichen nur eine Gutsäule oberhalb der Austrittsöffnung entleert wird, während das Material in den Außenbereichen in Ruhe bleibt (Schachtbildung Abb. 11.1, linke Bildhälfte).

Bei Massenfluß wird man erwarten, daß sich eine stabile Gutbrücke oberhalb der Austrittsöffnung ausbildet (Abb. 11.1, rechte Bildhälfte). Nach allen vorliegenden Erfahrungen bilden sich ein stabiler Gutschacht bzw. eine stabile Gutbrücke dann aus, wenn - abhängig von den Eigenschaften des Schüttgutes bzw. der Bunkerwandung (Geometrie, Reibungsverhalten) - bestimmte Mindestaustrittsquerschnitte unterschritten werden. Eine zweite, die Schüttgutmechanik betreffende Aufgabe der Bunkerauslegung läßt sich daher wie folgt formulieren:

b) Vorhersage der kritischen Mindestaustrittsquerschnitte, bei deren Überschreitung für eine gegebene Silogeometrie und gegebene Materialeigenschaften des Schüttgutes (einschließlich Reibverhalten zwischen Schüttgut und Bunkerwand) Fließstörungen mit Sicherheit vermieden werden.

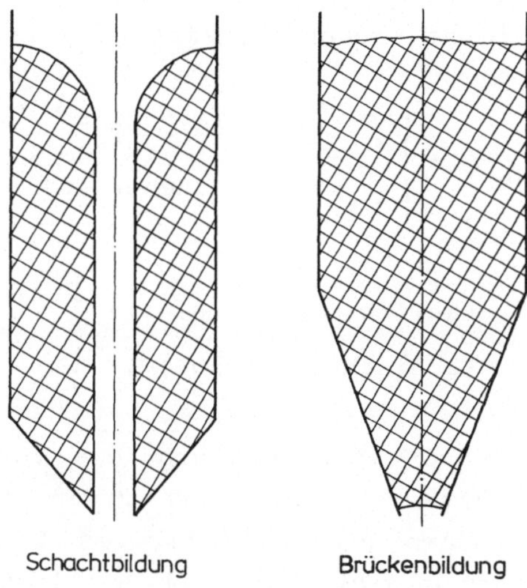

Abb. 11.1:   Betriebsstörungen bei Kernfluß bzw. Massenfluß

In vielen Fällen der Praxis liegen die so ermittelten Mindestquerschnitte oberhalb der Werte, die aus sonstigen Prozeßanforderungen erforderlich sind. In diesen Fällen weiß man dann wenigstens, wie weit das Unterteil des Silos ohne sonstige Maßnahmen eingezogen werden darf. Austragshilfen wird man erst unterhalb dieser Mindestquerschnitte anordnen.

In diesem Kapitel wird die Abgrenzung Massenfluß/Kernfluß und die Vorhersage der für Massenfluß erforderlichen Mindestquerschnitte behandelt.

11.2 Spannungszustände in stabilen Gutbrücken

Zur Vereinfachung der Rechnung wird die auf der sicheren Seite liegende Annahme eingeführt, daß eine aus ruhendem Material bestehende stabile Gutbrücke über der Auslauföffnung keine Auflast vom darüber liegenden Material trägt.

Für die Berechnung der in stabilen Gutbrücken sich ausbildenden Spannungszustände können die in Kapitel 7 eingeführten Koordinaten und die in diesen Koordinaten formulierten Spannungsfeldgleichungen benutzt werden. Die Annahme einer sich selbst tragenden Gutbrücke führt auf $\partial/\partial x \equiv 0$, während aus der Symmetriebedingung für keilförmige wie für konische Bunkerausläufe τ_{xy} $(y = 0) = 0$ folgt.

Wie man durch Einsetzen leicht nachprüft, sind die Gleichungen (7.3) erfüllende Lösungen

$$\tau_{xy} = \frac{1}{1 + m} \, \rho_{sch} \, g \, y \left\{ \begin{array}{l} m = 0:\ \text{keilförmiger Auslauf} \\ m = 1:\ \text{konischer Auslauf} \end{array} \right\} \qquad (11.1)$$

und

$$\left. \begin{array}{l} \sigma_y = const \qquad\quad (\text{keilförmiger Auslauf}) \\ \sigma_y = \sigma_\alpha = const \quad (\text{konischer Auslauf}) \, . \end{array} \right\} \qquad (11.2)$$

An der freien Oberfläche einer stabilen Gutbrücke verschwinden die Spannungen. Der Spannungszustand in einem Punkt der freien Gutoberfläche wird daher durch einen größten Mohrkreis beschrieben, der durch den Koordinatenursprung geht (Abb. 11.2, linke Bildhälfte).

Der Vergleich zwischen Abb. 7.4 und Abb. 11.2 zeigt, daß der Winkel φ (an Stelle von ω in Abb. 7.4) zwischen der Richtung der größten Hauptspannung σ_1 und der Normalspannung σ_x so wie in Abb. 11.2, rechte Bildhälfte, einzutragen ist. Zumindest in der Nähe der Symmetrieachse einer stabilen Gutbrücke ist die Horizontalspannung größer als

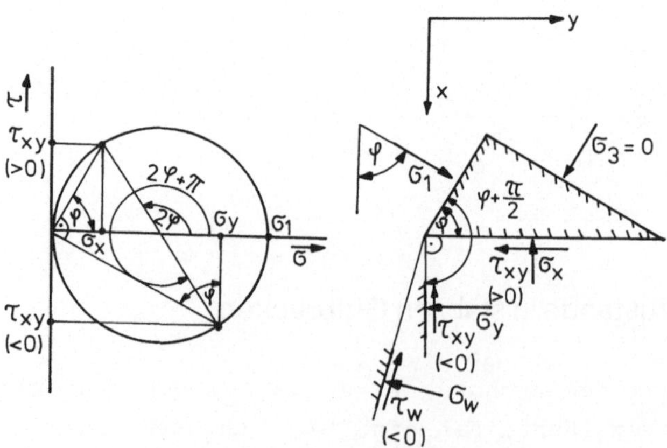

Abb. 11.2:   Spannungszustände in Punkten der freien Oberfläche
               einer stabilen Gutbrücke

die Vertikalspannung, d.h. es gilt $\sigma_y > \sigma_x$. Nach Abb. 11.2, linke Bildhälfte, ist dann aber $2\varphi > \pi/2$ bzw. $\varphi > \pi/4$. Wegen ihrer spannungsfreien Oberfläche fällt die lokale Kontur einer stabilen Gutbrücke mit der Richtung der größten Hauptspannung σ_1 zusammen. Aus Abb. 11.2, rechte Bildhälfte, liest man daher für die Kontur x (y) die Differentialgleichung

$$\frac{dx}{dy} = \cot \varphi \qquad (11.3)$$

ab. Aus Abb. 11.2, linke Bildhälfte, entnimmt man andererseits

$$\cot \varphi = \frac{\tau_{xy}}{\sigma_y} . \qquad (11.4)$$

Aus (11.3) und (11.4) folgt aber bei Beachtung von (11.1)

$$\frac{dx}{dy} = \frac{\rho_{sch}\, g}{(1 + m)\, \sigma_y} \, y . \qquad (11.5)$$

Mit σ_y = const gemäß der ersten der Gleichungen (11.2) folgt dann aus (11.5) $x \sim y^2$, d.h. eine Parabel im Falle eines keilförmigen Auslaufs bzw. ein Paraboloid im Falle eines konischen Auslaufs. Gemäß Gleichung (11.1) wächst τ_{xy} linear mit dem Abstand y von der Symmetrieachse. Da entsprechend den Gleichungen (11.2) σ_y = const gilt, wachsen die Mohrkreise mit dem Abstand y von der Symmetrieachse wie in Abb. 11.3 angedeutet.

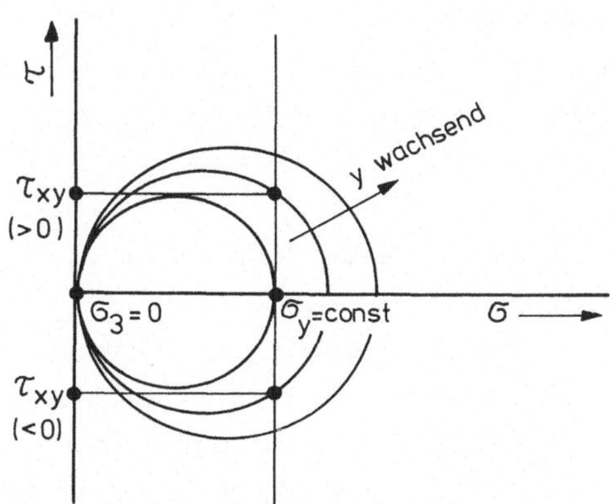

Abb. 11.3:   Wachstum der Mohrkreise in einer stabilen Gutbrücke
mit dem Abstand y von der Symmetrieachse

11.3 Größte Spannweite einer stabilen Gutbrücke

Der größte Mohrkreis und damit die kritischen Bedingungen werden für
den Größtwert y, d.h. an der Bunkerwand erreicht. Die größte Spannweite einer stabilen Gutbrücke und damit der kleinste zulässige Austrittsquerschnitt sind daher durch die an der Bunkerwand herrschenden
Bedingungen festgelegt. Hierbei sind zwei Fälle zu unterscheiden:

 a) Innerhalb eines bestimmten Bereiches von Wandwinkeln θ_w be-
    ginnt Fließen des Materials ohne daß die von der Wand auf das
    Schüttgut übertragbare Wandschubspannung τ_w voll mobilisiert
    worden wäre, d.h. allein die individuellen Fließorte des
    Schüttgutes, nicht auch der Wandfließort legen die kritischen
    Bedingungen fest.
 b) Außerhalb des Bereiches a) bestimmen die individuellen Fließ-
    orte und der Wandfließort die kritischen Bedingungen.

Sowohl die in Kapitel 6 hergeleitete Theorie als auch die in Kapitel 10 beschriebenen Experimente zeigen, daß die Druckfestigkeit f_c
eines kohäsiven Schüttgutes von der Belastungsvorgeschichte abhängt.

Als ein erster Schritt wird daher im vorliegenden Abschnitt die maximale Spannweite einer stabilen Gutbrücke für eine vorgegebene Druckfestigkeit f_c berechnet. An einer um θ_w geneigten Bunkerwand sind
Normalspannung σ_w und Schubspannung τ_w so orientiert, wie in
Abb. 11.2 in der rechten Bildhälfte dargestellt. Definitionsgemäß ist
daher der zwischen der größten Hauptspannung σ_1 und der von der Wand
auf das Schüttgut gerichteten Normalspannung σ_w aufgespannte Winkel $\chi > \pi/2$ und die Wandschubspannung ist $\tau_w < 0$.

Im Fall a) stellt sich daher in einem Wandpunkt einer stabilen Gutbrücke mit der größtmöglichen Spannweite die in Abb. 11.4 dargestellte Situation ein.

Der durch den Koordinatenursprung gehende Mohrkreis berührt den zur
Druckfestigkeit f_c gehörenden individuellen Fließort. Die Wandoberfläche ist durch einen Winkel $2\chi > \pi$ gegeben und die Normalspannung
σ_w bzw. die Schubspannung τ_w, die von der Bunkerwand auf das Schüttgut ausgeübt werden, liegen auf einem Umfangspunkt des Mohrkreises,
der zwischen der σ - Achse und dem Wandfließort gelegen ist. In diesem Fall legt offensichtlich der Wandfließort nicht den Spannungszustand an der Bunkerwand fest, da die Zahlenwerte σ_w, τ_w unter denen

des Grenzwertes liegen, der durch den Wandfließort festgelegt ist. Für eine vorgegebene Druckfestigkeit f_c ist aber gemäß Gleichung (11.1) der Größtwert y, d.h. die maximale (halbe) Spannweite y_{max} einer stabilen Gutbrücke durch

$$\tau_{xy} = \tau_{max} = \frac{f_c}{2} \qquad\qquad (11.6)$$

gegeben.

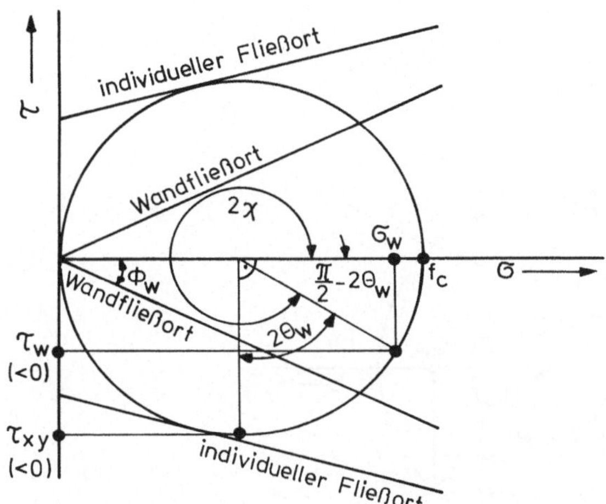

Abb. 11.4:   Mohrkreis in einem Wandpunkt der größtmöglichen stabilen Gutbrücke, Fall a)

Der Vergleich mit Abb. 11.2 zeigt, daß entsprechend der Vorzeichenkonvention bei der Darstellung von Spannungszuständen durch Mohrkreise dann $\tau_{xy} > 0$ in einer horizontalen Ebene und $\tau_{xy} < 0$ in einer vertikalen Ebene gilt. Daher findet man den Wandwinkel θ_w so wie in Abb. 11.4 eingezeichnet. Aus Abb. 11.4 liest man dann aber ab, daß Fall a) eintritt, solange

$$\frac{\pi}{2} - 2\,\theta_w < 2\,\Phi_w \quad \text{bzw. solange}$$

$$\theta_w > \frac{\pi}{4} - \Phi_w \qquad\qquad (11.7)$$

gilt. Einsetzen von Gleichung (11.6) in Gleichung (11.1) liefert bei Berücksichtigung der Ungleichung (11.7) für die maximale Spannweite einer stabilen Gutbrücke im Fall a):

$$y_{max} = \frac{1 + m}{2} \frac{f_c}{\rho_{sch}\, g} \qquad (\theta_w > \frac{\pi}{4} - \Phi_w) . \qquad (11.8)$$

Im Fall b) legen individueller Fließort und Wandfließort die Situation an der Bunkerwand fest. Dieser Fall ist in Abb. 11.5 wiedergegeben. Die von der Bunkerwand auf das Schüttgut ausgeübte Normalspannung σ_w und Schubspannung τ_w liegen jetzt auf dem Wandfließort.

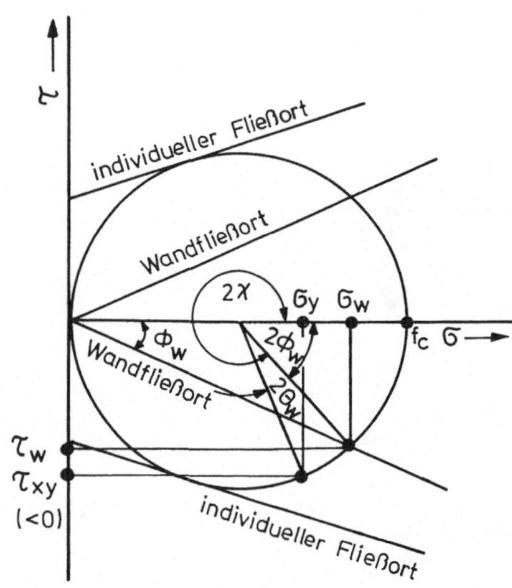

Abb. 11.5:   Mohrkreis in einem Wandpunkt der größtmöglichen
                stabilen Gutbrücke, Fall b)

Die größtmögliche stabile Gutbrücke ist zwar wiederum durch den durch
den Koordinatenursprung gehenden und den individuellen Fließort berührenden, d.h. die Druckfestigkeit f_c festlegenden Mohrkreis bestimmt, aber zusätzlich durch die Bedingung, daß zwischen dem jetzt
festgelegten Punkt σ_w, τ_w und dem Punkt σ_y, τ_{xy} der Winkel 2 θ_w liegt.
Aus Abb. 11.5 liest man daher unmittelbar

$$\tau_{xy} = \frac{f_c}{2} \sin\, [2\, (\theta_w + \Phi_w)] \qquad (11.9)$$

und die Ungleichung 2 θ_w + 2 Φ_w < $\pi/2$, d.h. die Gültigkeit von

Gleichung (11.9) ab, solange

$$\theta_W < \frac{\pi}{4} - \Phi_W \qquad\qquad\qquad (11.10)$$

gilt. Einsetzen von Gl. (11.9) in Gl. (11.1) liefert bei Berücksichtigung der Ungleichung (11.10) die halbe Spannweite der größtmöglichen stabilen Gutbrücke im Fall b):

$$y_{max} = \frac{1 + m}{2} \frac{f_c}{\rho_{sch}\, g} \sin\left[2\,(\theta_W + \Phi_W)\right] \qquad \left(\theta_W < \frac{\pi}{4} - \Phi_W\right)\ .$$

$$(11.11)$$

In seinen Arbeiten setzt Jenike (siehe z.B. [35]) die durchgängige Gültigkeit von Gl. (11.8) voraus. Wie hier abgeleitet, gilt jedoch für kleine Winkel θ_W anstelle von Gl. (11.8) die Beziehung (11.11). Für steile Konen bzw. enge Keilwinkel liefern daher Jenikes Originalarbeiten falsche Vorhersagen. Diese Eigenart gab Anlaß, die gesamte Prozedur mehr oder weniger in Frage zu stellen [41]. Von einem praktischen Standpunkt können aber in vielen Fällen die ursprünglichen Diagramme von Jenike benutzt werden, da man möglichst große Winkel θ_W bevorzugen wird, für welche in der Regel die Gleichung (11.8) gilt. Im Zweifelsfall liegen die Vorhersagen nach Jenike auf der sicheren Seite. Die hier beschriebene, und zuerst von Molerus und Schöneborn [42] publizierte Modifikation der Auslegungsdiagramme trägt daher hauptsächlich zur inneren Konsistenz der Theorie nach Jenike bei.

Im Vergleich zu dem hier beschriebenen Stand sind in den letzten Jahren Weiterentwicklungen der Theorie publiziert worden (siehe z.B. [43]. Wie der in Kapitel 12 beschriebene Vergleich mit Meßergebnissen zeigt, scheint jedoch die hier beschriebene Methode genau genug zu sein.

11.4 Fließfaktor-Diagramme

Die in den Abschnitten 9.5 und 11.3 abgeleiteten Ergebnisse lassen sich in der Gestalt von sog. Fließfaktor (engl. flow factor) - Diagrammen zusammenfassen. Diese Vorgehensweise wird durch folgende Argumente gerechtfertigt:

Beim Wiederöffnen des Austrittsquerschnittes eines Massenflußbunkers ist die kennzeichnende Belastungsvorgeschichte stationäres Fließen, da nach Schließen des Austrittsquerschnitts das dann ruhende Material in der Regel keine drastische Veränderung des Spannungszustandes erfährt. (Ausnahme: Schnelles Schließen des Auslaßquerschnittes bei vergleichsweise rasch fließendem Material, dabei unter Umständen merklich höhere Verfestigung durch Trägheitskräfte). Wie in Abschnitt 9.5 im Detail beschrieben, wird für einen gegebenen effektiven Reibungswinkel δ der verfestigende Spannungszustand in einem Punkt der Wandoberfläche durch die dimensionslose Funktion $F(\theta_w)$ beschrieben. Wie in Abb. 9.4 (S.158) beispielhaft dargestellt, hängt der Zahlenwert $F(\theta_w)$ auch vom Wandreibungswinkel Φ_w ab, d.h. es gilt $F = F(\theta_w, \Phi_w)$. Aus der in einem Diagramm nach Art der Abb. 9.4 wiedergegebenen Information läßt sich mit Hilfe der Gleichungen (8.11) bzw. (9.2) die größte verfestigende Hauptspannung an der Bunkerwand zu

$$\sigma_{1w} = \rho_{sch} \, g \, r \, F(\theta_w, \Phi_w) \, (1 + \sin \delta) \qquad (11.12)$$

berechnen, wenn man beachtet, daß im Rahmen der für die Gültigkeit des radialen Spannungsfeldes notwendigen Vereinfachung $\varphi_e \to \delta$ und $\sigma_0 = 0$ gilt. Mit $y_{max} = r \sin \theta_w$ folgt aus (11.12)

$$\sigma_{1w} = \rho_{sch} \, g \, y_{max} \, F(\theta_w, \Phi_w) \, \frac{1 + \sin \delta}{\sin \theta_w} \, . \qquad (11.13)$$

Einsetzen von (11.8) bzw. (11.11) liefert dann die kombinierte Darstellung des verfestigenden wie des aktuellen Spannungszustandes im kritischen Punkt einer stabilen Gutbrücke in Form von sog. Fließfaktoren als

$$ff \equiv \frac{\sigma_{1w}}{f_c} = \begin{cases} \dfrac{1 + m}{2} F(\theta_w, \Phi_w) \dfrac{1 + \sin \delta}{\sin \theta_w} & \left(\theta_w > \dfrac{\pi}{4} - \Phi_w\right) \\[4em] \dfrac{1 + m}{2} F(\theta_w, \Phi_w) \dfrac{1 + \sin \delta}{\sin \theta_w} \sin[2(\theta_w + \Phi_w)] & \left(\theta_w < \dfrac{\pi}{4} - \Phi_w\right) \end{cases} \qquad (11.14)$$

mit m = 0 im Fall eines keilförmigen bzw. m = 1 im Fall eines konischen Auslasses. Da entsprechend der prinzipiellen Darstellung
Abb. 9.4 für jeweils feste Werte δ ($\varphi_e \rightarrow \delta$) ein Diagramm F ($\theta_w$, Φ_w)
dargestellt werden kann, lassen sich mit Hilfe der Gleichung (11.14)
zusätzlich Linien ff = const in dasselbe Diagramm für F (θ_w, Φ_w) ein-
zeichnen. In Abb. 11.6 ist ein solches Diagramm beispielhaft für konische Auslaßteile und den effektiven Reibungswinkel δ = 40° wiedergegeben. Der Anhang enthält entsprechende Diagramme für keilförmige
bzw. konische Auslaßteile und jeweils effektive Reibungswinkel
δ = 30°, 40°, 50°, 60°, 70°.

Bei der Interpretation eines Fließfaktordiagramms nach Art des in
Abb. 11.6 beispielhaft dargestellten hat man zu beachten, daß ein
solches Diagramm sowohl Schüttguteigenschaften (im Rahmen der für das
radiale Spannungsfeld erforderlichen Vereinfachungen) als auch Geometriedaten eines Silos enthält. Für gegebene Daten von Schüttgut und
Wandmaterial, d.h. gegebene Zahlenwerte δ und Φ_w beschreiben die dann
horizontalen Linien in einem Diagramm nach Art der Abb. 11.6 nur noch

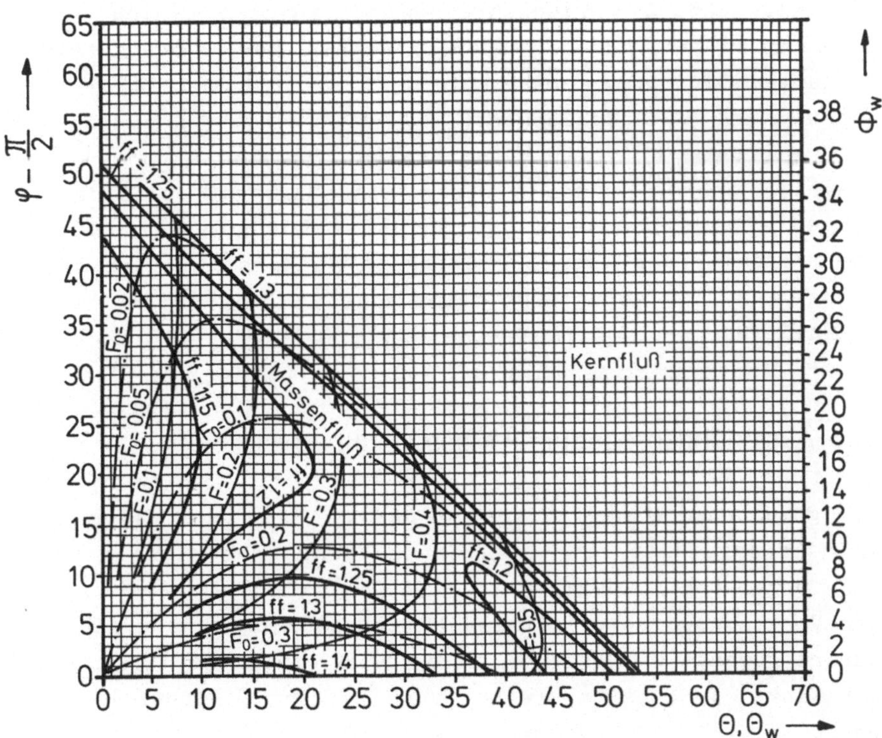

Abb. 11.6:   Fließfaktor - Diagramm für konische Auslaßteile,
             effektiver Reibungswinkel δ = 40°

den Geometrieeinfluß, d.h. den des Wandneigungswinkels θ_w. In diesem
Fall definiert der Fließfaktor ff das Verhältnis der verfestigenden
größten Hauptspannung σ_{1w} an der Bunkerwand zur für eine stabile Gutbrücke erforderlichen Druckfestigkeit f_c. Dann beschreiben aber große
Zahlenwerte ff in Abb. 11.6 eine möglicherweise unvorteilhafte Auslegung, da selbst niedrige Werte f_c zur Brückenbildung ausreichen.
Wie Abb. 11.6 beispielhaft zeigt, gilt auch für andere Fälle (keilförmige Auslaßteile, und/oder andere effektive Reibungswinkel), daß
für Φ_w = const abnehmende Werte θ_w, d.h. steilere Konuswinkel
(schlankerer Keil), wie erwartet eher niedrigere Werte ff liefern.

Nimmt man dagegen durchgängige Gültigkeit der ersten der Gleichungen
(11.14) an, d.h. ignoriert man die Grenze $\theta_w > \pi/4 - \Phi_w$, so erhält
man insbesondere für konische Auslaßteile entgegen der experimentellen Erfahrung mit abnehmendem θ_w zunehmende Zahlenwerte ff.

Der insbesondere für konische Auslaßteile wichtige Übergang von
Massenfluß zu Kernfluß läßt sich ebenfalls an Hand von Diagrammen
nach Art der Abb. 11.6 gemäß folgenden Überlegungen ablesen:
Wie in Abschnitt 9.5 beschrieben, definieren Linien F_0 = const den
Spannungszustand in der Symmetrieachse des Querschnittes. Entsprechend den Gleichungen (8.11) und (9.2) bedeuten für - wie vorausgesetzt - $\sigma_0 = 0$ Zahlenwerte $F_0 \rightarrow 0$ verschwindende, (horizontale)
Hauptspannung σ_1 in der vertikalen Symmetrieachse. Da - zumindest
innerhalb der für das radiale Spannungsfeld erforderlichen Näherungen - ein stationär fließendes Schüttgut keine Zugspannung zu
übertragen vermag, ist der Übergang zu Kernfluß dann aber durch die
Grenze $F_0 \rightarrow 0$, d.h. kleine numerische Zahlenwerte F_0, z.B. $F_0 = 0{,}02$
im Falle der Abb. 11.6, festgelegt.

11.5 Auslegungsprozedur für Massenflußbunker

Bei gemessenen Materialdaten δ und Φ_w liegt in einem Diagramm nach
Art der Abb. 11.6 eine horizontale Linie fest. (In konkreten Fällen
kann wegen der Abhängigkeit $\delta = \delta(\sigma_1)$ Iteration der hier beschriebenen Vorgehensweise erforderlich werden). Damit kann ein Wandwinkel θ_w
derart gewählt werden, daß Massenfluß eintritt. Für einen vorgegebenen Winkel θ_w liest man einen zugehörigen Zahlenwert ff ab. Entsprechend Gl. (11.14) kann man dann eine Gerade

$$f_c = \frac{\sigma_{1w}}{ff} \qquad\qquad\qquad (11.15)$$

wie in Abb. 11.7 dargestellt zeichnen.

Andererseits liefern Theorie und/oder Experiment wie in den Kapiteln
6 und 10 beschrieben als Kennfunktion eines kohäsiven Schüttgutes einen funktionalen Zusammenhang $f_c\,(\sigma_1)$.

Innerhalb des Rahmens der vereinfachenden Annahmen der Theorie ergeben sich gemäß Gl. 6.22 Geraden, welche die Ordinate oberhalb des
Nullpunktes durchsetzen. Die Auswertung von Schertests liefert i.a.
gekrümmte Kurvenverläufe, wobei die Neigung der Kurven mit zunehmenden Werten σ_1 monoton abnimmt. Wie die prinzipielle Darstellung
Abb. 11.7 zeigt, liefern daher Theorie und Experiment stets Schnitt-
punkte zwischen der durch den Koordinatenursprung gehenden Geraden,
Gl. (11.15) und den theoretischen bzw. experimentellen Materialkenn-
linien. Dieser Befund läßt sich aber wie folgt deuten:
Rechts vom Schnittpunkt liegt die erforderliche Druckfestigkeit oberhalb der im Schüttgut realisierbaren, unter diesen Bedingungen wird
sich daher keine stabile Gutbrücke ausbilden.

Links vom Schnittpunkt liegt die für eine stabile Gutbrücke erforderliche Druckfestigkeit unterhalb der im Schüttgut realisierbaren, es
werden sich stabile Gutbrücken unter diesen Bedingungen ausbilden.

Eine stabile Gutbrücken vermeidende Auslegung muß daher dafür sorgen,
daß im gesamten Silo nur solche Zustände realisiert werden, die
rechts von $\sigma_{1\ min}$ bzw. oberhalb von $f_{c\ min}$ liegen (gegebenenfalls an
dieser Stelle Iteration, d.h. neuer Wert δ wegen $\delta = \delta\,(\sigma_1)$). Aus-
flußstörungen werden also vermieden, wenn gemäß Gl. (11.15)

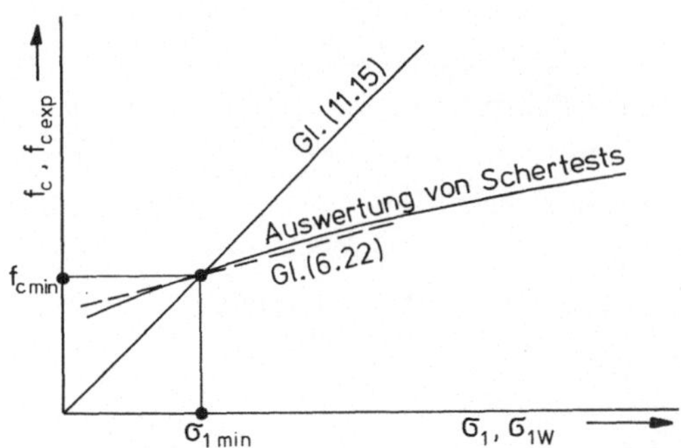

Abb. 11.7:   Vorhersage der kritischen Auslaßquerschnitte für
             Massenflußsilos

$$\frac{\sigma_{1w}}{ff} > f_{c\,min} \qquad\qquad\qquad (11.16)$$

ist. Gemäß den Gleichungen (11.8) bzw. (11.11) ergibt sich dann für die Schlitzbreite im ebenen Fall (m = 0) bzw. für den Auslaufdurchmesser im rotationssymmetrischen Fall (m = 1) die Bedingung

$$d > d_{min} = 2y_{min} = \begin{cases} (1 + m)\,\dfrac{f_{c\,min}}{\rho_{sch}\,g} & \left(\theta_w > \dfrac{\pi}{4} - \Phi_w\right) \\[4ex] (1 + m)\,\dfrac{f_{c\,min}}{\rho_{sch}\,g}\,\sin\left[2(\theta_w + \Phi_w)\right] & \\[2ex] & \left(\theta_w < \dfrac{\pi}{4} - \Phi_w\right). \end{cases} \qquad (11.17)$$

Wie man aus Abb. 11.7 unmittelbar abliest, liefert bei gegebenen Materialdaten eine steilere Gerade durch den Koordinatenursprung (Gl. (11.15)) gemäß Gl. (11.17) wegen des dann kleineren Zahlenwertes $f_{c\,min}$ einen kleineren kritischen Austrittsdurchmesser d_{min}. Dieses Verhalten ist verständlich. Bedeutet doch bei gegebenem Materialverhalten eine steilere Gerade gemäß Gl. (11.15) eine solche Konstruktion, die bei gleicher größter Hauptspannung σ_{1w} an der Bunkerwand eine höhere Druckfestigkeit f_c für die Ausbildung einer Gutbrücke erfordert (ff klein!). Ein gemessener Kurvenverlauf $f_{c\,exp}(\sigma_1)$ der Materialeigenschaften liefert dagegen einen um so kleineren kritischen Auslaufdurchmesser d_{min}, je niedriger er verläuft. Dieses bedeutet nichts anderes, als daß dann bei gegebener Verfestigungsspannung σ_1 nur niedrigere Druckfestigkeiten f_c realisierbar sind. Beide beschriebene Veränderungen öffnen daher die Schere zwischen Anforderung und Realisierbarkeit und führen getrennt oder gemeinsam zu geringeren kritischen Auslaufdurchmessern. Von den voranstehenden Überlegungen her ist dann auch unmittelbar verständlich, daß sich nach Jenike [35] Schüttgüter dadurch grob klassifizieren lassen, daß für gemessene Werte

$$ff_{exp} = \sigma_1/f_c\,(\sigma_1) \quad \text{gilt}$$

$$ff_{exp} < 2 \quad \text{sehr kohäsiv, nicht fließend}$$

$$2 < ff_{exp} < 4 \quad \text{kohäsiv}$$

$$4 < ff_{exp} < 10 \quad \text{leicht fließend}$$

$$10 < ff_{exp} \quad \text{frei fließend.}$$

Bis hierher stimmt die hier beschriebene Auslegungsprozedur mit der von Jenike [35] vorgeschlagenen überein. Bei ihrer Anwendung auf Probleme der Praxis hat man jedoch folgenden Punkt zu beachten:
Wie in Abschnitt 9.5 ausführlich diskutiert, läßt sich das Konzept der radialen Spannungs- und Geschwindigkeitsfelder nur dann durchhalten, wenn das stationäre Fließen stets als völlig kohäsionslos angesehen wird. An dieser grundsätzlichen Annahme ändern auch korrigierende Iterationsschritte, d.h. Berücksichtigung der Abhängigkeit $\delta = \delta\,(\sigma_1)$ nichts. Würde stationäres Fließen tatsächlich völlig kohäsionslos erfolgen, so müßte sich bei einmal, z.B. durch kurzzeitiges Belüften, in Gang gesetztem Materialfluß der Austrittsquerschnitt kontinuierlich solange verengen lassen, bis Ausflußblockade durch Gewölbebildung, d.h. geometrisches Verklemmen der Partikeln im Austrittsquerschnitt einsetzt. Bei den i.a. sehr kleinen Korngrößen kohäsiver Schüttgüter im Bereich von wenigen Mikrometern wären dies Austrittsquerschnitte im Bereich von weniger als 1 mm. Diese Erwartung steht aber völlig im Widerspruch zu den im nächsten Kapitel beschriebenen experimentellen Ergebnissen. Es läßt sich nämlich eindeutig nachweisen, daß ein einmal zwangsweise in Gang gesetzter Materialfluß bei Unterschreiten eines bestimmten Mindestdurchmessers nicht aufrecht erhalten werden kann. Es existieren demnach bei Massenflußbunkern mindestens zwei kritische Auslaufdurchmesser:
Ein erster größerer für Wiederanfließen nach zwischenzeitlichem Schließen des Auslaßquerschnittes und ein zweiter, kleinerer für das Aufrechterhalten eines einmal in Gang gesetzten Materialflusses. Will man dieses Verhalten realer Systeme erfassen, ohne den Boden der für radiale Spannungs- und Geschwindigkeitsfelder notwendigen Näherungen zu verlassen, so hat man (vergl. Abb. 6.1, S. 63) zu beachten, daß einem stationären Fließort gemäß Theorie und Experiment eine Druckfestigkeit $f_{c\,stat}$ zugeordnet werden kann. Einsetzen dieses Wertes an Stelle von $f_{c\,min}$ in Gl. (11.17) liefert dann einen zweiten kleineren kritischen Auslaufdurchmesser.

12 Experimentelle Überprüfung der Vorhersagen über Flußtyp und kritischen Austrittsquerschnitt bei Massenfluß

12.1 Problemstellung

Wie im voranstehenden Kapitel beschrieben besteht die derzeit übliche Methode zur Vorhersage des Flußtyps bzw. der kritischen Auslaufdurchmesser aus einer Mischung von Theorie, Experiment und unbewiesenen Annahmen.

Die Theorie selbst ließ sich nur unter vereinfachenden Annahmen sowohl über die Fließeigenschaften als auch den Spannungszustand im Material in eine Form bringen, die sich mit vernünftigem Aufwand handhaben läßt. Die Ermittlung der Materialdaten aus Scherversuchen erfolgt letzten Endes ebenfalls mit Hilfe unbewiesener Annahmen. Angesichts dieser unbestreitbaren Tatsachen und vor dem Hintergrund von in der Literatur [44, 45, 46] beschriebenen (angeblichen?) Fehldimensionierungen ergab sich die Notwendigkeit einer insbesondere von Annahmen freien Überprüfung der gesamten Prozedur. Letzten Endes landet man mit dieser Forderung bei Siloexperimenten im Schwerefeld im Maßstab 1 : 1. Müssen dann Auslaufstörungen provoziert werden, so läßt man sich wegen der vergleichsweise großen Gutmengen auf erhebliche Probleme der Handhabung ein. Es stellt sich daher die Frage, ob und in welchem Umfang Modellversuche zur Überprüfung der Auslegungsprozedur herangezogen werden können.

Die in diesem Kapitel zu der voranstehend beschriebenen Problemstellung gegebenen Antworten wurden im wesentlichen von B. Egerer [47, 48, 49] im Rahmen eines von der Arbeitsgemeinschaft der Industriellen Forschungsvereinigung (AIF) geförderten Forschungsvorhabens erarbeitet.

12.2 Modellversuche zur Bunkerung kohäsiver Schüttgüter

Die Frage, unter welchen Bedingungen Modellversuche mit kohäsiven
Schüttgütern möglich sind, läßt sich mit Hilfe der in Kapitel 2 abgeleiteten Abschätzung Gleichung (2.7) für die Preßkraft F_p zwischen
Partikeln bei deren Lagerung in einem Silo beantworten, die nachstehend als Gleichung (12.1)

$$F_p = 0,1 \; \frac{\rho_{sch} \; g \; D \; d^2}{\lambda_p \; \tan \Phi_w} \qquad\qquad (12.1)$$

angeschrieben ist.

Man wird für den Modellversuch dasselbe Schüttgut wählen, d.h. die
Materialdaten Schüttgutdichte ρ_{sch}, Partikelgröße d und Spannungsver-
hältnis λ_p sind ungeändert. Bei gleichem Wandmaterial wird auch der
Wandreibungswinkel Φ_w ungeändert sein. Gleiches Materialverhalten
wird man im Modellversuch dann erhalten, wenn die in den Partikelkontakten übertragenen Preßkräfte gleich groß sind. Gemäß Gl. (12.1)
läßt sich dies aber nur erreichen, wenn das Produkt aus Erdbeschleunigung g mal Gefäßdimension D konstant gehalten wird.

Eine Reduktion der Modellabmessung läßt sich daher bei kohäsiven
Schüttgütern nur dadurch erreichen, daß man die Erdschwere durch
ein Fliehkraftfeld ersetzt. Bei unverändertem Schüttgut und gleichem
Wandmaterial lautet die Modellregel für kohäsive Schüttgüter daher
einfach

$$Z \; D_M = D_G \; . \qquad\qquad (12.2)$$

In der Beziehung (12.2) bezeichnet Z die Schleuderziffer, d.h. das
Vielfache an Erdbeschleunigung, das die Zentrifuge erbringt, während
die Indizes M bzw. G sich auf Modell bzw. Großausführung beziehen. Da
Schleuderziffern von $Z \simeq 100$ technisch leicht realisierbar sind, ist
gemäß Gl. 12.2 im Prinzip eine Längenreduktion im Modell um den Faktor 100 erreichbar, eine Größenordnung, die i.a. bei weitem nicht
ausgenutzt zu werden braucht. Modellversuche sind insbesondere deswegen interessant, weil mit geringen Materialmengen eines evtl. neuen
Produktes direkt Auslegungsunterlagen für die Dimensionierung von
Bunkern ohne theoretische Zwischenschritte gewonnen werden können.

Der Gedanke, Bruchvorgänge in Erdböden mittels Modellversuch im

Fliehkraftfeld zu untersuchen, scheint auf Pokrovsky und Federov [50]
zurückzugehen. Dreißig Jahre später haben ihn Roscoe und Mitarbeiter [51] wieder aufgegriffen zur Untersuchung der Stabilität von Erd-
dämmen. Den Aufbau der am Erlanger Lehrstuhl für Mechanische Verfahrenstechnik entwickelten und gefertigten Bunkerzentrifuge zeigt
Abb. 12.1. In zwei symmetrisch zur Drehachse angeordneten Schleuder-
armen ist je ein Modellbunker schwenkbar angeordnet. An der Stirnsei-
te der Schleuderarme befinden sich Auffangbehälter für das ausflies-
sende Schüttgut. Die Zentrifuge wird über einen Riementrieb von einem
Motor angetrieben, dessen Drehzahl stufenlos regelbar ist.

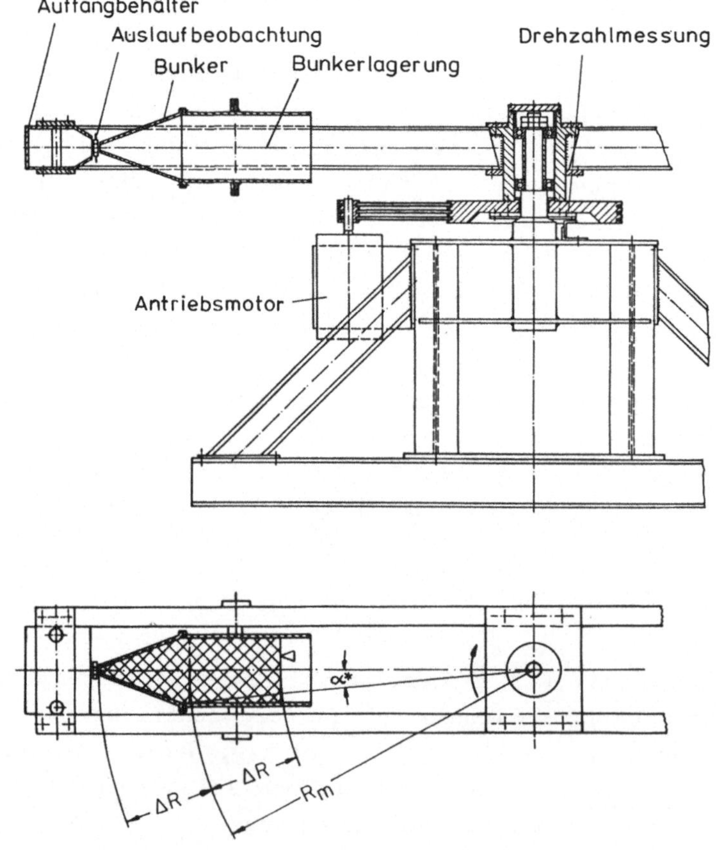

Abb. 12.1:   Bunkerzentrifuge

Die Auslauföffnungen lassen sich während der Rotation pneumatisch
öffnen und schließen. Der Ausfluß des Schüttgutes wird über eine
Lichtschranke beobachtet, deren optische Signale nach Wandlung in

elektrische Signale über Schleifringe aus dem rotierenden System herausgeführt werden.

Zu Beginn des Versuches werden die Modellbunker in der vertikalen Position gefüllt. Nach Ausrichten in die Horizontale und Schließen der Bunker wird die Zentrifuge hochgefahren. Das Zentrifugalfeld zeigt zwei charakteristische Abweichungen vom Schwerefeld. Diese Abweichungen sind in der Zeichnung Abb. 12.1 dargestellt durch den Winkel α^* des Sektors des Fliehkraftfeldes und durch die relative radiale Erstreckung $\Delta R/R_m$ des Modellbunkers. Im Falle der Erlanger Bunkerzentrifuge beträgt $\Delta R/R_m \leq 0,25$, d.h. von der Schüttgutoberfläche bis zum Auslaufquerschnitt variiert die Feldkraft, bezogen auf den Auslaufquerschnitt, um 50 %. Dies steht im Widerspruch zu der Bedingung für ähnliche Spannungsfelder, da $Z = Z(r)$ ist, während im Schwerkraftfeld eine konstante Feldkraft mit $Z_G = 1$ vorliegt.

Wie in den theoretischen Betrachtungen zum Spannungsverlauf in Kap. 9 gezeigt, ergibt sich bei stationärem Massenfluß in Auslaufnähe ein radiales Spannungsfeld, das durch die Neigung der Wände und die Reibungsverhältnisse bestimmt wird. Da für beginnendes Fließen nur die durch die Belastungsvorgeschichte in unmittelbarer Auslaufnähe bedingten Spannungsverhältnisse ausschlaggebend sind, kann die Variation der Feldkraft bei Massenfluß vernachlässigt werden.

Der für den Fliehkraftfeldsektor charakteristische Winkel α^*, der für den Modellbunker mit $D_M = 100$ mm im ungünstigsten Fall einen Wert von $\alpha^* = 5,9^\circ$ annimmt, ist für Massenfluß ebenfalls nur in Auslaufnähe zu berücksichtigen, wobei sich für einen Auslaufdurchmesser $d_M = 15$ mm ein Wert von $\alpha^* = 0,45^\circ$, d.h. eine vernachlässigbar kleine Abweichung vom gleichgerichteten Kraftfeld ergibt.

Da für die Auslegung der beginnende Materialfluß aus dem Bunker ausschlaggebend ist und dieser sich durch verschwindende Relativgeschwindigkeit auszeichnet, kann auch keine Corioliskraft wirksam werden.

Durch die besonderen Spannungsbedingungen bei Massenfluß und das Auslegungskriterium des beginnenden Materialflusses wird der Einfluß der Nachteile, die man sich durch Anwendung eines Zentrifugalfeldes einhandelt, vernachlässigbar klein.

12.3 Überprüfung der Vorhersage des Flußtyps

Bei den Versuchen zur Überprüfung der Vorhersage des Flußtyps wurde
ein Schwerspatpulver mit einer Partikelgröße $d \leq 15$ µm benutzt. Die
charakteristischen Daten dieses Schüttgutes wurden mit einem Jenike -
Schergerät gemessen. Die Definitionen und Messungen der verschiedenen
Größen entsprechen den Darlegungen in Kapitel 10.

Die Meßergebnisse sind in Abb. 12.2 dargestellt.

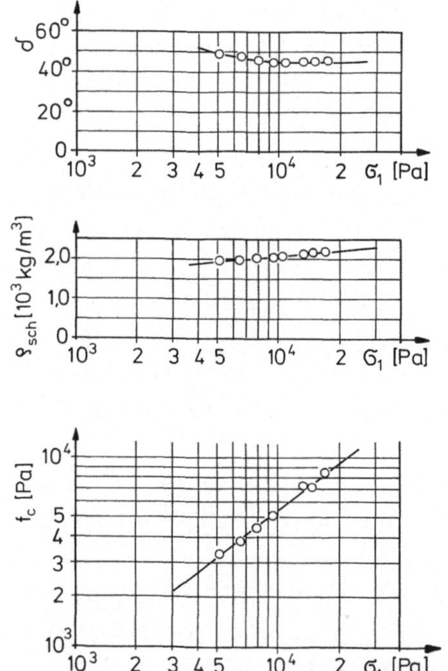

Abb. 12.2:   Charakteristische Daten des untersuchten Schwer-
              spatpulvers

Dargestellt sind der effektive Reibungswinkel δ nach Jenike, die
Schüttdichte ρ_{sch} und die Druckfestigkeit f_c jeweils als Funktionen
der verfestigenden Spannung σ_1. Für die später mitgeteilten Versuchsergebnisse ist insbesondere anzumerken, daß der effektive Reibungswinkel im Bereich $40° < δ < 50°$ liegt. Wie in Kapitel 9 dargelegt,
unterscheidet man beim Ausfluß aus Bunkern zwei Flußtypen, nämlich
Massenfluß, bei dem der gesamte Bunkerinhalt in Bewegung ist und der
Schüttgutspiegel im wesentlichen horizontal bleibt, und

Kernfluß, bei dem nur das Gut in Achsnähe in Bewegung gerät und der Gutnachschub von oben erfolgt. Insbesondere kann sich bei Kernfluß als Betriebsstörung ein trichterähnlicher gutfreier Kanal in der Bunkerachse ausbilden.

Nach den bisher vorliegenden experimentellen Erkenntnissen sagen die in Kapitel 11 abgeleiteten Diagramme die Grenze zwischen Massenfluß und Kernfluß richtig voraus. Diese Aussage wird durch Versuche mit der Bunkerzentrifuge voll bestätigt.

In Abb. 12.3 ist ein typisches Versuchsergebnis dargestellt.

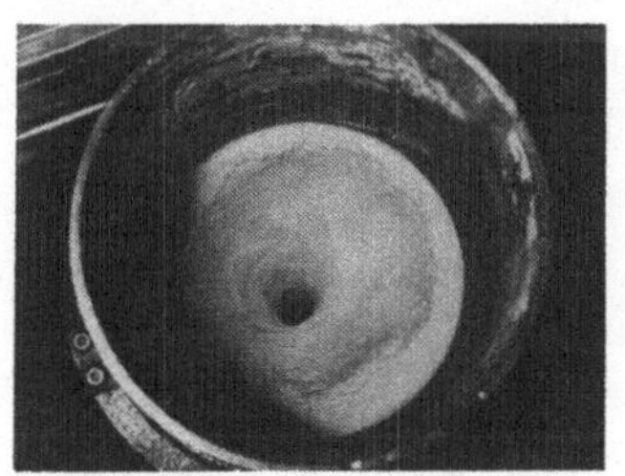

Kernfluß (Stahlkonus)

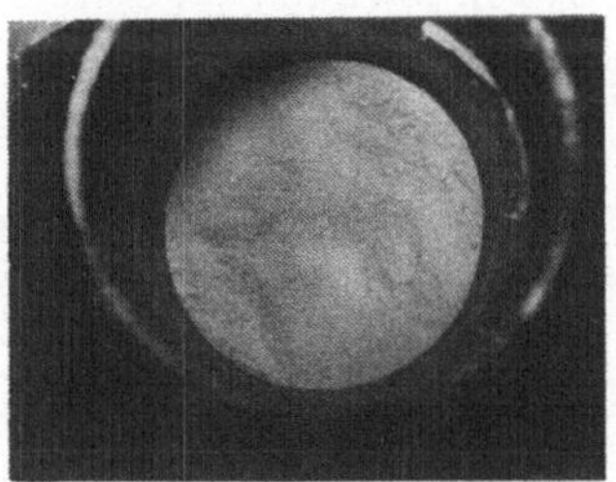

Massenfluß
(Teflonbeschichteter Konus)

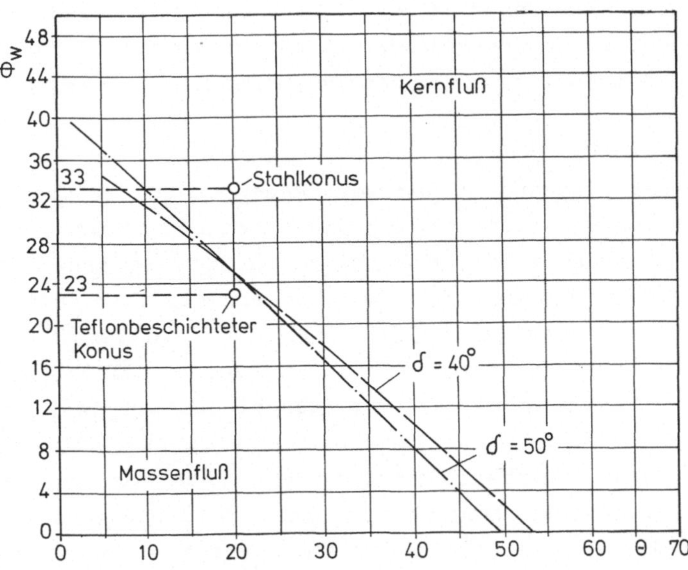

Abb. 12.3:   Versuchsergebnisse zur Unterscheidung der Flußtypen

Für das untersuchte Schwerspatpulver wurden Wandreibungswinkel Schwerspat gegen Stahl Φ_W = 33° beziehungsweise Schwerspat gegen Teflon Φ_W = 23° gemessen. Auf der linken Bildhälfte ist ein Auslegungsdiagramm nach Jenike dargestellt. Über dem halben Konusöffnungswinkel θ ist der Wandreibungswinkel Φ_W aufgetragen. Die Grenzlinien zwischen Massenfluß und Kernfluß gelten für die effektiven Reibungswinkel δ = 40° beziehungsweise 50°, zwischen denen die Meßwerte des Schwerspatpulvers liegen. Für einen Bunker mit einem halben Konusöffnungswinkel θ = 20° soll sich für den Wandreibungswinkel Φ_W = 33°, daß heißt die Stoffpaarung Schwerspat/Stahl Kernfluß, für einen Wandreibungswinkel Φ_W = 23°, das heißt die Stoffpaarung Schwerspat/Teflon dagegen gerade noch Massenfluß einstellen.

Die Fotografien auf der rechten Seite von Abb. 12.3 zeigen die Realisierung der entsprechenden Bedingungen in der Bunkerzentrifuge. Bei einem 20° - Stahl - Konus stellt sich entsprechend der Vorhersage Kernfluß, beim teflonbeschichteten Konus dagegen Massenfluß ein. Beide Fotografien wurden gewonnen, nachdem die Zentrifugenbunker teilweise entleert und danach die Fliehkraft durch Herunterfahren der Drehzahl weggenommen war.

12.4 Experimentelle Ermittlung von kritischen Austrittsquerschnitten

Zur Überprüfung der Vorhersage des kritischen Austrittsquerschnitts wurden Versuche in der Bunkerzentrifuge durchgeführt, deren Durchführung und Ergebnisse hier zunächst ohne irgendeine Wertung mitgeteilt werden.

In Vorversuchen wird zuerst über die Änderung der mittleren Dichte in Abhängigkeit von der Verfestigungsdauer bei der niedrigsten gewählten Drehzahl die Zeit bestimmt, die notwendig ist, um den Endzustand der Verdichtung einzustellen. Mit der Bunkerzentrifuge sind zwei verschiedene Fahrweisen möglich. Bei der ersten Variante (im folgenden Variante a genannt) wird zur Ermittlung der Fließschleuderziffer Z_f in Abhängigkeit von der Verfestigungsschleuderziffer Z_c die Bunkerzentrifuge jeweils mit geringer konstanter Winkelbeschleunigung auf die entsprechende Drehzahl gebracht und über die vorher bestimmte Zeitspanne verfestigt. Dadurch wird eine Feldbeschleunigung wirksam, die auf den Abstand des Auslaufdurchmessers von der Drehachse bezogen, $Z_c \cdot g$ beträgt. Danach wird die Bunkerzentrifuge abgebremst, der

Auslauf des Modellbunkers geöffnet und die Fliehbeschleunigung so weit gesteigert, bis Fließen einsetzt. Man erhält so aus der dabei registrierten Drehzahl eine Fließschleuderziffer Z_f, die der Verfestigungsschleuderziffer Z_c zugeordnet wird. Wiederholt man dieses Experiment unter Variation der Feldbeschleunigung bei der Verfestigung $Z_c \cdot g$, so erhält man die Abhängigkeit der Feldbeschleunigung bei beginnendem Fließen $Z_f \cdot g$ von der Verfestigung, d.h. $Z_f = Z_f (Z_c)$. Diese Fahrweise simuliert Fließen des Materials aus dem Einfüllzustand.

Die zweite Variante (im folgenden Variante b genannt) unterscheidet sich von der erstgenannten dadurch, daß bei geschlossenem Auslauf auf eine vorgewählte Drehzahl hochgefahren wird, danach im rotierenden System der Auslaufquerschnitt geöffnet wird und die Drehzahl so lange gesteigert wird, bis gerade Materialfluß beginnt. Dieser letzten Drehzahl ist dann eine Schleuderziffer Z_c im Zustand des beginnenden Fließens zugeordnet. Weiterer Materialfluß wird bei geöffnetem Auslaufquerschnitt durch Herunterfahren der Drehzahl unterbunden. Danach wird bei geöffnetem Auslaufquerschnitt wieder hochgefahren, bis erneut Materialfluß einsetzt. Die diesem beginnenden Materialfluß zugeordnete Drehzahl legt dann eine Schleuderziffer Z_f fest, wobei der Verfestigungszustand durch vorangegangenes Fließen gekennzeichnet ist, d.h. es wird wiederum ein Zusammenhang $Z_f = Z_f (Z_c)$ gemessen. Im folgenden werden die Ergebnisse dieser Experimente am Beispiel von Kalksteinmehl dargestellt. Die Versuche mit der Bunkerzentrifuge wurden an einem rotationssymmetrischen Modellbunker mit folgenden Geometriedaten durchgeführt:

Durchmesser des zylindrischen Teils: $\quad D_M = 100$ mm
Höhe des zylindrischen Teils: $\quad\quad\quad H_M = 220$ mm
Halber Konusöffnungswinkel: $\quad\quad\quad \theta \;\; = 10^{\circ}$
Auslaufdurchmesser: $\quad\quad\quad\quad\quad\quad\quad d_M = 8$ mm, 10 mm.

Die Abmessungen und der Wandreibungswinkel ($\Phi_W = 25^{\circ}$) des Versuchsgutes waren dabei so gewählt worden, daß Massenfluß zu erwarten war. In Abb. 12.4 sind für das Kalksteinmehl mit einer mittleren Korngröße $d = 24$ µm die Ergebnisse der Modellversuche für die zwei verschiedenen Auslaufdurchmesser $d_M = 8$ und 10 mm dargestellt.

Bei dem gewählten halben Konuswinkel $\theta = 10^{\circ}$ und bei den beiden Auslaufdurchmessern war stets Massenfluß zu beobachten.

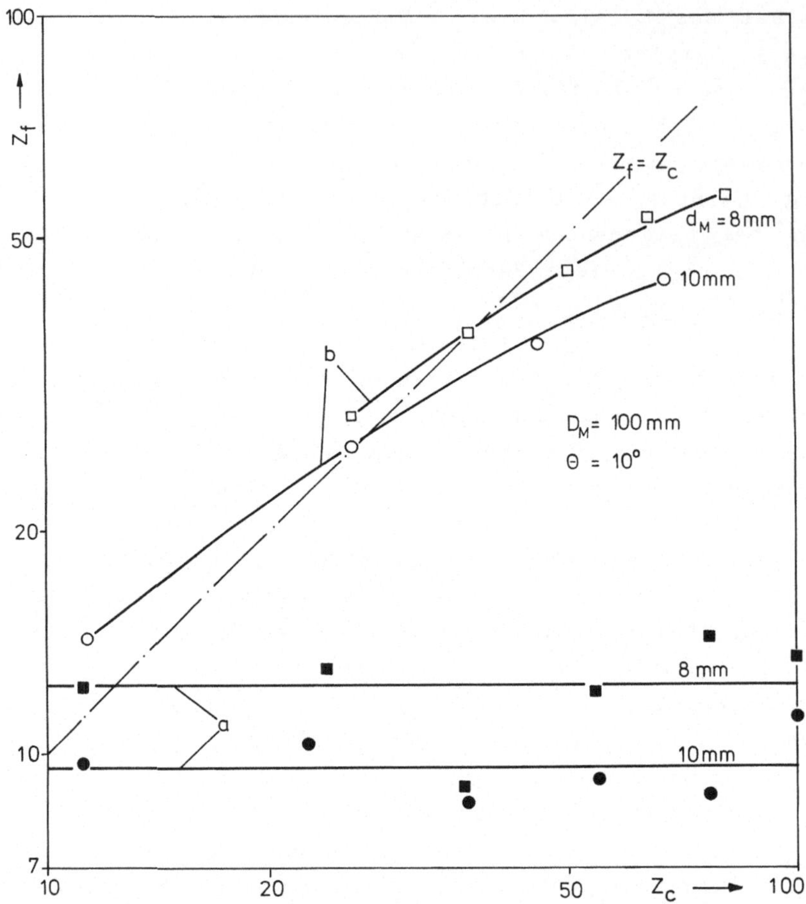

Abb. 12.4:   Ergebnisse der Modellversuche für Kalksteinmehl
              (Massenfluß)

Die beiden Kurvenverläufe (a) für den Einfüllzustand geben die Zunahme der Fließschleuderziffer Z_f mit der Verfestigungsschleuderziffer
Z_c wieder. Die Spannungsfelder für Füllen und Entleeren von Modell-
und Großbunker weichen nur dann nicht voneinander ab, wenn die bei
Verfestigung und Fließbeginn auftretenden Schleuderziffern übereinstimmen, d.h. wenn

$$Z_f = Z_c$$

gilt.

Damit erhält man aus den Schnittpunkten der beiden Kurven (a) mit der
Diagonalen $Z_f = Z_c$ entsprechend der einfachen Beziehung (12.2) die

Auslaufdurchmesser für die Großausführung im Schwerefeld zu (vergl. Tab. 12.1):

$$d_G = Z_f \cdot d_M .$$

d_M	$Z_f = Z_c$	d_G
[cm]	[-]	[cm]
0,8	37	29
1,0	27	28

Tabelle 12.1:   Ergebnisse für Fließen aus dem Einfüllzustand

Die in Abb. 12.4 dargestellten Geraden (b) geben den Mittelwert der Versuchsergebnisse für Fließen bei der Variante (b) die nach vorangegangenem Materialabzug eingestellt worden war, an.

Die Ergebnisse dieser Messungen und die Bestimmung der Auslaufdurchmesser für das Schwerefeld gemäß Gl. (12.2) sind in Tab. 12.2 zusammengefaßt:

d_M	$\bar{Z}_f$	d_G	$Z_{f\,max}$	$d_{G\,max}$
[cm]	[-]	[cm]	[-]	[cm]
0,78	12,4	9,7	15,8	12,4
1,03	9,6	9,9	12,8	13,2

Tabelle 12.2:   Fließen nach Gutabzug (aus Geraden b)

Nach diesen Ergebnissen erhält man also zwei kritische Auslaufdurchmesser d_G für einen Massenflußbunker im Schwerefeld:

   a) Für Fließen aus dem Einfüllzustand liegt der Wert von d_G zwischen 28 und 29 cm.

   b) Der Auslaufdurchmesser d_G für Fließen, nachdem Gutabzug erfolgt war, liegt im Mittel bei 10 cm und maximal bei 13 cm.

Mit diesen Ergebnissen sind aber drei Fragen aufgeworfen:

1. Sind die beiden kritischen Auslaufdurchmesser nur eine Konsequenz der für die Bunkerzentrifuge gewählten Versuchsbedingungen oder lassen sie sich auch im Schwerefeld messen?
2. Lassen sich die Versuchsergebnisse aus den Materialeigenschaften erklären?
3. Lassen sich auch durch Auswertung von Schertests und mit Hilfe der Auslegungsdiagramme diese beiden Durchmesser richtig vorhersagen?

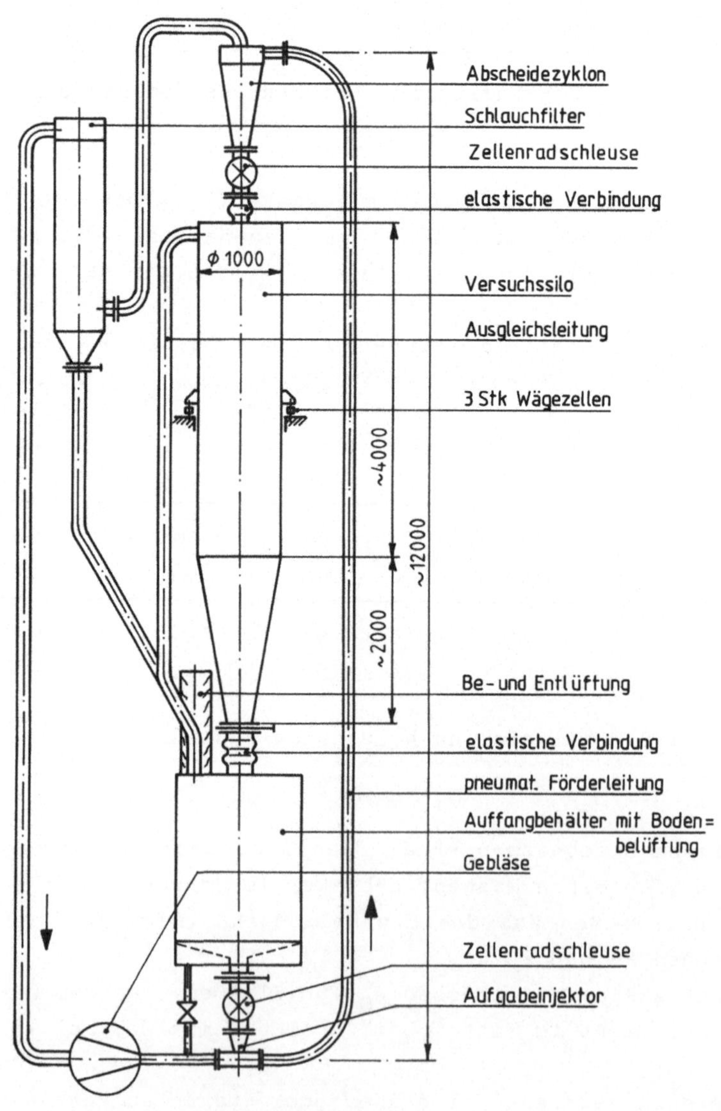

Abb. 12.5:   Schema der Versuchssiloanlage, Maße in mm

Zur Beantwortung von Frage 1 wurden Versuche an einem zu dem in der Zentrifuge benutzten Modellbunker geometrisch ähnlichen Bunker mit dem gleichen Versuchsgut im Schwerefeld gefahren. Eine schematische Darstellung der Versuchsanlage ist in Abb. 12.5 wiedergegeben.

Eine detaillierte Beschreibung von Versuchsanlage und Versuchsdurchführung kann in [47] nachgelesen werden.

Der eigentliche, rotationssymmetrische Versuchssilo hat folgende charakteristische Abmessungen:
Durchmesser des zylindrischen Teils: $D_G = 1$ m
Höhe des zylindrischen Teils: $H_G = 4$ m
Halber Konusöffnungswinkel: $\theta = 10^{\circ}$.

Im Zusammenhang mit den hier beschriebenen Versuchsergebnissen ist vor allem die in der Prinzipskizze Abb. 12.5 nicht dargestellte, spezielle Ausbildung des unteren Konusteiles durch eine Vielzahl von beidseitig zur Bunkerachse angeordneten dünnen Platten von Bedeutung. Diese Platten können jeweils paarweise mit Hilfe von Hydraulikzylindern auf die Bunkerachse zu- oder von ihr wegbewegt werden. Bei einer Stufung der Auslaufdurchmesser von jeweils 1 cm konnte somit während des Gutauslaufes der Austrittsquerschnitt quasi kontinuierlich in einem Durchmesserbereich zwischen 9 cm und 40 cm vergrößert bzw. verkleinert werden.

Die Ergebnisse der umfangreichen Untersuchungen lassen sich wie folgt zusammenfassen:

   a) Fließen aus dem Einfüllzustand:
      Das Kalksteinmehl wird über die pneumatische Förderleitung in den Versuchssilo mit verschiedenen Auslaufdurchmessern eingefüllt und vollständig entlüftet.
      Dieses Experiment entspricht der Vorgehensweise in der Bunkerzentrifuge für die Variante a bei der das Material bei geschlossenem Auslauf locker eingefüllt und im Fliehkraftfeld entlüftet und verfestigt wird.
      Die Versuche im Schwerefeld ergaben, daß das Material bei einem Auslaufdurchmesser $d_G = 30$ cm nach Öffnen des Auslaufes stets störungsfrei an- und ausfließt. Wird der Auslaufquerschnitt verkleinert, so ist bereits für $d_G = 28$ cm und nach vollständiger Entlüftung ein Anfließen nicht mehr möglich. Damit wird die Vorhersage aus den Modellversuchen in Tab. 12.1 bestätigt.

b) Fließen nach Gutabzug

Wird das Material im Versuchssilo bei Auslaufdurchmessern $d_G \leq 25$ cm durch Einwirkung von außen zum Fließen gebracht, so ist Gutabzug bis zu einem Auslaufdurchmesser von 13 cm störungsfrei im Massenfluß möglich. Bei einer weiteren Reduzierung des Auslaufdurchmessers auf 12 cm kam der Materialausfluß zum Erliegen.

Diese Versuchsart entspricht der Variante b bei der Bunkerzentrifuge.

Der Vergleich mit den aus den Experimenten mit der Bunkerzentrifuge gewonnenen Vorhersagen zeigt eindeutig, daß für beide Varianten die Bunkerzentrifuge sehr genaue Vorhersagen der kritischen Austrittsquerschnitte liefert. Mit der Siloanlage im Schwerefeld wurde eine dritte Variante der Versuche gefahren:

c) Wiederanfließen nach Unterbrechung des stationären Massenflusses

Der Gutstrom wird durch Schließen des Absperrorganes unterbrochen. Nach Wiederöffnen wird geprüft, ob erneut störungsfreier Gutabzug möglich ist. Dabei erfolgt das Wiederanfließen eines Materials das durch die Belastungsvorgeschichte "stationäres Fließen" verfestigt wurde. Dies ist genau der Vorgang, für den die Auslegung nach der Jenike - Methode konzipiert ist. Wurde der Gutstrom bei einem Auslaufdurchmesser $d_G = 30$ cm durch Schließen des Absperrorganes unterbrochen, so trat bei Öffnen des Auslaufes sofort wieder Materialfluß ein.

Im Gegensatz dazu floß bei einem Austrittsquerschnitt mit $d_G = 25$ cm nach Unterbrechung des Gutstromes das Material nicht mehr von selbst an.

Dieses Ergebnis bedeutet aber, daß für die Varianten a) und c) übereinstimmende kritische Austrittsquerschnitte gemessen wurden.

Im Vergleich zu den in der Literatur [13] beschriebenen Überlegungen zur Spannungsverteilung im Schüttgut beim erstmaligen Füllen bzw. nach teilweisem Entleeren ist dieses Ergebnis überraschend. Die genannten Überlegungen lassen sich wie folgt zusammenfassen:
Zwei Grenzfälle sind für das Spannungsfeld im Gut von Interesse

das statisch oder auch aktiv genannte
bzw.
das dynamisch oder auch passiv genannte Spannungsfeld.

Beim Füllen des Bunkers stützt sich das eingefüllte Schüttgut auf die darunterliegenden Schüttschichten mehr oder weniger ab. Die größte Hauptspannungstrajektorie zeichnet sich durch einen überwiegend vertikalen Verlauf aus. Damit verbunden ist ein Druck auf die Bunkerwand, der in Richtung der Schwere zunimmt, und eine zunehmende Verdichtung des Schüttgutes in vertikaler Richtung. Diesen Spannungszustand des Materials bezeichnet man als statisch (Abb. 12.6 a).

Liegt stationärer Massenfluß in einem Bunker vor, dann wird das Gut in Richtung des Materialflusses, das heißt in vertikaler Richtung, entlastet und in konvergenten Kanälen, wie sie bei Bunkern vorliegen,

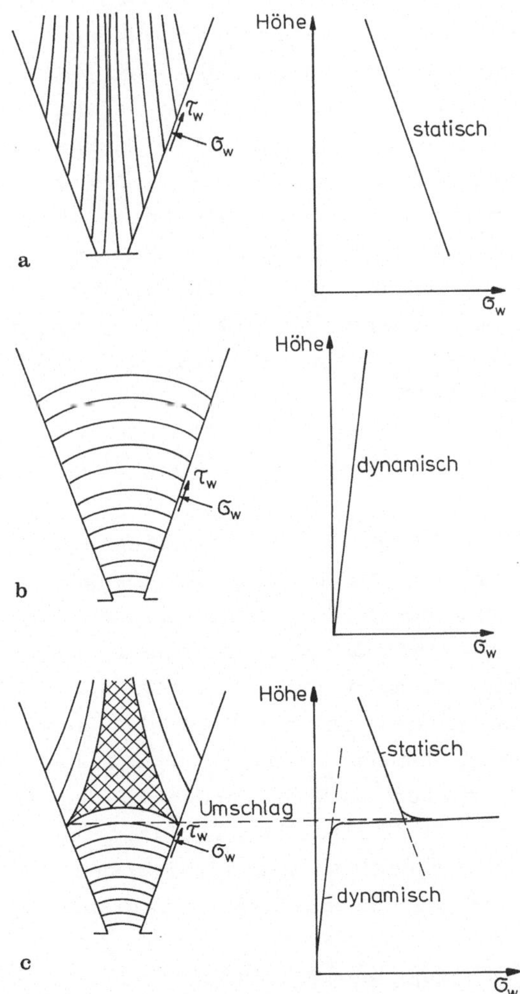

Abb. 12.6:   a bis c: Wanddruck als Funktion der Höhe für ein statisches und ein dynamisches Spannungsfeld

horizontal komprimiert. Die Hauptspannungstrajektorien nehmen nun einen überwiegend horizontalen Verlauf an. Typisch für das dynamische Spannungsfeld ist eine Tendenzumkehr des Wanddruckes als Funktion der Höhe (Abb. 12.6 b).

Beim Öffnen des Bunkerverschlusses findet eine Entlastung des Schüttgutes in vertikaler Richtung nahe dem Auslaß statt. Die Hauptspannungstrajektorien schlagen in den·für das dynamische Spannungsfeld typischen Verlauf um. Während sich in einem konvergenten Kanal das dynamische Spannungsfeld durch einen geringeren Wanddruck als das statische auszeichnet, ist an der Umschlagstelle der beiden Spannungsfelder ein starker Druckanstieg zu verzeichnen. Die kernnahe Zone über dem sich schon im dynamischen Spannungszustand befindlichen Schüttgut befindet sich in einem Übergangszustand und stützt sich überwiegend auf das darunter befindliche Gut ab. Wegen des flacheren Verlaufs der Hauptspannungstrajektorie ist an der Umschlagstelle eine Spannungsspitze zu verzeichnen, die ein Vielfaches des Wanddruckes beim Füllen des Bunkers betragen kann (Abb. 12.6 c). Läuft die Umschlagstelle durch den gesamten Bunker hindurch, dann liegt im Bunker nach einer gewissen Zeit vollständiger Massenfluß vor. Die Umschlagstelle kann aber auch örtlich im Bunker fixiert sein, bevorzugt zum Beispiel an der Übergangsstelle vom konischen zum zylindrischen Teil des Bunkers. Das Spannungsfeld oberhalb der Umschlagstelle im zylindrischen Teil ist in diesem Fall unbestimmt. Das Gut kann sowohl ohne innere Verformung als Pfropfen nachrutschen, aber es können auch Fließvorgänge innerhalb des Schüttgutes vorliegen.

Die Wanddrucke im zylindrischen Bunkerteil liegen zwischen den Werten des statischen und des dynamischen Spannungsfeldes. Auch wenn die Umschlagstelle nicht durch den zylindrischen Bunkerteil läuft, wird man von einem Massenflußbunker sprechen müssen. Aus diesen Überlegungen folgt aber zwingend, daß im Zustand der Erstfüllung der verfestigende Spannungszustand in der Nähe des Auslaufs wesentlich höher sein müßte als in dem Fall, daß das Gut bereits vorher geflossen war. Dann müßten aber im Widerspruch zu den hier beschriebenen Befunden im Zustand der Erstfüllung (Variante a) merklich größere kritische Austrittsquerschnitte gemessen werden als im Falle des Wiederöffnens nach vorangegangenem Fließen (Variante c).

Einer derartigen Einschätzung der Situation entsprechen die bekannten Praktikertricks, nämlich bei der Erstfüllung eines Silos den Auslauf nicht völlig zu schließen, um einen gewissen Materialfluß von Beginn

an einzustellen und danach, wenn möglich, den Silo nicht vollständig
zu entleeren.

Der Widerspruch der Meßergebnisse zu den voranstehend beschriebenen
Überlegungen läßt sich dadurch aufheben, daß beachtet wird, daß ein
merklich kohäsives Schüttgut in aller Regel kompressibel ist, d.h.,
daß es unter Belastung eine Zunahme der Schüttdichte zeigt (vergl.
hierzu z.B. die Meßergebnisse Abb. 12.2).

Bei der Erstfüllung befindet sich das zuerst eingefüllte Gut in Bo-
dennähe in einer lockeren Packung, die mit zunehmender Auflast unter
Volumenverminderung mehr und mehr verfestigt, aber gleichzeitig in
Richtung auf den Austrittsquerschnitt verschoben wird. Zumindest in
der Nähe des Auslaßquerschnittes wird dann aber der Zustand des stationären Fließens mehr oder weniger erreicht. Im Falle der Bunkerzentrifuge ist diese Vermutung recht plausibel. Wird doch das gesamte
Schüttgut unter einer niedrigeren Feldkraft eingefüllt und danach
erst der gesamte Siloinhalt durch Hochfahren der Zentrifuge verfestigt. Diese Vermutung läßt sich für die Bunkerzentrifuge vergleichsweise einfach überprüfen. Mit zunehmender Verfestigungslast
nimmt die Schüttdichte eines kohäsiven Schüttgutes zu. Wächst also
die Schüttdichte in Richtung auf den Auslaßquerschnitt, so liegt ein
statisches Spannungsfeld vor, nimmt sie dagegen ab, so liegt ein dynamisches Spannungsfeld vor. Es wurde daher in der Bunkerzentrifuge
ein mehrfach unterteilter Konus eingesetzt, der samt Schüttgut nach
dem Verfestigen im Zentrifugalfeld in mehrere Sektionen zerlegt wurde, wobei dann die mittleren Schüttdichten für die einzelnen Sektionen bestimmt wurden. In Abb. 12.7 sind in der linken Bildhälfte dieser unterteilbare Konus und der rechten Bildhälfte damit gemessene
Dichteverläufe für verschiedene Drehzahlen, d.h. Verfestigungen
dargestellt.

Für alle Drehzahlniveaus ergaben sich in Richtung Konusspitze abnehmende Schüttdichten, d.h. dynamische Spannungsfelder. Aus der
Übereinstimmung des mit der Bunkerzentrifuge ermittelten kritischen
Austrittsquerschnitts mit dem im Schwerefeld beobachteten muß dann
aber geschlossen werden, daß zumindest in Auslaßnähe bei dem Massenflußbunker im Schwerefeld bei der Neufüllung (Variante a) ebenfalls
ein dynamisches Spannungsfeld erzeugt wurde. Damit ist aber die Übereinstimmung der im Schwerefeld ermittelten kritischen Austrittsquerschnitte für die Varianten a und c gleichfalls plausibel.

Sowohl aus den Versuchen mit der Bunkerzentrifuge wie aus denen im Schwerefeld lassen sich dann aber für Massenflußbunker folgende Schlüsse ziehen:

1. Für Schüttgüter, die kohäsiv sind und gleichzeitig zunehmende Schüttdichte bei zunehmender Verfestigung aufweisen, ergeben sich für das Anfließen aus dem Zustand der Neufüllung wie auch für Wiederanfließen nach vorangegangener teilweiser Entleerung übereinstimmende kritische Mindestaustrittsquerschnitte.

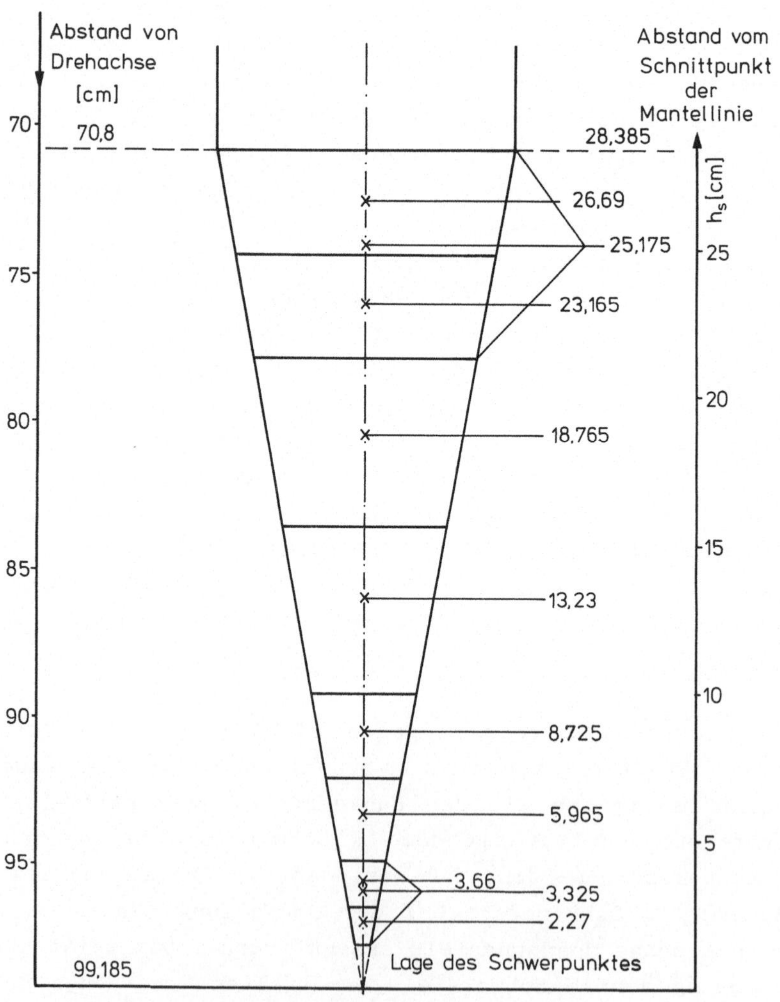

Abb. 12.7:   linke Bildhälfte: Zerlegbarer Modellkonus

2. Wird der Ausfluß zunächst zwangsweise in Gang gesetzt, z.B. durch Rütteln oder kurzzeitiges Belüften, so gibt es einen zweiten, kleineren kritischen Austrittsquerschnitt, bei dessen Unterschreiten ein einmal in Gang gesetzter Ausfluß zum Erliegen kommt.

Dieser kleinere kritische Auslaßquerschnitt mag in Einzelfällen in der Praxis eine gewisse Bedeutung besitzen. Sicher hat er eine Bedeutung für die Überprüfung theoretischer Vorhersagen über Mindestaustrittsquerschnitte. So hat z.B. der Verfasser in früheren Arbeiten

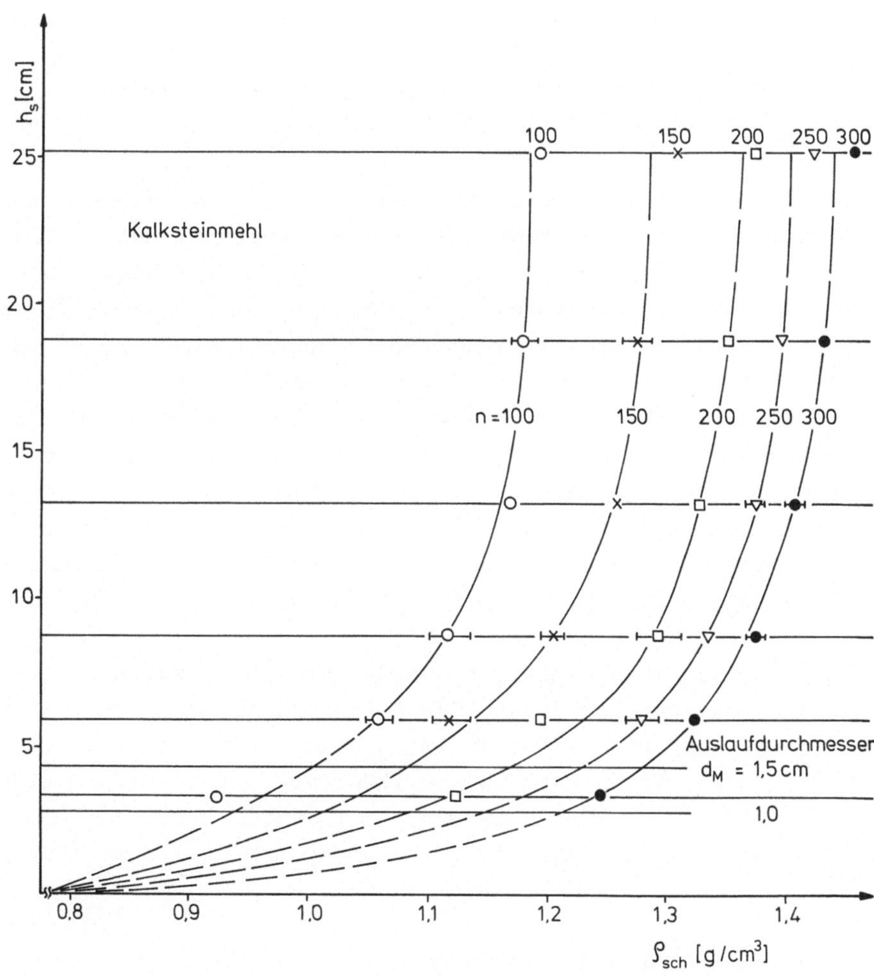

rechte Bildhälfte: Dichteverlauf für Kalksteinmehl im Modellkonus der Bunkerzentrifuge, Verfestigungsdrehzahl n als Parameter

[52, 53] bei der Auswertung von Versuchen mit der Bunkerzentrifuge diesen zweiten, kleineren Austrittsquerschnitt als den für Wiederanfließen maßgeblichen angesehen. Diese Fehldeutung mag auch bei anderen Untersuchungen der Fall gewesen sein.

Wird z.B. ein feinkörniges Schüttgut pneumatisch in ein Silo gefördert, so dauert der Entgasungsprozeß des Gutes mehrere Stunden. Die voranstehend beschriebenen experimentellen Ergebnisse im Schwerefeld ließen sich zuverlässig erst nach Mindestlagerungsdauern von ca. 4 Stunden herausmessen. Bei kürzeren Lagerungsdauern begann das mehr oder weniger fluidisierte Gut störungsfrei auch bei kleineren als dem hier genannten kritischen Austrittsquerschnitt von ca. 30 cm auszufließen.

12.5 Vorhersage der kritischen Austrittsquerschnitte mittels Schertests und Auslegungsdiagrammen

Durch Messung der Fließeigenschaften des Versuchsgutes mit einem Translationsschergerät nach Jenike entsprechend den in Kapitel 10 beschriebenen Prozeduren (vergl. Abb. 12.8) und Auswertung mit Hilfe von Fließfaktordiagrammen ($\delta \simeq 50^{\circ}$, $\theta_W = 10^{\circ}$, $\Phi_W = 25^{\circ}$) entsprechend der in Kapitel 11 beschriebenen Vorgehensweise ergibt sich für die geometrischen Daten und Wandreibungsverhältnisse Schüttgut/Bunkerwand des Versuchssilos ($\theta_W < \pi/4 - \Phi_W$) ein kritischer Durchmesser des Austrittsquerschnitts von $d_{krit} = 30$ cm für Wiederanfließen aus dem Zustand der Ruhe gemäß der zweiten der Gleichungen (11.17). Benutzt man die von Jenike [35] publizierten Fließfaktordiagramme und dessen ursprüngliche Auslegungsprozedur, so erhält man einen kritischen Durchmesser $d_{krit} = 32$ cm.

Im Vergleich zu den mit der Bunkerzentrifuge bzw. der Versuchssiloanlage gewonnenen kritischen Daten (d = 29 cm bzw. 28 cm) liefert also die Auslegung mit Hilfe der im Anhang bereitgestellten Diagramme eine recht genaue Vorhersage. Wegen ihrer auf der sicheren Seite liegenden Annahmen liefern die Diagramme nach Jenike nur eine leichte Überdimensionierung, die aber für die Zwecke der Praxis absolut unerheblich ist.

Da die Prozedur zur Vorhersage des kritischen Durchmessers für ein Erliegen eines zuvor zwangsweise in Gang gesetzten Materialflusses im Voranstehenden nicht im Detail beschrieben wurde, soll an dieser

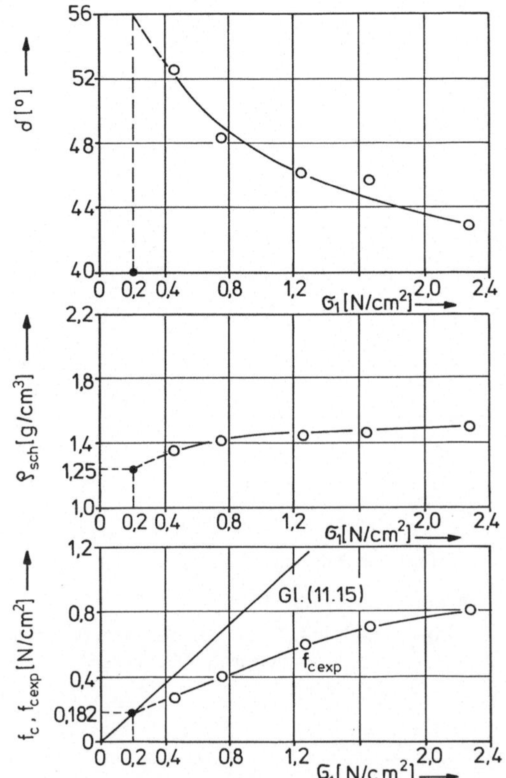

Abb. 12.8:   Materialdaten des untersuchten Kalksteinmehls
              (Auswertung von Schertests)

Stelle genauer darauf eingegangen werden. In Abb. 12.9 sind im oberen
Teil die aus Scherversuchen mit Kalksteinmehl bestimmten Mohrkreise
für stationäres Fließen aufgezeigt.

Der stationäre Fließort als Einhüllende an diese Mohrkreise läßt sich
sehr gut durch eine Gerade approximieren. Im unteren Teil der Abbil-
dung sind die nach Jenike bestimmten effektiven Reibungswinkel in Abhängigkeit von der größten Hauptspannung σ_1 aufgetragen und mit dem
aus der Geradengleichung für den stationären Fließort berechneten
Verlauf $\delta = \delta\,(\sigma_1)$ verglichen.

In Abb. 12.10 ist die gemessene Dichteabhängigkeit des Versuchsgutes
von der verfestigenden Normalspannung dargestellt.

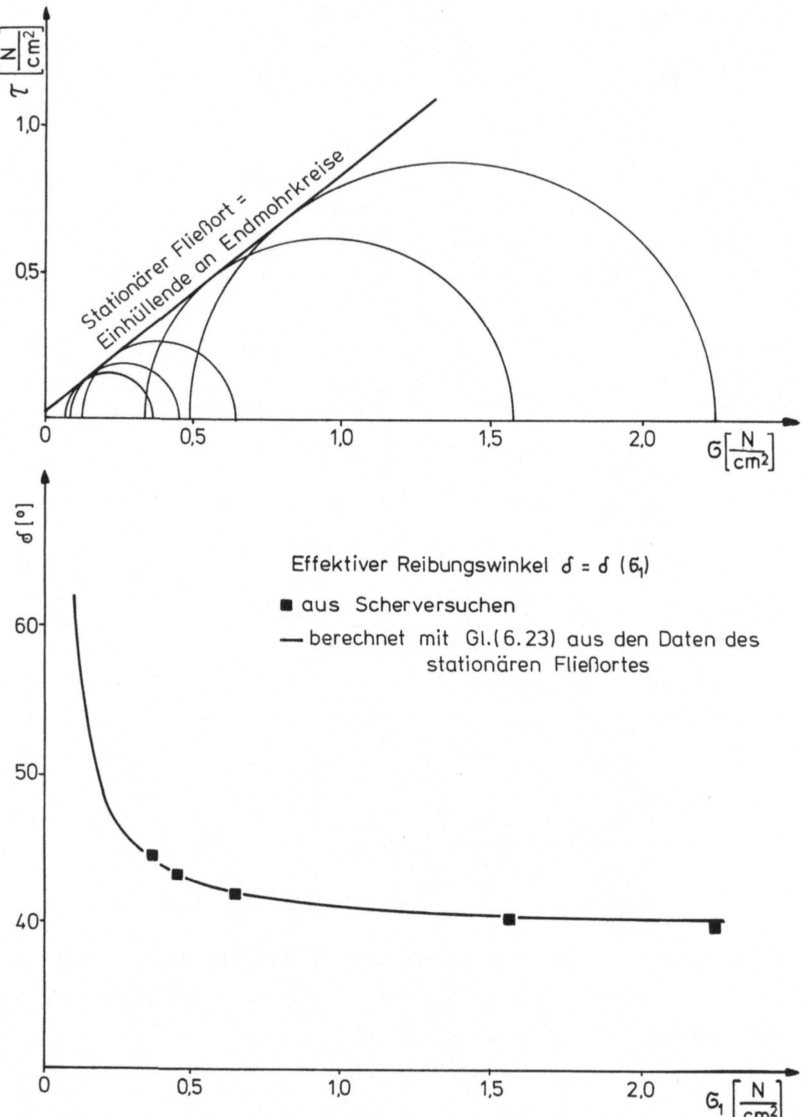

Abb. 12.9:   Stationärer Fließort und effektiver Reibungswinkel
für das Versuchsgut Kalksteinmehl

Mit den in den Abbildungen 12.9 und 12.10 bereitgestellten Daten ist
die Vorhersage des zweiten kritischen Austrittsdurchmessers möglich.
Zur besseren Anschaulichkeit ist in Abb. 12.11 die Umgebung des Koordinatenursprungs von Abb. 12.9, obere Bildhälfte getrennt herausge-
zeichnet. In dieser Darstellung läßt sich die Druckfestigkeit $f_{c\,stat}$
für stationäres Fließen genau genug ablesen.

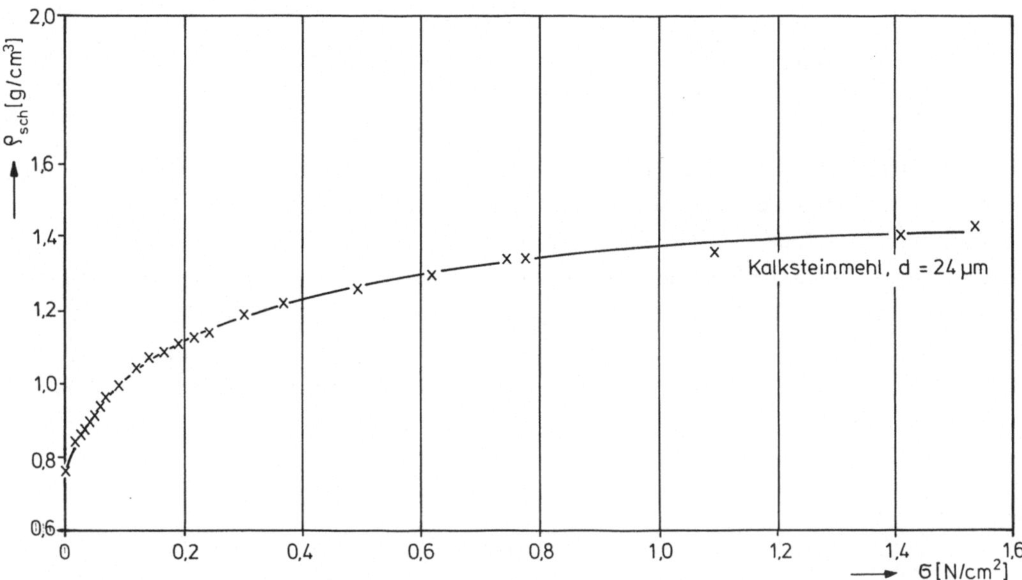

Abb. 12.10:   Abhängigkeit der Schüttdichte von der verfestigenden
Normalspannung für das Versuchsgut Kalksteinmehl

Für das verwendete Wandmaterial des Versuchssilos samt Versuchsgut gilt $\Phi_W = 25^O$, damit also $\theta_W = 10^O < \pi/4 - \Phi_W = 45^O - 25^O = 20^O$.

Aus der zweiten der Gleichungen (11.17) für $m = 1$ (rotationssymmetrisches Fließen) folgt dann aber

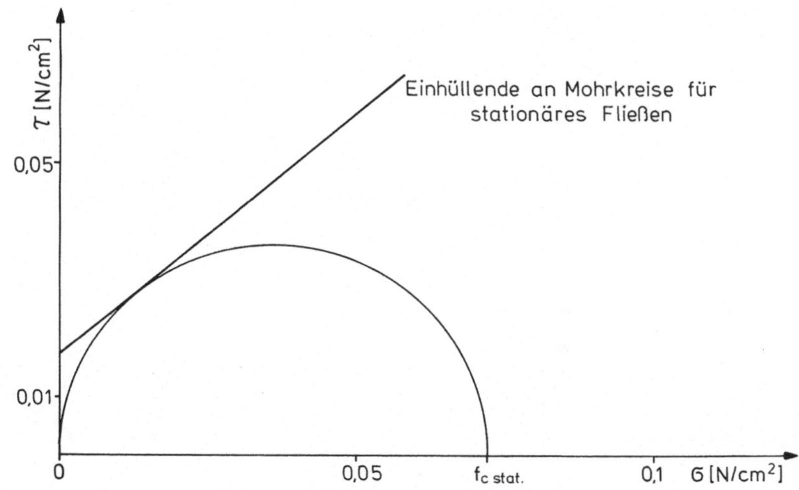

Abb. 12.11:   Ermittlung der Druckfestigkeit $f_{c\ stat}$ für stationäres
Fließen des Versuchsgutes Kalksteinmehl

$$d_{min,\,stat} = \frac{2\,f_{c\;stat}}{\rho_{sch}\;g}\,\sin\left[2\,(\theta_w + \Phi_w)\right] = 14\ cm$$

nach Einsetzen der in den Diagrammen Abb. 12.10 und Abb. 12.11 bereitgestellten experimentellen Daten. Wie schon für den Fall des
Wiederanfließens liefert auch hier die Auswertung mit Hilfe der in
Kapitel 11 beschriebenen Prozedur und den im Anhang bereitgestellten
Diagrammen, wenn überhaupt, so nur eine geringe Überdimensionierung
im Vergleich zu den direkten experimentellen Daten mittels Bunkerzentrifuge (d_{min} = 12 ÷ 13 cm) bzw. Versuchsanlage im Schwerefeld
(d_{min} = 13 cm).

13 Schachtbildung bei Kernflußbunkern

13.1 Problemstellung

Bei dem nach Überschreiten der Grenze des Massenflusses vorliegenden Kernfluß muß die Bunkerauslegung daraufhin geprüft werden, ob die Gefahr der Schachtbildung besteht. Insbesondere konische Bunkerausläufe mit etwa mehr als 20° Neigung gegen die Vertikale weisen Kernfluß auf. Wie in Abschnitt 9.1 beschrieben, bewegt sich das Schüttgut lediglich in einem vertikalen Kanal, der sich vom Austrittsquerschnitt nach oben durch das Gut hindurch erstreckt. Das Gut außerhalb des Kanals ist in Ruhe (vergl. Abb. 9.1). Der Gutnachschub in den Kanal erfolgt dadurch, daß an der freien Gutoberfläche Material in den Kanal nachrutscht. Der Teil des Gutes, der beim Füllen des Bunkers außerhalb des sich später beim Ausfließen bildenden Kanals eingelagert wird, wird erst dann ausgetragen, wenn der Bunker wieder entsprechend weit entleert ist.

Dies ist ein schwerwiegender Nachteil des Kernflußbunkers bei begrenzt haltbaren Gütern. Dieser Umstand führt auch zu Ausflußbehinderungen bei Gütern, die unter länger anhaltendem ungestörtem Druck Zeitverfestigung aufweisen. Wenn genügend Gut abgezogen ist, so daß die freie Gutoberfläche in Gebiete gelangt, in denen das Gut sich entsprechend verfestigte, kann das Nachrutschen aufhören und der Ausfluß dadurch zum Erliegen kommen, daß nur noch der Kanal leerläuft. Diese Behinderung des Flusses wird Schachtbildung genannt.

Aber auch ohne Ausbildung eines völlig leeren Schachtes ist ungleichmäßiger Fluß bei Kernflußbunkern nicht mit Sicherheit auszuschließen, da das Gut an der freien Gutoberfläche nicht völlig gleichmäßig nachrutscht. Insbesondere bei feinkörnigen Pulvern kann ungleichmäßiger Fluß zum Überfluten der Abzugsorgane führen, wenn zuvor der Kanal leergelaufen war und dann das Gut schlagartig wieder nachrutscht.

Wie man aus den in den Abbildungen A1 bis A10 im Anhang wiedergegebenen Auslegungsdiagrammen entnimmt, wird die Grenze zum Kernfluß in
der Regel nur bei rotationssymmetrischem Fluß, d.h. konischen Aus-
trittsteilen überschritten. Daher beschränken sich die nachstehenden
Überlegungen auf Kernfluß in konischen Ausläufen.

13.2 Verfestigender Spannungszustand beim Kernflußbunker

Kohäsive Schüttgüter sind in der Regel kompressibel, d.h. sie zeigen
Volumenverminderung unter zunehmender Belastung. Ein in ein Silo eingefülltes Schüttgut setzt sich daher beim Einfüllen merklich. Dann
muß aber genauso wie beim Massenflußbunker (vergl. Kap. 12) damit gerechnet werden, daß sich bereits beim Füllen ein passiver Spannungszustand einstellt, d.h. daß die Trajektorien der größten Hauptspannung bogenartig und in der Symmetrieachse des Bunkers horizontal ver-
laufen. Weiterhin kann angenommen werden, daß bei diesem Setzvorgang
bereits die Grenze des stationären Fließens mehr oder weniger erreicht wird. Darüber hinaus kann davon ausgegangen werden, daß im unteren Teil des Silos der Spannungszustand sich nur noch gering mit
der vertikalen Position ändert.

Mit $\partial/\partial x \equiv 0$ und bei Beachtung der Symmetriebedingung τ_{xy} $(x = 0)$
folgt aus den Spannungsfeldgleichungen (7.3) beim rotationssymmetri-
schen Spannungszustand $(m = 1)$:

$$\tau_{xy} = \frac{\rho_{sch}\, g\, y}{2} \, ,$$

$$\sigma_y = \sigma_\alpha = \text{const.}$$

$$(13.1)$$

Insbesondere gilt an der zylindrischen Bunkerwand $y = D/2$ die Rei-
bungsbedingung

$$\frac{\tau_{xy}\, (y = \frac{D}{2})}{\sigma_y} = \tan \Phi_w \, ,$$

aus der bei Beachtung von (13.1)

$$\sigma_y = \frac{\rho_{sch}\, g\, D}{4 \, \tan \Phi_w}$$

folgt.

Austrittsquerschnitte von Bunkern sind merklich kleiner als der
Durchmesser des zylindrischen Bunkerteiles. Dann wird aber der verfestigende Spannungszustand im Kerngebiet durch die größte Hauptspannung in der vertikalen Symmetrieachse beschrieben, d.h. es gilt

$$\sigma_1 \simeq \sigma_y = \frac{\rho_{sch}\, g\, D}{4\,\tan \Phi_w} \quad . \qquad\qquad (13.2)$$

13.3 Spannungszustände bei Schachtbildung

Charakteristisch für einen Gutschacht ist wie bei der Gutbrücke das
Auftreten spannungsfreier Gutoberflächen (= Schachtwand), während in
der Schachtwand Druckspannungen herrschen.

Maßgeblich für die Ausbildung eines solchen zweiachsigen Spannungszustandes in der Schachtwand ist die in Abschnitt 6.9 eingeführte
Druckfestigkeit f_c eines kohäsiven Schüttgutes.

Für das beginnende Fließen wird ein einziges Fließkriterium angenommen, wobei näherungsweise anstelle eines gemessenen Fließortes ein
linearisierter Fließort mit konstantem inneren Gutreibungswinkel ρ
und der Kohäsion c (siehe Kapitel 7) eingeführt wird (vergl.
Abb. 13.1 bzw. Abb. 7.5).

Bei Prüfung der Schachtbildung wird zweckmäßig der bei einem kreis-
zylindrischen Schacht sich einstellende rotationssymmetrische Spannungszustand in x, y- Zylinderkoordinaten entsprechend Abb. 7.2 bzw.
Abb. 7.3 formuliert.

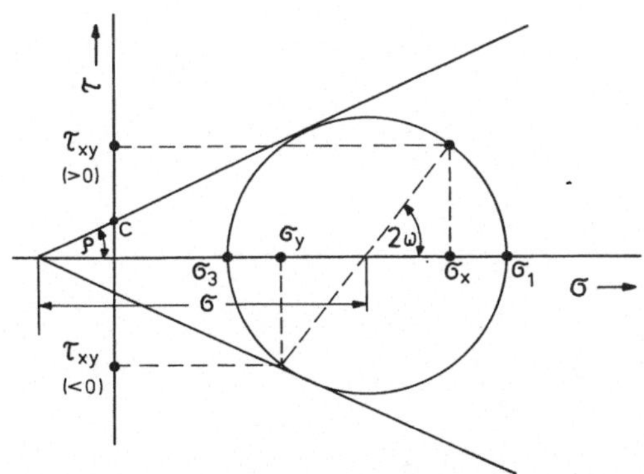

Abb. 13.1:   Linearisierter Fließort für beginnendes Fließen

Die Ausdrücke (7.6) für die Spannungen σ_x, σ_y, τ_{xy} im fließenden Gut sind nachstehend als Gleichungen (13.3) nochmals angeschrieben:

$$\left.\begin{aligned}
\sigma_x &= \sigma\,(1 + \sin\rho\,\cos 2\omega) - c\,\cot\rho, \\[2ex]
\sigma_y &= \sigma\,(1 - \sin\rho\,\cos 2\omega) - c\,\cot\rho, \\[2ex]
\tau_{xy} &= \sigma\,\sin\rho\,\sin 2\omega.
\end{aligned}\right\} \qquad (13.3)$$

Wenn durch beginnendes Fließen des Gutes ein Schacht einstürzt, muß das Gut nach innen abfließen. Es liegt also konvergentes rotationssymmetrisches Fließen vor. Die Umfangsspannung σ_α ist dann gleich der größten Hauptspannung, d.h. gemäß Gl. (7.7)

$$\sigma_\alpha = \sigma\,(1 + \sin\rho) - c\,\cot\rho. \qquad (13.4)$$

An Stelle der Kohäsion c führt man zweckmäßig die Druckfestigkeit f_c des Gutes als Parameter in die Gleichungen ein. Mit den Beziehungen für σ_x, σ_y wird der bei Erreichen der Druckfestigkeit geltende Spannungszustand durch $\sigma_x = f_c$, $\sigma_y = 0$, $\omega = 0$ beschrieben. Aus den voranstehenden Gleichungen erhält man

$$f_c = \sigma\,(1 + \sin\rho) - c\,\cot\rho,$$

$$0 = \sigma\,(1 - \sin\rho) - c\,\cot\rho,$$

bzw. durch Auflösung nach c

$$c\,\cot\rho = \frac{1 - \sin\rho}{2\,\sin\rho}\,f_c. \qquad (13.5)$$

Mit (13.5) erhält man aus den Beziehungen (13.3) und (13.4) für σ_x, σ_y, τ_{xy} und σ_α:

$$\left.\begin{aligned}
\sigma_x &= \sigma\,(1 + \sin\rho\,\cos 2\omega) - \frac{1 - \sin\rho}{2\,\sin\rho}\,f_c, \\[2ex]
\sigma_y &= \sigma\,(1 - \sin\rho\,\cos 2\omega) - \frac{1 - \sin\rho}{2\,\sin\rho}\,f_c, \\[2ex]
\tau_{xy} &= \sigma\,\sin\rho\,\sin 2\omega, \\[2ex]
\sigma_\alpha &= \sigma\,(1 + \sin\rho) - \frac{1 - \sin\rho}{2\,\sin\rho}\,f_c.
\end{aligned}\right\} \qquad (13.6)$$

Entsprechend der Voraussetzung eines im unteren Bunkerteil in vertikaler Richtung sich nicht ändernden Spannungszustandes beim Füllen wird der ausgebildete Schacht im unteren Teil zylindrisch und der dann herrschende Spannungszustand ebenfalls in vertikaler Richtung unveränderlich angenommen. Mit $\partial/\partial x \equiv 0$ erhält man aus den Gleichgewichtsbedingungen (7.2) des rotationssymmetrischen Spannungszustandes

$$\left.\begin{aligned} \frac{d\tau_{xy}}{dy} + \frac{\tau_{xy}}{y} &= \rho_{sch}\, g \ , \\[2em] \frac{d\sigma_y}{dy} + \frac{\sigma_y - \sigma_\alpha}{y} &= 0. \end{aligned}\right\} \qquad (13.7)$$

Die erste der Beziehungen (13.7) liefert bei Beachtung der Randbedingung an der Wand des Schachtes vom Durchmesser D_S: $\tau_{xy}\,(y = D_S/2) = 0$ die Lösung

$$\tau_{xy} = \frac{\rho_{sch}\, g}{2}\,(y - \frac{D_S^2}{4y})\,. \qquad (13.8)$$

Mit (13.8) erhält man aus der dritten der Beziehungen (13.6)

$$\sigma = \frac{\rho_{sch}\, g}{2}\ \frac{y - \dfrac{D_S^2}{4y}}{\sin\rho\,\sin 2\omega}\,. \qquad (13.9)$$

Durch Einsetzen der zweiten und der letzten der Beziehungen (13.6) in die zweite der Beziehungen (13.7) gewinnt man bei Beachtung von (13.9) die Differentialgleichung für $\omega\,(y)$:

$$2y\left(\left(\frac{y}{D_S/2}\right)^2 - 1\right)\frac{\cos 2\omega - \sin\rho}{\sin 2\omega}\,\frac{d\omega}{dy} =$$
$$= 1 + \sin\rho + \left(\frac{y}{D_S/2}\right)^2 (1 - \sin\rho - 2\sin\rho\,\cos 2\omega)\,. \qquad (13.10)$$

Die Substitution der unabhängigen Veränderlichen

$$n = \left(\frac{y}{D_S/2}\right)^2 \qquad (13.11)$$

ist eindeutig, da die Lösung der Differentialgleichung im Gebiet $y \geq D_S/2$ gesucht ist.

Mit (13.11) erhält man aus (13.10) die nichtlineare Differentialgleichung erster Ordnung für ω (n)

$$\frac{d\omega}{dn} = \frac{\frac{1}{2}(1 - \sin\rho) - \sin\rho \, \cos 2\omega + \frac{1}{2n}(1 + \sin\rho)}{2\,(\cos 2\omega - \sin\rho)} \; \frac{\sin 2\omega}{n - 1}, \qquad (13.12)$$

wobei die Lösung im Gebiet $n \geq 1$ gesucht wird. Auf die Oberfläche der Schachtwand werden keine Spannungen übertragen. In der Schachtwand wirkt eine Druckspannung, die die größte Hauptspannung des dort herrschenden zweiachsigen Spannungszustandes ist. In der radialen x, y - Ebene wirkt dann die größte Hauptspannung in der vertikalen x - Richtung, d.h. die Differentialgleichung (13.12) ist für die Randbedingung

$$\omega \; (n = 1) = 0 \qquad\qquad\qquad (13.13)$$

zu lösen. Offensichtlich reicht die Randbedingung (13.13) nicht zur eindeutigen Lösung der Differentialgleichung (13.12) aus. Diese ist nämlich bei Erfüllung der Randbedingung (13.13) wegen des Terms $\sin 2\omega/(n - 1)$ in (13.12) an der Stelle $n = 1$ singulär, d.h. es ist dort $d\omega/dn$ von der Form Null durch Null.

Aus den physikalischen Daten des Systems folgt jedoch unmittelbar, daß eine weitere Bedingung zur Erzielung einer eindeutigen Lösung hinzugenommen werden muß.

In der Differentialgleichung (13.12) samt Randbedingung (13.13) kommt von den das Gut kennzeichnenden Parametern lediglich der innere Gutreibungswinkel ρ vor.

Die beim beginnenden Fließen in der Schachtwand sich einstellende Druckspannung in der vertikalen x - Richtung ist aber gerade die das kohäsive Gut charakterisierende Druckfestigkeit f_c.

Wegen $\sigma_y' \, (n = 1) = 0$, $\omega(n = 1) = 0$ folgt aus der zweiten der Beziehungen (13.6) $\sigma(n = 1) = f_c/(2 \sin\rho)$ und damit aus (13.9) bei Beachtung von (13.12):

$$0 < \frac{\rho_{sch} \, g \, D_S}{4 \, f_c} = \frac{1}{2} \lim_{n \to 1} \left(\frac{\sin 2\omega}{n - 1}\right) = \lim_{n \to 1} \left(\frac{d\omega}{dn}\right) . \qquad (13.14)$$

Nach (13.14) ist also für einen vorgegebenen Schachtdurchmesser D_S und ein Gut von der Schüttdichte ρ_{sch}, das soweit verfestigt ist, daß es die Druckfestigkeit f_c besitzt, der für $n \to 1$ unbestimmte Ausdruck in (13.12) festgelegt.

Bei Beachtung der Randbedingung (13.13) und unter Vorgabe bestimmter Grenzwerte

$$\tan \alpha_0 = \lim_{n \to 1} \left(\frac{d\omega}{dn} \right) \tag{13.15}$$

läßt sich die Differentialgleichung (13.12) im interessierenden Gebiet $n \geq 1$ eindeutig lösen. Wegen der komplizierten Nichtlinearität von (13.12) können nur numerische, keine analytischen Lösungen berechnet werden.

13.4 Gleitlinien bei beginnendem Fließen

Zur Entwicklung eines Schachtbildungskriteriums müssen einige Eigenschaften plastischer Felder beim beginnenden Fließen beachtet werden.

Beim Einsturz eines Schachtes gleiten durch plastisches Fließen Bereiche des Gutes in der Umgebung der ursprünglichen Schachtwand gegenüber weiter außen befindlichen, stehenbleibenden Gutbereichen ab, in denen ein elastischer Spannungszustand herrscht.

Eine rechnerische Lösung der Differentialgleichung (13.12), die auf ein unbegrenztes plastisches Feld im Grenzgleichgewicht führt, steht daher im Widerspruch zum realen Verhalten des Gutes, da in genügender radialer Entfernung vom Schacht das Gut sich in einem elastischen Spannungszustand befindet.

Dann ist aber das gesamte Gut in einem elastischen Spannungszustand bis an die dann stabile Schachtwand. Eine instabile, einstürzende Schachtwand ist also an die Existenz eines begrenzten plastischen Feldes geknüpft. Die Grenze der Schachtbildung ist also genau dort zu suchen, wo der Übergang von begrenzten plastischen Feldern zu unbegrenzten plastischen Feldern erfolgt.

Das Gleiten der Partikeln gegeneinander erfolgt in Gleitzonen, idealisiert Gleitflächen, deren Spuren in der radialen x, y - Ebene die Gleitlinien sind.

Da das Spann.ungsfeld nach Voraussetzung nicht von der vertikalen
x - Koordinate abhängt, muß auch die Grenzlinie zwischen plastischem
und elastischem Feld in der radialen x, y - Ebene eine vertikale Gerade sein. Die Grenzlinie zwischen plastischem und elastischem Feld
ist selbst eine Gleitlinie. Ein begrenztes plastisches Feld stellt
sich also dann ein, wenn die Gleitlinien einer Schar eine vertikale
Einhüllende besitzen. Geschwindigkeitssprünge zwischen fließendem und
ruhendem Schüttgut sind nämlich nur über eine Gleitfläche (Gleitlinie) hinweg möglich.

Das Schüttgut fließt dort, wo Spannungszustände herrschen, bei denen
der Mohrkreis den Fließort tangiert.

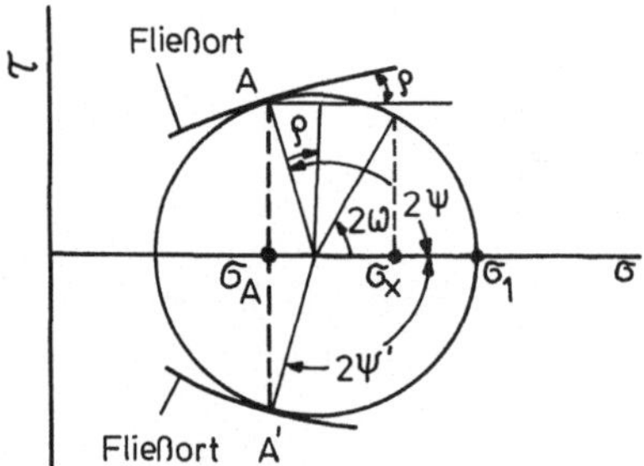

Abb. 13.2:   Spannungszustände bei beginnendem Fließen

Die Berührpunkte eines solchen Mohrkreises mit dem Fließort sind die
in Abb. 13.2 spiegelbildlich zur σ - Achse gelegenen Punkte A und A'.
Die Punkte A, A' schließen mit der größeren Hauptspannung σ_1 im Mohrkreis die Winkel 2ψ bzw. 2ψ' = - 2ψ ein.

Wegen der Anisotropie eines verfestigten Schüttgutes brauchen entsprechend den in Abschnitt 6.6 beschriebenen Überlegungen die Berührpunkte an den Fließort nicht gleichzeitig die Gleitlinien festzu-
legen. Wollte man jedoch eine dementsprechend genaue Analyse erreichen, so müßte man gleichzeitig die relative Orientierung der größten
Hauptspannungen beim Verfestigen bzw. beim Fließen in Rechnung stellen. Ein derartiges Unterfangen stößt aber auf kaum zu überwindende
Schwierigkeiten. Angesichts dieses Dilemmas muß man sich damit zu-
frieden geben, als eine nicht ganz sinnlose Annahme die Übereinstimmung zwischen den Berührpunkten an den Fließort und der Lage der
Gleitlinien einfach zu postulieren. Unter dieser Annahme schließen
die Normalspannungen auf den Flächenelementen, in denen das Schütt-

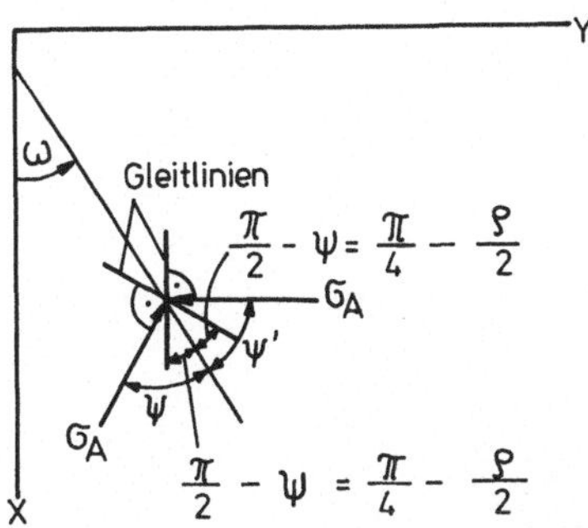

Abb. 13.3:   Lage der Gleitlinien im fließenden Schüttgut

gut fließt, im Lageplan mit der Hauptspannung σ_1 die Winkel ψ bzw.
$\psi' = -\psi$ ein (Abb. 13.3).

Die Flächen, in denen das Schüttgut fließt, stehen aber senkrecht zu
den auf sie wirkenden Normalspannungen. Wie aus Abb. 13.3 zu entnehmen ist, schließen daher die beiden Gleitlinien die Winkel $\pi/2 - \psi$
symmetrisch zur größten Hauptspannung σ_1 ein.

Aus dem Mohrkreis Abb. 13.2 liest man $2\psi = \pi/2 + \rho$ ab. Die Gleitlinien schließen also symmetrisch mit der Richtung der größten Hauptspannung σ_1 die Winkel $\pi/4 - \rho/2$ ein. Hat man etwa rechnerisch die
Schar der Hauptspannungstrajektorien ermittelt, so kann man jeweils
in verschiedenen Punkten spiegelbildlich die Winkel $\pi/4 - \rho/2$ antragen und damit die beiden Gleitlinienscharen konstruieren.

Da längs der Gleitlinien die Partikeln aneinander vorbeigleiten, ist
das Gut innerhalb der Gleitlinien aufgelockert. Durch röntgenografi-
sche Aufnahmen lassen sich Konzentrationsunterschiede im Schüttgut
sehr empfindlich registrieren. Auf diese Weise konnten die Gleitlinien sichtbar gemacht werden [54].

13.5 Bedingungen für begrenzte plastische Felder

An Hand der Abb. 13.4 läßt sich die Vorgehensweise bei der Ermittlung
der Bedingungen für die Existenz begrenzter plastischer Felder verstehen.

Infolge der Randbedingung (13.13) startet die Trajektorie der größten Hauptspannung (ausgezogen gezeichnete Linie) in der Schachtwand

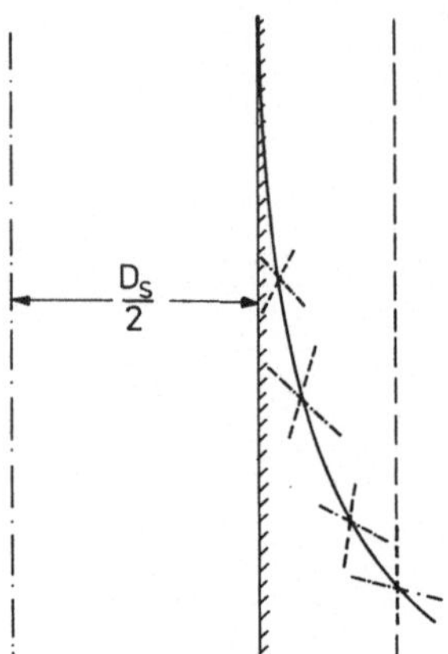

Abb. 13.4: Trajektorie der größten Hauptspannung (ausgezogen gezeich-
            nete Linie), erste Gleitlinienschar (gestrichelte Linien-
            elemente) und zweite Gleitlinienschar (strichpunktierte
            Linienelemente)

mit vertikaler Tangente und biegt wegen der Abstützwirkung des äußeren Materials gegen die von der Erdschwere herrührenden Volumenkraft
in der in Abb. 13.4 dargestellten Art in das Materialinnere. Entsprechend der prinzipiellen Darstellung Abb. 13.3 lassen sich dann
in jedem Punkt einer Trajektorie der größten Hauptspannung symmetrisch die im ganzen Feld konstanten Winkel $\pi/4 - \rho/2$ antragen und so
die beiden Gleitlinienscharen konstruieren (gestrichelt gezeichnete
Linienelemente bzw. strichpunktiert gezeichnete Linienelemente).

Ein begrenztes plastisches Feld liegt offensichtlich dann vor, wenn,
wie in Abb. 13.4 beispielhaft dargestellt, die erste Gleitlinienschar
(gestrichelt gezeichnete Linienelemente) für endliche Abstände von
der Symmetrieachse eine vertikale Tangente annehmen. Denn dann vermag
das so festgelegte plastische Feld gegen ein äußeres, nicht im Grenzgleichgewicht befindliches abzugleiten. Gibt man sich für ein bestimmtes Materialverhalten, d.h. einen gegebenen inneren Reibungswinkel ρ gemäß Gl. (13.15) für die Rechnung einen kleinen Startwert
$\tan \alpha_0$ und damit gemäß Gl. (13.14) einen kleinen Schachtdurchmesser
D_S vor, so erhält man eventuell unrealistische, d.h. unbegrenzte
plastische Felder. Für einen solchen vorgegebenen inneren Reibungswinkel ρ erhält man erst ab einem bestimmten Mindestwert α_0, d.h.
ab einem Mindestschachtdurchmesser D_S realistische, d.h. begrenzte
plastische Felder. Wie man aus Abb. 13.3 unmittelbar abliest, erhält
man ein begrenztes plastisches Feld, wenn die Trajektorie der größten

Hauptspannung für einen endlichen Wert y den Neigungswinkel $\omega = \pi/4 - \rho/2$ erreicht.

Bei einer weiteren Erhöhung der Anfangssteigung α_0 bleiben die plastischen Felder begrenzt. Es existiert also ein kritischer Mindestschachtdurchmesser, bei dessen Überschreitung ein vertikaler Schacht zusammenbricht, kleinere Schachtdurchmesser sind dagegen stabil. Wenn für ein Schüttgut mit bekanntem inneren Reibungswinkel auch noch Schüttdichte ρ_{sch} und Druckfestigkeit f_c bekannt sind, läßt sich mit dem berechneten $d\omega/dn$ ($n = 1$) aus (13.14) der kritische Schachtdurchmesser bestimmen.

Die Aufstellung eines Schachtbildungskriteriums erfordert also die Ermittlung der Grenze zwischen begrenzten und unbegrenzten plastischen Feldern in Abhängigkeit vom inneren Gutreibungswinkel ρ. Nach (13.14) ergibt sich ein nichtverschwindender Schachtdurchmesser für

$$\lim_{n \to 1} (d\omega/dn) > 0.$$

Ein unbegrenztes plastisches Feld liegt dann vor, wenn die Lösungskurve $\omega(n)$ den Grenzwert $\omega = \pi/4 - \rho/2$ nicht erreicht.

Da $\lim_{n \to 1} (d\omega/dn) > 0$ ist, tritt ein unbegrenztes plastisches Feld immer dann auf, wenn in $n \geq 1$, $0 \leq \omega \leq \pi/4 - \rho/2$ das Maximum der Lösungskurve liegt. In diesem Bereich ist aber $n - 1 \geq 0$, $\sin 2\omega \geq 0$ und $\cos 2\omega$ liegt im Bereich

$$1 \geq \cos 2\omega \geq \sin \rho. \qquad (13.16)$$

Aus (13.12) folgt aber, daß $d\omega/dn = 0$

$$H(n, \omega) = \frac{1}{2} (1 - \sin \rho) - \sin \rho \cos 2\omega + \frac{1}{2n} (1 + \sin \rho) = 0$$

nach sich zieht. Mit der Ungleichung (13.16) ergibt sich aus $H(n, \omega) = 0$ die Ungleichung (13.17) für das Gebiet, in dem $d\omega/dn = 0$ möglich ist:

$$2 \sin \rho - 1 \leq \frac{1}{n} \leq \frac{3 \sin \rho - 1}{1 + \sin \rho}. \qquad (13.17)$$

Die linke Seite dieser Ungleichung bedeutet eine verschwindende Ableitung auf dem Rand $\omega = \pi/4 - \rho/2$, die rechte Seite eine verschwindende Ableitung für $\omega = 0$. Die Ungleichung (13.17) entspricht dem in
Abb. 13.5 schraffierten Gebiet.

Wegen $\omega\,(n = 1) = 0$ gilt

$$H\,(1,\omega) = H\,(1,\,0) = 1 - \sin\rho > 0. \qquad\qquad (13.18)$$

Weiterhin gilt bei Erfüllung von (13.16)

$$H\,(n \to \infty,\omega) = \frac{1}{2}\,(1 - \sin\rho) - \sin\rho\,\cos 2\omega < \frac{1}{2}\,(1 + \sin\rho)(1 - 2\,\sin\rho).$$

$$(13.19)$$

Aus (13.18) folgt, daß links von dem in Abb. 13.5 schraffierten Gebiet $H\,(n,\omega) > 0$ ist, während bei Erfüllung von (13.16) rechts von
dem schraffierten Gebiet $H\,(n,\,\omega) < 0$ ist, da für $\sin\rho > 1/2$ die
rechte Seite der Ungleichung (13.19) kleiner Null ist.

Mit diesen Informationen läßt sich das in Abb. 13.6 dargestellte
prinzipielle Lösungsverhalten verstehen.

Für einen bestimmten Zahlenwert des inneren Reibungswinkels ρ erhält
man für wachsende Anfangssteigungen $\tan\alpha_0$ d.h. gemäß den Gleichungen
(13.14) und (13.15) für wachsende Schachtdurchmesser Lösungskurven,
die rascher mit n anwachsen. Ist die Anfangssteigung genügend groß,
so erreicht die Lösungskurve $\omega\,(n)$ den Grenzwert $\omega = \pi/4 - \rho/2$ bei
einem endlichen Wert n, d.h. ein begrenztes plastisches Feld liegt
vor, der zugehörige Schacht ist instabil.

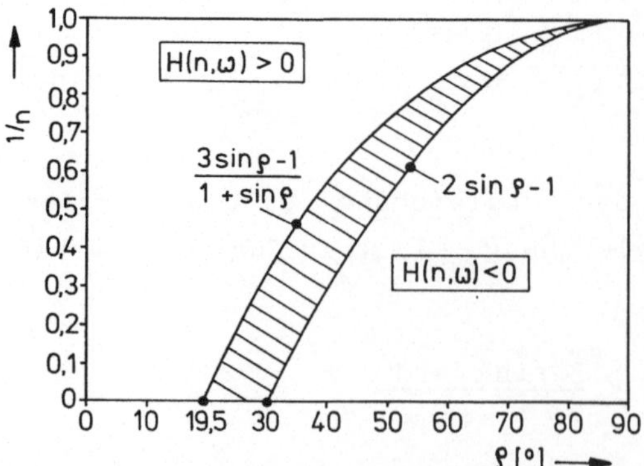

Abb. 13.5:   Zeichnerische Darstellung der Ungleichung (13.17)

Für $\omega \to \pi/4 - \rho/2$ verschwindet der Nenner auf der rechten Seite von
(13.12), d.h. bei einem begrenzten plastischen Feld endet die Lösungskurve für $\omega = \pi/4 - \rho/2$ mit vertikaler Tangente. Ist dagegen die
Anfangssteigung $\tan \alpha_0$ klein genug, so kann vor Erreichen des Grenzwertes $\omega = \pi/4 - \rho/2$ ein Vorzeichenwechsel der Funktion H (n, ω) ein-
treten. Dann wird aber unterhalb des Grenzwertes $\omega = \pi/4 - \rho/2$ ein
Maximum der Lösungskurve erreicht und es wird ein unrealistisches unbegrenztes plastisches Feld berechnet, der zugehörige Schacht ist
stabil.

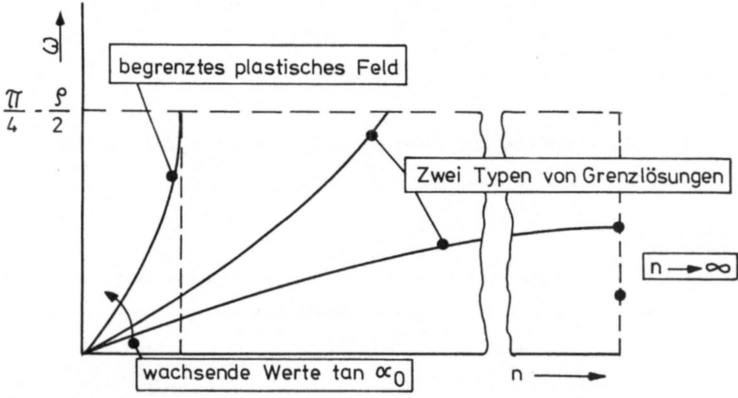

Abb. 13.6:   Prinzipielles Verhalten der Lösungen der Differential-
              gleichung (13.12)

Wie man aus Abb. 13.6 entnehmen kann, muß dann aber die gesuchte
Grenzlösung, die begrenzte von unbegrenzten plastischen Feldern
trennt, entweder auf dem Rand n → ∞ mit verschwindender oder auf dem
Rand $\omega = \pi/4 - \rho/2$ mit endlicher Steigung enden. Genau diese Forderung liefert die Grenzlösungen. Aus Abb. 13.5 entnimmt man andererseits, daß abhängig vom inneren Gutreibungswinkel ρ drei Bereiche
zu unterscheiden sind:

$$0 \leq \sin \rho < \frac{1}{3}, \text{ d.h., } 0 \leq \rho < 19,5^\circ,$$

$$\frac{1}{3} \leq \sin \rho \leq \frac{1}{2}, \text{ d.h., } 19,5^\circ \leq \rho \leq 30^\circ,$$

$$\frac{1}{2} < \sin \rho < 1, \text{ d.h., } 30^\circ < \rho < 90^\circ.$$

Im folgenden werden diese Bereiche einzeln betrachtet.

a) $0 \leq \rho < 19,5°$:

Im ganzen Gebiet gilt H (n, ω) > 0. Für beliebige Startbedingungen $\tan \alpha_0 > 0$ liefert daher die Rechnung stets begrenzte plastische Felder. Entsprechend den Gleichungen (13.14) und (13.15) bedeutet dies, daß für jeden vorgegebenen Schachtdurchmesser das Wandmaterial abrutscht. Dann sind aber keine stabilen Schächte möglich. Diese Behauptung läßt sich durch die nachstehend beschriebene Abschätzung der Lösungen der Differentialgleichung (13.12) streng nachweisen:

Im Gebiet $n \geq 1$, $0 \leq \omega \leq \pi/4 - \rho/2$ gilt $n - 1 \geq 0$, $1 > \sin 2\omega \geq 0$ sowie $0 < \cos 2\omega \leq 1$.

Es wird jetzt anstelle der Differentialgleichung (13.12) die vereinfachte Differentialgleichung

$$\frac{d\omega^*}{dn} = \frac{\dfrac{1}{2}(1 - \sin \rho) - \sin \rho + \dfrac{1}{2n}(1 + \sin \rho) \sin 2\omega^*}{2 (\cos 2\omega^* - \sin \rho)} \cdot \frac{1}{n - 1} \tag{13.20}$$

betrachtet. In jedem Punkt des interessierenden Gebietes $n \geq 1$, $0 \leq \omega \leq \pi/4 - \rho/2$ gilt offensichtlich:

$$\frac{d\omega^*}{dn} \leq \frac{d\omega}{dn} \; . \tag{13.21}$$

Andererseits kann ω^* (n = 1) = 0 und

$$\lim_{\substack{n \to 1 \\ \omega^* \to 0}} \left(\frac{d\omega^*}{dn}\right) = \frac{1}{2} \lim_{\substack{n \to 1 \\ \omega^* \to 0}} \left(\frac{\sin 2\,\omega^*}{n - 1}\right) = \frac{1}{2} \lim_{\substack{n \to 1 \\ \omega \to 0}} \left(\frac{\sin 2\,\omega}{n - 1}\right) = \lim_{n \to 1} \left(\frac{d\omega}{dn}\right) > 0$$

$$\tag{13.22}$$

gesetzt werden, d.h. entsprechend (13.22) kann die Lösung der vereinfachten Differentialgleichung (13.20) so gewählt werden, daß sie dieselben Anfangsbedingungen in Übereinstimmung mit

(13.14) besitzt wie die Ausgangsdifferentialgleichung (13.12). Aufgrund von (13.21) ist dann die zugehörige Lösung $\omega^*(n)$ eine Minorante zur Lösung $\omega(n)$ mit denselben Anfangsbedingungen.

Die allgemeine Lösung von (13.20) ergibt sich durch Trennung der Veränderlichen zu

$$(\sin \omega^*)^{1 - \sin \rho} \, (\cos \omega^*)^{1 + \sin \rho} = C^{1 - \sin \rho} \left(\frac{n - 1}{n}\right)^{1 - \sin \rho} n^{\frac{1 - 3 \sin \rho}{2}} .$$

Bei Beachtung von (13.22) wird die Integrationskonstante

$$C = \lim_{n \to 1} \left(\frac{d\omega}{dn}\right) ,$$

d.h., die an die Randbedingung (13.22) angepaßte Lösung von (13.20) ist

$$(\sin \omega^*)^{1 - \sin \rho} \, (\cos \omega^*)^{1 + \sin \rho} =$$

$$= \left(\frac{d\omega}{dn}\bigg|_{n = 1}\right)^{1 - \sin \rho} \left(\frac{n - 1}{n}\right)^{1 - \sin \rho} n^{\frac{1 - 3 \sin \rho}{2}} .$$

$$(13.23)$$

Die Lösung (13.23) läßt sich wie folgt interpretieren: Die linke Seite ist beschränkt und kleiner Eins, wegen

$$\frac{d\omega}{dn}\bigg|_{n = 1} > 0$$

wächst die rechte Seite für $0 \leq \sin \rho < 1/3$ monoton mit n. Insbesondere wird der Wert $\omega^* = \pi/4 - \rho/2$ bei einem endlichen Wert n erreicht. Andererseits ist die Lösung $\omega^*(n)$ die Minorante zur entsprechenden Lösung $\omega(n)$. Daraus folgt aber, daß für $0 \leq \sin \rho < 1/3$, d.h. $0 \leq \rho < 19{,}5^\circ$ jede Lösung auf begrenzte plastische Felder führt. Dann sind aber für $0 \leq \rho < 19{,}5^\circ$ keine stabilen Schächte möglich.

b) $19,5^{\circ} \leq \rho \leq 30^{\circ}$.

Wie aus der Abb. 13.5 zu entnehmen ist, erreicht die ausgezeichnete, begrenzte und unbegrenzte plastische Felder tren-
nende Lösung den Rand $n \to \infty$.

Diese Grenzlösung ist dadurch ausgezeichnet, daß für $n \to \infty$,
d.h. für $\zeta = 1/n = 0$ die Funktion $\omega(\zeta)$ in der ζ, ω - Ebene
eine endliche, nicht verschwindende Steigung aufweist. Es
wird daher im folgenden zweckmäßig die Substitution

$$\zeta = \frac{1}{n} \tag{13.24}$$

und damit

$$\frac{d\omega}{dn} = - \zeta^2 \frac{d\omega}{d\zeta}$$

eingeführt, welche die Differentialgleichung (13.12) in die
Form

$$\frac{d\omega}{d\zeta} = \frac{\frac{1}{2}(1 - \sin\rho) - \sin\rho\cos 2\omega + \frac{\zeta}{2}(1 + \sin\rho)}{2\zeta(\zeta - 1)(\cos 2\omega - \sin\rho)}\sin 2\omega \tag{13.25}$$

und den interessierenden Lösungsbereich von $1 \leq n < \infty$ in
$0 \leq \zeta \leq 1$ überführt. Nach (13.25) ist dann aber die Grenzlösung dadurch ausgezeichnet, daß der Bruch auf der rechten Seite
von (13.25) für $\zeta = 0$ von der Form Null durch Null ist.

Der Zähler in (13.25) verschwindet dann, wenn $\omega = \omega_1$ ist, mit
ω_1 aus

$$\cos 2\omega_1 = \frac{1 - \sin\rho}{2\sin\rho} . \tag{13.26}$$

Nach der Regel von L'Hospital ergibt sich dann aus (13.25) für
die Grenzlösung

$$\lim_{\substack{\zeta \to 0 \\ \omega \to \omega_1}} \frac{d\omega}{d\zeta} = - \frac{1 + \sin\rho}{2\cos^2\rho} \sqrt{3\sin^2\rho + 2\sin\rho - 1}$$

$$\text{für } 19,5^\circ \le \rho \le 30^\circ . \qquad (13.27)$$

Mit den durch (13.26) und (13.27) festgelegten Startbedingungen läßt sich die Differentialgleichung (13.25) im Gebiet $0 \le \zeta \le 1$ numerisch integrieren und liefert für die wegen der Singularität in $\zeta = 1$ durch $\omega = 0$ gehende Lösung insbesondere die Steigung

$$\frac{d\omega}{dn}\bigg|_{n=1} = - \zeta^2 \frac{d\omega}{d\zeta}\bigg|_{\zeta=1} = - \frac{d\omega}{d\zeta}\bigg|_{\zeta=1} .$$

c) $30^\circ < \rho < 90^\circ$

Für $\rho > 30^\circ$ läßt sich aus Abb. 13.5 entnehmen, daß die Grenzlösung für endliche Werte n bzw. Werte $\zeta > 0$ den Rand $\omega = \pi/4 - \rho/2$ d.h. $\cos 2\omega = \sin\rho$ erreicht. Die Grenzlösung ist dadurch ausgezeichnet, daß sie auf dem Rand $\omega = \pi/4 - \rho/2$ eine endliche, nicht verschwindende Ableitung besitzt. Es muß dann aber der Bruch auf der rechten Seite von (13.25) wiederum von der Form Null durch Null sein. Aus (13.25) folgt dann aber die Stelle, an der die Grenzlösung den Rand $\omega = \pi/4 - \rho/2$ erreicht, zu

$$\zeta_2 = 2\sin\rho - 1 . \qquad (13.28)$$

Die Regel von L'Hospital liefert dann für die Ableitung der Grenzlösung im Punkt $\zeta = \zeta_2$

$$\lim_{\substack{\zeta \to \zeta_2 \\ \omega \to \frac{\pi}{4} - \frac{\rho}{2}}} \frac{d\omega}{d\zeta} =$$

$$= \frac{\cos\rho}{8\,(2\sin\rho - 1)\,(1 - \sin\rho)} \left(\sin\rho \pm \sqrt{\sin^2\rho + 8\sin\rho - 4}\right).$$

Der Zweig der Grenzlösung, der die Stelle $\zeta = \zeta_2$, $\omega = \pi/4 - \rho/2$

mit der Stelle $\zeta = 1$, $\omega = 0$ verbindet, muß eine negative Ableitung besitzen. Dann gilt aber das negative Vorzeichen vor der Wurzel, d.h. die Grenzlösung ist gekennzeichnet durch $\zeta = \zeta_2$, $\omega = \pi/4 - \rho/2$ und

$$\lim_{\substack{\zeta \to \zeta_2 \\ \omega \to \frac{\pi}{4} - \frac{\rho}{2}}} \frac{d\omega}{d\zeta} =$$

$$= \frac{\cos\rho}{8\,(2\sin\rho - 1)\,(1 - \sin\rho)}\;(\sin\rho - \sqrt{\sin^2\rho + 8\sin\rho - 4}).$$

$$(13.29)$$

Mit diesen Bedingungen läßt sich die Grenzlösung durch numerische Integration der Differentialgleichung (13.25) ermitteln und liefert insbesondere die gesuchte Steigung

$$\frac{d\omega}{dn}\bigg|_{n=1} = -\frac{d\overset{\text{.}}{\omega}}{d\zeta}\bigg|_{\zeta=1} \quad \text{im singulären Punkt } \omega = 0,\ \zeta = 1.$$

Entsprechend dem voranstehend beschriebenen Vorgehen wurde der in Abb. 13.7 dargestellte Verlauf $4\,\left(\dfrac{d\omega}{dn}\right)\bigg|_{n=1}$ der Grenzlösung als Funktion des inneren Gutreibungswinkels ρ ermittelt.

13.6 Zulässiger Mindestdurchmesser

Aus (13.14) ergibt sich aber durch Auswertung des Diagramms Abb. 13.7, daß bei einem Gut von der Druckfestigkeit f_c und dem inneren Gutreibungswinkel ρ solche Schachtdurchmesser D_S, welche die Ungleichung

$$\frac{\rho_{sch}\,g\,D_S}{f_c} < 4\,\frac{d\omega}{dn}\bigg|_{n=1}$$

erfüllen, stabil sind. Umgekehrt folgt daraus, daß der Durchmesser des Austrittsquerschnitts zur Vermeidung stabiler Gutschächte die Un-

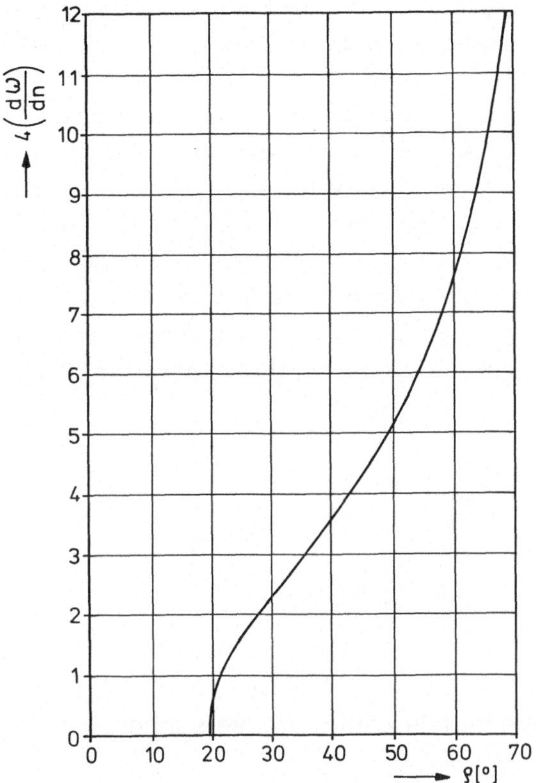

Abb. 13.7:   Randwert $4 \left(\dfrac{d\omega}{dn}\right)_{n=1}$ als Funktion des inneren Gutreibungs-
winkels ρ

gleichung

$$\frac{\rho_{sch} \; g \; D_S}{f_c} \geq 4 \left. \frac{d\omega}{dn} \right|_{n=1} \tag{13.30}$$

erfüllen muß.

Die Gültigkeit dieses vereinfachten Rechnungsganges konnten Jenike
und Yen [55] durch numerische Integration der Differentialgleichungen
für den rotationssymmetrischen Fließzustand nachweisen. Unter Rand-
lasten auf horizontalen Kreisringflächen berechneten sie die Konturen
rotationssymmetrischer Böschungen. Diese nehmen im unteren zylindrischen Teil Durchmesserwerte an, die erstaunlich gut mit den Werten
nach (13.30) übereinstimmen.

Der zur Vermeidung eines stabilen Gutschachtes erforderliche Mindestdurchmesser D_S des Austrittsquerschnitts läßt sich wie folgt ermitteln:

Für eine gegebene Bunkergeometrie und gegebene Gutdaten (Schüttdichte
ρ_{sch}, effektiver Reibungswinkel δ, Reibungswinkel Gut/Wand Φ_w) kann
die beim Füllen sich einstellende maximale Verfestigungsspannung σ_1
des Gutes aus (13.2) berechnet werden.

Über die experimentelle Druckfestigkeitskennlinie f_c (σ_1) (vergl. Abschnitt 10) läßt sich dann aber die zu σ_1 gehörende Druckfestigkeit
f_c des Gutes ermitteln. Aus (13.30) ergibt sich dann der zulässige
Mindestdurchmesser zu

$$d_{min} = \frac{f_c}{\rho_{sch}\,g} \; \left(4\,\frac{d\omega}{dn}\right)\bigg|_{n\,=\,1} \qquad\qquad (13.31)$$

mit $\left(4\,\dfrac{d\omega}{dn}\right)\bigg|_{n\,=\,1}$ aus dem Diagramm Abb. 13.7.

13.7 Überprüfung der Theorie mittels Zentrifugenversuchen

Im Zusammenhang mit der Auslegung von Kernflußbunkern sind Zentrifugenversuche problematischer als bei Massenflußbunkern. Wie die voranstehend beschriebene Theorie zeigt, hängt der Spannungszustand in
Auslaufnähe bei Kernflußbunkern anders als bei Massenflußbunkern vom
Bunkerdurchmesser ab. Die Radienabhängigkeit der Massenkraft im Zentrifugalfeld schlägt daher bei Kernflußbunkern stärker zu Buche. Es
kann daher nicht mit gleich hoher Genauigkeit der Vorhersage wie im
Falle der Massenflußbunker gerechnet werden. Trotzdem lieferten Versuche mit Kernflußbunkern in der in Abschnitt 12.2 beschriebenen Bunkerzentrifuge brauchbare Ergebnisse. Als Schachtbildungskriterium
wurde die Ungleichung (13.30) abgeleitet, die für den Fall des Zentrifugalfeldes zur Gleichung

$$\frac{Z_f\,\rho_{sch}\,g\,D_{SM}}{f_c} = 4\,\frac{d\omega}{dn}\bigg|_{n\,=\,1} \qquad\qquad (13.32)$$

wird. In (13.32) bezeichnen Z_f die Schleuderziffer, bei der Fließen
einsetzt und D_{SM} den Austrittsquerschnitt des Modellbunkers
(= Schachtquerschnitt). Die rechte Seite der Gleichung (13.32) ist

nur eine Funktion des inneren Reibungswinkels ρ des Schüttgutes. Bei
kohäsiven Schüttgütern hängt die Druckfestigkeit f_c von dem verfestigenden Spannungszustand ab, d.h. es gilt $f_c = f_c (\sigma_1)$. Entsprechend
Gl. (13.2) gilt für die verfestigende größte Hauptspannung im Zentrifugalfeld

$$\sigma_1 \sim Z_c \, \rho_{sch} \, g \, D_M \; . \tag{13.33}$$

In (13.33) bezeichnet Z_c die Schleuderziffer beim Verfestigen und D_M
bezeichnet den Durchmesser des zylindrischen Teiles des Bunkers. Aus
den Beziehungen (13.32) und (13.33) erhält man durch Logarithmieren

$$\left.\begin{aligned}
\log Z_f &= a + \log f_c \\[2mm]
\log Z_c &= b + \log \sigma_1
\end{aligned}\right\} \tag{13.34}$$

mit festen Zahlenwerten a, b für ein ungeändertes Schüttgut in einem
bestimmten Modellbunker. Aus (13.34) läßt sich aber gemäß [52] eine
einfache Folgerung ziehen: Stimmen die voranstehend beschriebenen
theoretischen Überlegungen, so sollten für Kernflußbunker gemessene
Verläufe $Z_f = Z_f (Z_c)$ in doppellogarithmischer Darstellung zur Druckfestigkeitskennlinie $f_c (\sigma_1)$ parallele Kurven sein. Wie Abb. 13.8
zeigt, werden die theoretischen Überlegungen durch Versuchsergebnisse
mit zwei verschiedenen Kernflußbunkern voll bestätigt. Insbesondere

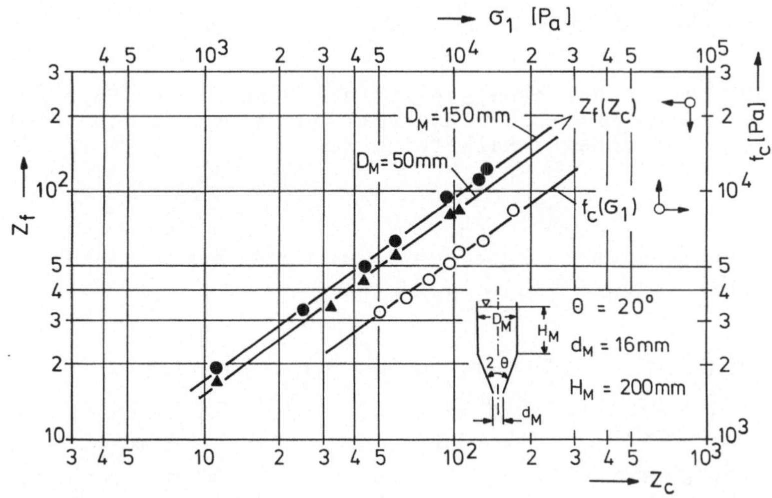

Abb. 13.8:   Versuchsergebnisse mit Kernflußbunkern im Zentrifugalfeld
             Versuchsgut: Schwerspat mit Stoffdaten entsprechend
             Abb. 12.2

zeigen die Meßergebnisse Abb. 13.8, daß der Silodurchmesser in die
Auslegung des Kernflußbunkers eingeht, da bei sonst völlig gleichen
Daten bei unterschiedlichen Durchmessern sich keine zusammenfallenden
Kurven ergeben.

Zur Überprüfung der Vorhersage des kritischen Austrittsquerschnitts
wurden Zentrifugenversuche mit einem Kalksteinmehl gefahren, deren
Ergebnisse in Abb. 13.9 wiedergegeben sind.

Wie man aus Abb. 13.9 abliest, gilt $Z_f = Z_c$, d.h. die Simulation der
Verhältnisse im Erdschwerefeld für $Z = 60$. Damit erhält man einen
kritischen Austrittsquerschnitt der Großausführung von

$$d_G = Z\ d_M = 60 \cdot 0,016 = 0,96\ m.$$

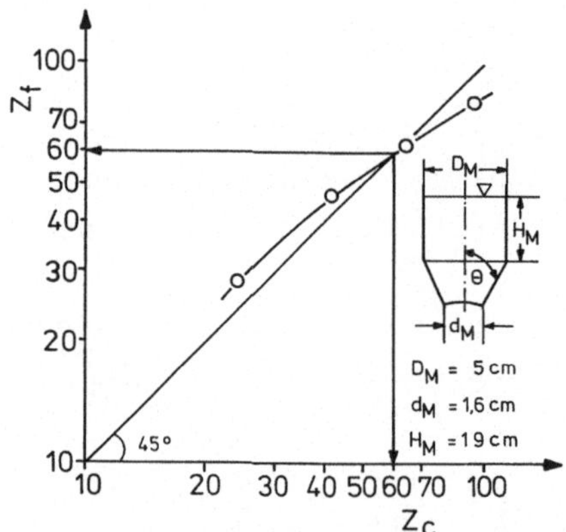

Abb. 13.9:   Versuchsergebnisse mit der Bunkerzentrifuge zur Ermitt-
             lung kritischer Austrittsquerschnitte von Kernflußbunkern,
             Versuchsgut Kalksteinmehl

Für das Versuchsgut Kalksteinmehl sind die mit Schertests gemessenen
Materialdaten in Abb. 13.10 dargestellt.

Innerer bzw. Wand - Reibungswinkel ergaben sich zu $\rho \simeq 30°$ bzw.
$\Phi_w \simeq 25°$. Mit den Schätzwerten $\rho_{sch} \simeq 1,5 \cdot 10^3\ kg\ m^{-3}$ und $\delta \simeq 44°$
ergibt sich für $D_G = Z \cdot D_M = 60 \cdot 0,05 = 3\ m$ die verfestigende
Hauptspannung nach Gl. (13.2) zu $\sigma_1 = 2,37\ N\ cm^{-2}$. Wie man aus
Abb. 13.10 entnimmt, werden für diesen Zahlenwert die Schätzwerte für
δ bzw. ρ_{sch} bestätigt. Aus dem untersten der Diagramme in Abb. 13.10

liest man für $\sigma_1 = 2,37$ N cm^{-2} eine Druckfestigkeit von $f_c = 0,8$ N cm^{-2} ab. Aus Abb. 13.7 liest man für $\rho = 30^{\circ}$ einen Zahlenwert $4 \left(\dfrac{d\omega}{dn} \right)\Big|_{n=1} = 2,3$ ab. Mit diesen Zahlenwerten erhält man schließlich aus Gl. (13.31) den Zahlenwert $d_{min} = 1,25$ m.

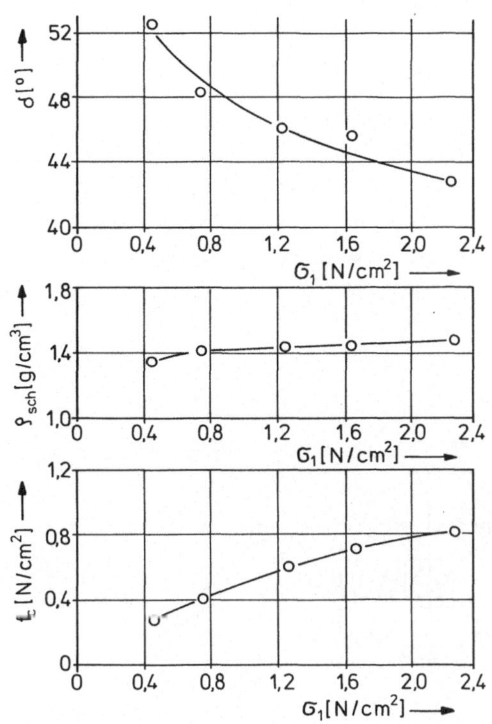

Abb. 13.10:   Materialdaten des untersuchten Kalksteinmehls

Der zu diesem Wert geringere Zahlenwert für den kritischen Austrittsquerschnitt gemäß den Versuchen mit der Bunkerzentrifuge mag auf die für die Simulation der Verhältnisse im Kernflußbunker nicht unproblematische Radienabhängigkeit der Feldkraft zurückzuführen sein.

14 Kompaktieren von Schüttgütern auf Walzenpressen

14.1 Problemstellung

Bei der Kompaktierung auf Walzenpressen erfolgt die Verdichtung des Schüttgutes zwischen zwei sich gegensinnig drehenden Walzen (vergl. Abb. 14.1).

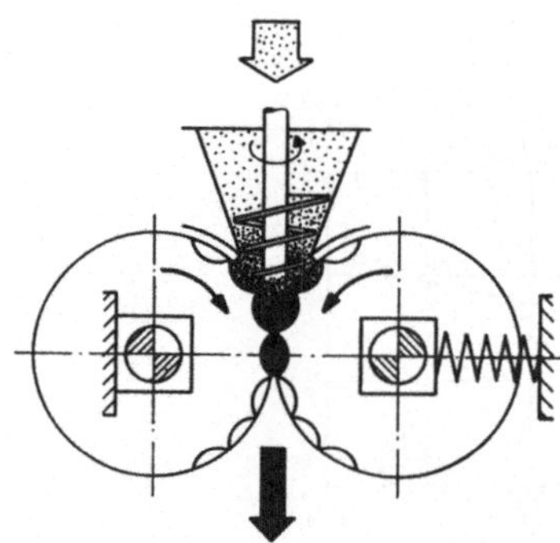

Abb. 14.1:   Wälzdruck - Brikettiermaschine (nach [56])

Besitzen die Walzen eingearbeitete Vertiefungen, wie in Abb. 14.1 an-gedeutet, so verläßt das Material die Presse in Form von einzelnen Briketts. Sind die Walzen dagegen glatt, so werden Streifen ausge-formt. In vielen Fällen wird das zu verarbeitende Material wie in Abb. 14.1 dargestellt, den Walzen zwangsweise, etwa über eine För-derschnecke zugeführt. Wie die nachstehend beschriebene theoretische Analyse zeigt, ist der so erzeugte Vordruck für das insgesamt er-reichte Druckniveau wichtig. Kompaktieren bzw. Agglomerieren sind nicht Gegenstand dieses Buches. Der primär an Agglomerationsverfah-ren Interessierte sei deshalb auf einschlägige Literatur [56, 57] verwiesen. Im Nachstehenden wird das Hauptaugenmerk darauf gelegt, zu zeigen, was die Methoden der Schüttgutmechanik im Zusammenhang mit

Problemen des Kompaktierens leisten. Die nachstehende Darstellung
stützt sich weitgehend auf von Johanson [58, 59, 60] publizierte Arbeiten ab.

14.2 Geometrische Beziehungen für den Walzenspalt

Aus Abb. 14.2 lassen sich die geometrischen Beziehungen ablesen, die
zur Beschreibung des Kompaktierens im Walzenspalt benötigt werden.
Das Maß d berücksichtigt den Einfluß von evtl. in die Walzenoberfläche eingearbeiteten Taschen auf den Schüttgutdurchsatz.

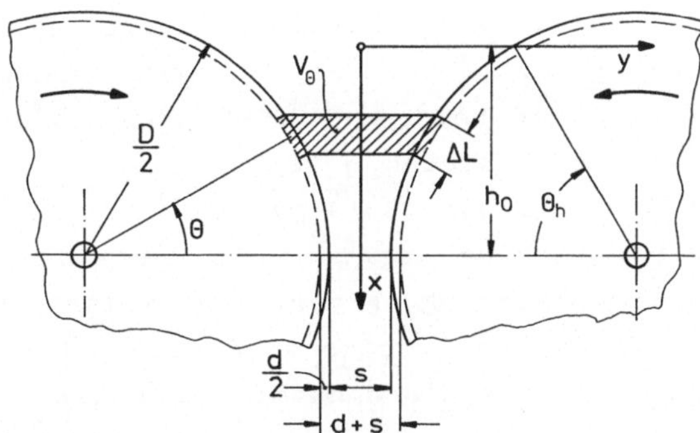

Abb. 14.2:   Geometrische Beziehungen für den Walzenspalt

Es sei V_T das Volumen einer Tasche. Bei Z auf einer Walze gleichmäßig
verteilten Taschen gilt für das Volumen einer für die Materialbilanz
gleichwertigen Materialschicht

$$\pi \ D \ B \ \frac{d}{2} = Z \ V_T$$

mit der Breite B der Walzen.

Der dem Längenelement Δ L der Walzenoberfläche zugeordnete Volumenan-
teil des Walzenspaltes ist dann

$$V_\theta = \left\{ d + [s + D (1 - \cos \theta)] \cos \theta \right\} B \ \Delta \ L \ . \qquad (14.1)$$

14.3 Eine sinnvoll formulierte Randwertaufgabe

Wie die nachstehend beschriebene Durchrechnung zeigt, ergibt sich für
Winkel $\theta > \alpha$ Gleiten des Schüttgutes relativ zur Walzenoberfläche,
d.h. das Schüttgut eilt der Walzenoberfläche nach, während für Winkel
$\theta \leq \alpha$ das Schüttgut relativ zur Walzenoberfläche in Ruhe ist. Die Bedingung zur Ermittlung des Greifwinkels α ergibt sich daraus, daß für
$\theta < \alpha$ die Wandreibung zur Mitnahme des Schüttgutes nicht voll mobili-
siert werden muß. Gemäß diesen Überlegungen läßt sich die Existenz
eines solchen Greifwinkels α nur dadurch nachweisen, daß zunächst das
Schüttgutverhalten im Walzenspalt rechnerisch so ermittelt wird, wie
wenn im gesamten Walzenspalt das Schüttgut relativ zur Walzenoberfläche gleiten würde und danach das Schüttgutverhalten im Walzenspalt so
gerechnet wird, wie wenn es im Walzenspalt ohne Schlupf mitgenommen
würde. Aus dem Vergleich der beiden rechnerischen Lösungen läßt sich
dann ermitteln, in welchen Gebieten jeweils die eine bzw. die andere
Lösung physikalisch sinnvoll ist. Solange das Material nicht schlupffrei mitgenommen wird, befindet es sich im Zustand des stationären
Fließens. Wegen des beim Walzvorgang vergleichsweise hohen Spannungs-
niveaus bedeutet der Ersatz des stationären Fließortes durch den ef-
fektiven Fließort ($\varphi_e \rightarrow \delta$) und die Annahme δ = const im Gegensatz zu
den Verhältnissen in Auslaufnähe eines Massenflußbunkers (vergl. Ab-
schnitt 11.5) keinen signifikanten Fehler (vergl. hierzu Abb. 14.3).

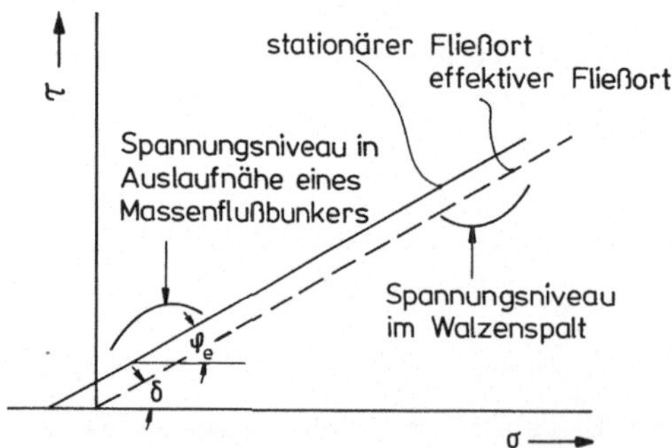

Abb. 14.3:   Stationärer Fließort und effektiver Fließort

Das Materialverhalten des stationär fließenden Schüttgutes läßt sich
dann aber genau genug entsprechend der Darstellung Abb. 14.4 erfassen.

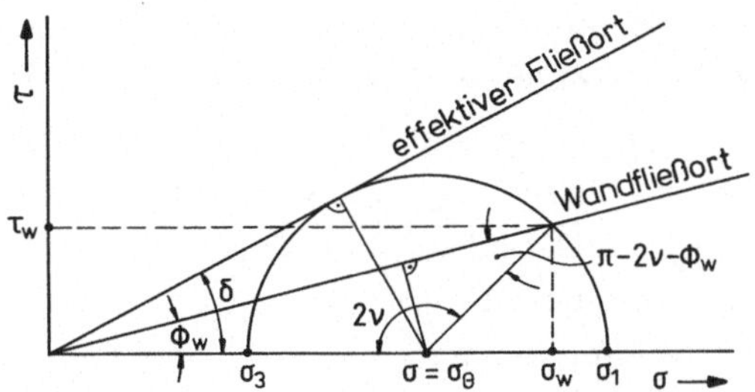

Abb. 14.4:   Materialverhalten des im Walzenspalt stationär
               fließenden Schüttgutes

Mit δ = const ist bei vorgegebenem Wandreibungswinkel Φ_w auch der
Winkel 2ν im Mohrkreis zwischen der kleinsten Hauptspannung σ_3 und
dem Spannungszustand an der Wand (σ_w, τ_w) unabhängig vom Spannungsniveau.

Man liest aus Abb. 14.4 die Beziehung

$$2\nu = \pi - \text{arc sin} \frac{\sin \Phi_w}{\sin \delta} - \Phi_w \qquad (14.2)$$

ab. Entsprechend Gl. (14.2) kann daher an Stelle des Wandreibungswinkels Φ_w völlig gleichwertig der Winkel ν benutzt werden. Eine der
rechnerischen Lösung entgegenkommende Randwertaufgabe läßt sich derart formulieren, daß die obere, horizontale Berandung des Spannungsfeldes in den Punkt der Walzenoberfläche gelegt wird, in dem die
größte Hauptspannung σ_1 bei gegebenen Reibungsverhältnissen an der
Walzenoberfläche im gesamten Rand horizontal wirkt. Eine derartige
Situation ist in Abb. 14.5 dargestellt.

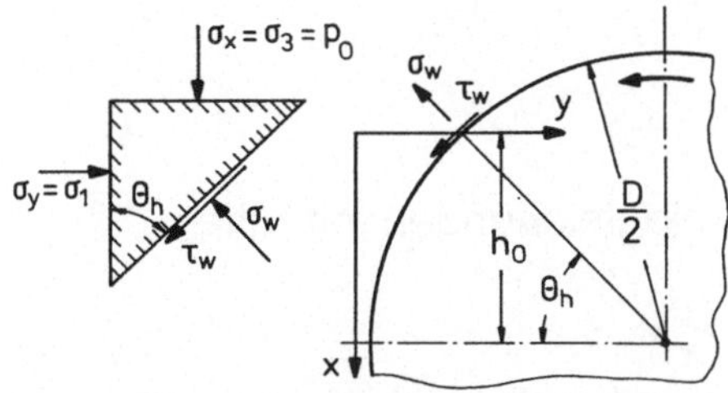

Abb. 14.5:   Spannungszustand an der Walzenoberfläche im oberen
               Randpunkt des Spannungsfeldes

Wegen der Symmetrie des Walzenspaltes wird nur die rechte Hälfte betrachtet. Da die Walzen das Schüttgut einziehen, ist die Schubspannung nach unten gerichtet, entsprechend den Vorzeichenvereinbarungen der Mohrkreisdarstellung von Spannungszuständen gilt also $\tau_w > 0$. Aus dem Vergleich von Abb. 14.5 mit Abb. 14.4 folgt dann aber, daß die gesuchte Stelle θ_h der Walzenoberfläche durch $\theta_h = \pi/2 - \nu$ festgelegt ist. Die Lage des Koordinatenursprungs des x, y - Koordinatensystems ist dann durch den Abstand

$$h_0 = \frac{D}{2} \sin \theta_h \qquad\qquad (14.3)$$

von der horizontalen Symmetrielinie gegeben. Wegen der Symmetrie des Spannungsfeldes zur vertikalen x - Achse ist die Horizontalspannung σ_y auf der vertikalen Symmetrieachse eine größte Hauptspannung, d.h. es gilt $\sigma_y (y = 0) = \sigma_1$. Dann ist aber die Annahme sinnvoll, daß längs des Randes $x = 0$ die größte Hauptspannung σ_1 konstant ist. Bei gegebenem Vordruck $\sigma_x = p_0$, der dann gleich der kleinsten Hauptspannung σ_3 ist, liest man aus Abb. 14.4 für die Spannungsgrößen σ bzw. ω der Differentialgleichungen (7.10) des Spannungsfeldes im stationär fließenden Schüttgut die Randbedingungen

$$\left.\begin{aligned} \sigma (x = 0) = \sigma_0 &= \frac{p_0}{1 - \sin \delta}, \\ \omega (x = 0) &= \frac{\pi}{2} \end{aligned}\right\} \qquad (14.4)$$

ab. Entsprechend der Definitionsgleichung (7.11) für die dimensionslose Spannungsgröße S ergeben sich aus (14.4) dann die Randbedingungen für S bzw. ω

$$\left.\begin{aligned} S (x = 0) &= 0, \\ \omega (x = 0) &= \frac{\pi}{2}. \end{aligned}\right\} \qquad (14.5)$$

14.4 Lösung der Spannungsfeldgleichungen mit Hilfe der Charakteristiken

Würde man das Charakteristikenverfahren so anwenden, wie in Kapitel 7 beschrieben, so müßte man auf dem Rand $x = 0$ gleichmäßig verteilte Startpunkte vorgeben und von diesen ausgehend über ein Charakteri-

stikennetz in den Walzenspalt hineinrechnen. In seiner Lösung hat
Johanson eine weitere Vereinfachung eingeführt. Entsprechend der Darstellung Abb. 14.6 wird ein Startpunkt 1 auf der vertikalen Symmetrielinie vorgegeben. Längs einer ersten Charakteristik wird bis zum
Punkt 2 auf der Walzenoberfläche gerechnet. Von 2 wird längs einer
zweiten Charakteristik zum Punkt 3 auf der vertikalen Symmetrielinie
gerechnet. Von 3 wiederum längs einer ersten Charakteristik zum
Punkt 4 auf der Walzenoberfläche und so fort.

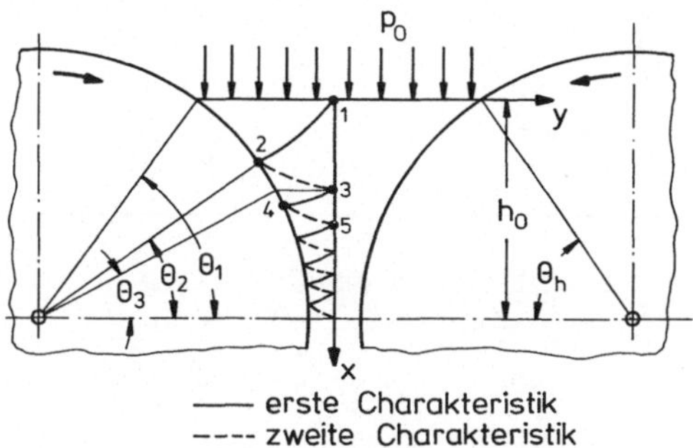

Abb. 14.6:   Berechnung des Spannungsfeldes mit Hilfe der Charakteri-
              stiken

Bei einem derart grobmaschigen Charakteristikennetz ersetzt man die
Differentiale in den Differentialgleichungen (7.25) bis (7.28) durch
Differenzen erster Ordnung. Die Spannungswerte σ werden nur auf den
Schnittpunkten der Charakteristiken mit der vertikalen Symmetrielinie
berechnet.

Beispielhaft wird die Rechnung vom Startpunkt 1 über den Zwischenpunkt 2 an der Walzenoberfläche bis zum Punkt 3 auf der vertikalen
Symmetrielinie verfolgt. Die Charakteristik von 1 nach 2 ist eine
erste Charakteristik, so daß die Gleichungen (7.25) und (7.26) gelten. Man setzt für die abhängigen Variablen σ und ω mittlere Werte
zwischen den Positionen 1 und 2, d.h.

$$\omega = \frac{\omega_1 + \omega_2}{2} \quad ; \quad \sigma = \frac{\sigma_1 + \sigma_2}{2}$$

an. Mit den Abkürzungen

$$\mu = \frac{\pi}{4} - \frac{\delta}{2} \tag{14.6}$$

und

$$\left. \begin{array}{c} \xi \\ \eta \end{array} \right\} = \frac{\cot \delta}{2} \; \ln \frac{\sigma}{\sigma_0} \pm \omega = S \pm \omega \qquad\qquad (14.7)$$

folgt aus (7.25) und (7.26) für die erste Charakteristik bei stationärem Fließen ($\rho \rightarrow \delta$):

$$\frac{y_2 - y_1}{x_2 - x_1} = \tan \left(\frac{\omega_1 + \omega_2}{2} + \mu \right), \qquad\qquad (14.8)$$

$$\frac{\xi_2 - \xi_1}{x_2 - x_1} = - \frac{\sin \left(\frac{\omega_1 + \omega_2}{2} - \mu \right) \rho_{sch}\, g}{(\sigma_1 + \sigma_2)\, \sin \delta \, \cos \left(\frac{\omega_1 + \omega_2}{2} + \mu \right)}. \qquad (14.9)$$

Analog folgt aus (7.27) und (7.28) für die zweite Charakteristik zwischen den Punkten 2 und 3:

$$\frac{y_3 - y_2}{x_3 - x_2} = \tan \left(\frac{\omega_2 + \omega_3}{2} - \mu \right), \qquad\qquad (14.10)$$

$$\frac{\eta_3 - \eta_2}{x_3 - x_2} = \frac{\sin \left(\frac{\omega_2 + \omega_3}{2} + \mu \right) \rho_{sch}\, g}{(\sigma_2 + \sigma_3)\, \sin \delta \, \cos \left(\frac{\omega_2 + \omega_3}{2} - \mu \right)}. \qquad (14.11)$$

Die Gleichungen (14.8) bis (14.11) gelten zusammen mit den geometrischen Bedingungen

$$\left. \begin{array}{l} x_1 = 0, \; x_2 = h_0 - \dfrac{D}{2} \sin \theta_2 = \dfrac{D}{2} (\sin \theta_1 - \sin \theta_2), \\[2ex] y_1 = 0, \; y_2 = - \left[\dfrac{D}{2} (1 - \cos \theta_2) + \dfrac{s}{2} \right], \; y_3 = 0 \end{array} \right\} \qquad (14.12)$$

bzw. den Bedingungen für die Orientierung der größten Hauptspannung

$$\omega_1 = \omega_3 = \frac{\pi}{2} \ (= \text{größte Hauptspannung horizontal in der Walzenspaltmitte})$$

$$\omega_2 = \theta_2 + \nu \ (= \text{Reibungsbedingung an der Walzenoberfläche}).$$

$$(14.13)$$

Die letzte Bedingung läßt sich aus Abb. 14.7

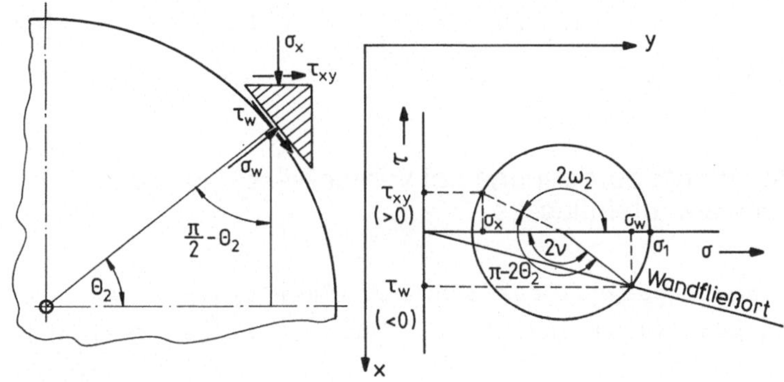

Abb. 14.7:   Wandreibungsbedingung im Punkt 2

entnehmen. Aus der rechten Bildhälfte liest man die zur letzten Bedingung führende Beziehung: $2\omega_2 + \pi = 2\theta_2 - \pi + 2\nu$ ab.

Mit diesen Bedingungen erhält man aus (14.8)

$$\sin\theta_2 = \sin\theta_1 + \frac{1 - \cos\theta_2 + \frac{s}{D}}{\tan\left(\dfrac{\theta_2 + \nu + \frac{\pi}{2}}{2} + \mu\right)}. \qquad (14.14)$$

Die Beziehung (14.14) ist eine implizite Gleichung für θ_2, aus der θ_2 berechnet werden kann. Bei bekanntem θ_2 folgt dann durch Einsetzen der Bedingungen (14.12), (14.13) in Gl. (14.10) eine Gleichung für x_3:

$$x_3 - x_1 = \frac{D}{2}\left(1 + \frac{s}{D} - \cos\theta_2\right)\left[\cot\left(\dfrac{\theta_2 + \nu + \frac{\pi}{2}}{2} - \mu\right) - \right.$$

$$\left. - \cot\left(\dfrac{\theta_2 + \nu + \frac{\pi}{2}}{2} + \mu\right)\right]. \qquad (14.15)$$

Mit jetzt bekanntem Winkel θ_2 bzw. bekanntem Wert x_3 lassen sich über die Gleichungen (14.9) bzw. (14.11) die Spannungen σ_2 und σ_3 ermitteln. Da diese Gleichungen implizite Beziehungen für σ_2 bzw. σ_3 sind, ist nur eine iterative numerische Lösung möglich. Damit ist aber der Spannungszustand im Punkt 3 vollständig bekannt. Ausgehend vom Punkt 3 läßt sich danach völlig gleichartig (vergl. Abb. 14.6) über den Zwischenpunkt 4 auf der Walzenoberfläche der Spannungszustand im nächsten Symmetriepunkt 5 berechnen. Auf diese Weise zwischen Symmetriepunkten und Punkten auf der Walzenoberfläche fortschreitend, läßt sich der Spannungszustand im gesamten Walzenspalt näherungsweise ermitteln.

14.5 Spannungsberechnung bei Vernachlässigung des Schwerkrafteinflusses

Bei Vernachlässigung des Schwerkrafteinflusses ($g = 0$) folgen aus den Gleichungen (14.9) bzw. (14.11) die einfachen Beziehungen

$$\xi_2 - \xi_1 = 0$$

bzw.

$$\eta_3 - \eta_2 = 0.$$

Einsetzen von (14.7) liefert bei Beachtung der Bedingungen schließlich

$$\ln \frac{\sigma_3}{\sigma_0} - \ln \frac{\sigma_1}{\sigma_0} = 4 \left(\frac{\pi}{2} - \theta_2 - \nu\right) \tan \delta. \tag{14.16}$$

Mit θ_2 aus (14.14) lassen sich dann aber die Werte x_3, σ_3 direkt aus (14.15) bzw. (14.16) berechnen. Mit bekannten Daten im Punkt 3 kann die Rechnung völlig analog über die Punkte 3, 4 und 5 (vergl. Abb. 14.6) usw. fortgeführt werden.

In Abb. 14.8 ist das Ergebnis einer solchen Rechnung bei Vernachlässigung des Schwerkrafteinflusses wiedergegeben. Es ist $\sin \theta$ über dem dekadischen Logarithmus $\log (\sigma / \sigma_0)$ für die Materialdaten $\delta = 40°$, $\nu = 45°$ und das konstruktive Maß $s/D = 0,005$ dargestellt. Wegen des Bezugs der Spannung σ auf die mittlere Spannung σ_0 am oberen Rand ist das Ergebnis der Rechnung unabhängig von der Auflast
$$p_0 = \sigma_0 (1 - \sin \delta).$$

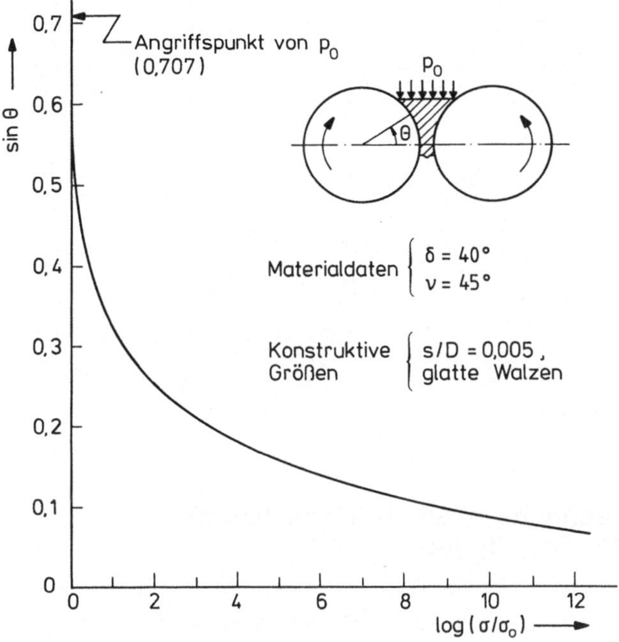

Abb. 14.8: Spannungsverteilung in der vertikalen Symmetrielinie des
Walzenspaltes für relativ zur Walzenoberfläche gleitendes Material nach [58]

Die Spannung σ bleibt über eine merkliche Tiefe praktisch konstant,
um dann extrem hohe Werte für θ → 0 anzunehmen. In der Realität gilt
jedoch die in Abb. 14.8 dargestellte Druckverteilung nur bis zum
Greifwinkel α.

Nach dem Mittelwertsatz der Integralrechnung gilt für einen Zwischenpunkt zwischen 1 und 3

$$\frac{\ln \dfrac{\sigma_3}{\sigma_0} - \ln \dfrac{\sigma_1}{\sigma_0}}{x_3 - x_1} = \frac{d\left(\ln \dfrac{\sigma}{\sigma_0}\right)}{dx} . \tag{14.17}$$

Setzt man diesen Zwischenpunkt näherungsweise gleich dem Punkt 2, so
folgt aus dem Vergleich von (14.17) mit (14.15) und (14.16) die gewöhnliche Differentialgleichung für σ:

$$\frac{d\sigma}{dx} = \sigma\,\frac{d\left(\ln \frac{\sigma}{\sigma_0}\right)}{dx} = \frac{4\,\sigma\left(\frac{\pi}{2} - \theta - \nu\right)\tan\delta}{\frac{D}{2}\left(1 + \frac{s}{D} - \cos\theta\right)} \cdot \left[\cot\left(\frac{\theta + \nu + \frac{\pi}{2}}{2} - \mu\right) - \right.$$

$$\left. - \cot\left(\frac{\theta + \nu + \frac{\pi}{2}}{2} + \mu\right)\right]^{-1} . \qquad (14.18)$$

Mit Hilfe der Beziehung (14.18) läßt sich der für Auslegungsrechnungen benötigte Spannungsgradient $d\sigma/dx$ unmittelbar für bekannte
Werte $\sigma\,(\theta)$ berechnen.

14.6 Spannungsberechnung im Gebiet des schlupffrei mitgenommenen Schüttgutes

Wird das Material im Walzenspalt schlupffrei mitgenommen, so wird es
entsprechend der Geometrie des Walzenspaltes unter Volumenabnahme
kompaktiert. Wenn α den Greifwinkel bezeichnet, so gilt für die
Schüttdichten in den Positionen α, $\theta < \alpha$ gemäß Gl. (14.1) die Beziehung

$$\frac{\rho_{sch\,\theta}}{\rho_{sch\,\alpha}} = \frac{V_\alpha}{V_\theta} = \frac{\frac{d}{D} + \left(1 + \frac{s}{D} - \cos\alpha\right)\cos\alpha}{\frac{d}{D} + \left(1 + \frac{s}{D} - \cos\theta\right)\cos\theta} . \qquad (14.19)$$

Für den Kompaktiervorgang lassen sich empirische Druck - Dichte -
Beziehungen von der Form

$$\frac{\sigma_\theta}{\sigma_\alpha} = \left(\frac{\rho_{sch\,\theta}}{\rho_{sch\,\alpha}}\right)^{K} \qquad (14.20)$$

angeben, wobei die Konstante K durch Auswertung von Kompaktierversu-
chen in geeigneten Meßzellen zu bestimmen ist. In der Gleichung
(14.20) bezeichnen σ_θ, σ_α die jeweiligen Werte der mittleren Normalspannung $\sigma = \frac{\sigma_1 + \sigma_3}{2}$. Bei doppellogarithmischer Auftragung der Meßwerte (vergl. Abb. 14.9) läßt sich die Kompressibilitätskonstante K
einfach ablesen.

Im folgenden wird der Zahlenwert K als bekannt vorausgesetzt. Sinnvolle Zahlenwerte K liegen im Bereich $5 \lesssim K \lesssim 50$. Insbesondere ist ein inkompressibles Schüttgut durch $K \to \infty$ gekennzeichnet. Aus (14.19) und (14.20) ergibt sich die Spannung σ_θ zu

$$\sigma_\theta = \sigma_\alpha \left[\frac{\frac{d}{D} + (1 + \frac{s}{D} - \cos\alpha)\cos\alpha}{\frac{d}{D} + (1 + \frac{s}{D} - \cos\theta)\cos\theta} \right]^K . \tag{14.21}$$

Bei bekannten Werten α und σ_α läßt sich mit Hilfe von (14.21) die Druckverteilung im Gebiet $\theta \leq \alpha$ berechnen.

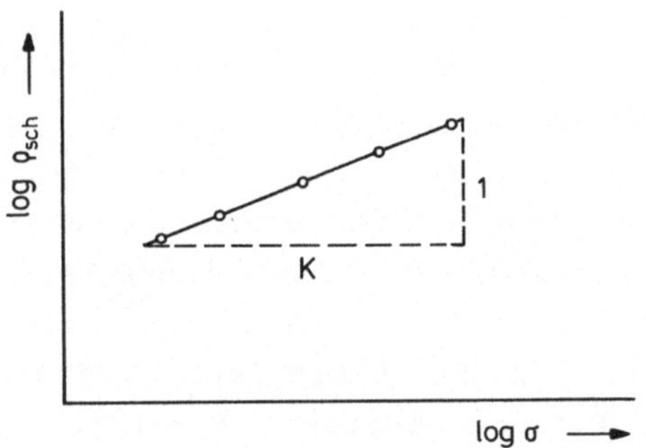

Abb. 14.9:   Zur Ermittlung der Kompressibilitätskonstanten K

14.7 Ermittlung des Greifwinkels

Zur Ermittlung des Greifwinkels α wird der Ausdruck $d\sigma/dx$ betrachtet. Die Zunahme $d\sigma/dx$ wird von den von der Walzenoberfläche auf das Schüttgut übertragenen Spannungen erzwungen. Im Gebiet des Schlupfes der Walzen relativ zum Schüttgut $(\theta_h > \theta > \alpha)$ gilt für $d\sigma/dx$ die Näherungsbeziehung (14.18).

Für das Gebiet der schlupffreien Mitnahme $(\alpha \geq \theta \geq 0)$ folgt aus (14.21)

$$\frac{d\sigma}{dx} = \frac{d\sigma_\theta}{d\theta}\frac{d\theta}{dx} = \frac{K\sigma_\theta\,(2\cos\theta - 1 - \frac{s}{D})\tan\theta}{\frac{D}{2}\left[\frac{d}{D} + (1 + \frac{s}{D} - \cos\theta)\cos\theta\right]} . \tag{14.22}$$

Die rechte Seite von (14.22) wird zu Null für $\theta = 0$ und wegen $s/D \ll 1$ für $\cos\theta \simeq 1/2$, d.h. $\theta \simeq 60°$.

Die Beziehung (14.22) enthält die mittlere Spannung σ_θ, die gemäß Gl. (14.21) wiederum vom bis jetzt noch unbekannten Greifwinkel α und der dort herrschenden mittleren Spannung σ_α abhängt.

Diese Problematik läßt sich wie folgt überspielen: An Stelle des unbekannten wahren Verlaufs $d\sigma/dx$ wird im Bereich $\theta > \alpha$ der Verlauf berechnet, der sich ergibt, wenn der für relativ zur Walzenoberfläche gleitendes Material berechnete Wert σ_θ eingesetzt wird. Ein derart berechneter Verlauf ist in Abb. 14.10 als gestrichelt gezeichnete Kurve wiedergegeben, während die ausgezogen gezeichnete Kurve für relativ zur Walzenoberfläche gleitendes Material gilt.

Es läßt sich einfach zeigen, daß schlupffreie Mitnahme ab der Stelle $\theta = \alpha$ erfolgt, an der sich beide Kurven überschneiden. Nimmt man zunächst an, daß zwischen $\alpha \leq \theta \leq \theta_h$ kein Gleiten erfolgt, so gilt für $d\sigma/dx$ näherungsweise die gestrichelt gezeichnete Kurve in diesem Gebiet. Betrachtet man das Gleichgewicht eines entsprechend dem Volumen V_θ in Abb. 14.2 durch zwei horizontale Ebenen begrenzten Schüttgutelementes im Walzenspalt, so muß der Druckgradient $d\sigma/dx$ durch die von der Walzenoberfläche auf das Schüttgut übertragenen Spannungen aufgebracht werden. Der größte Druckgradient $d\sigma/dx$, der von den von den Walzen auf das Schüttgut übertragenen Spannungen aufgebaut werden kann, ist aber der, der sich für relativ zur Walzenoberfläche gleitendes Material einstellt. Dieser Druckgradient ist durch die in Abb. 14.10 ausgezogen gezeichnete Linie gegeben. Dann kann sich aber im Gebiet $\alpha < \theta \leq \theta_h$ in keinem Punkt unter den für gleitendes Material übertragenen Spannungen der durch die gestrichelt gezeichnete Linie gegebene größere Druckgradient einstellen, sondern nur der durch die ausgezogen gezeichnete Linie gegebene niedrigere Druckgradient. Im Gebiet $\alpha \leq \theta \leq \theta_h$ gleitet dann aber das Schüttgut relativ zur Walzenoberfläche.

Umgekehrt wird jetzt angenommen, daß das Material im Gebiet $0 \leq \theta \leq \alpha$ relativ zur Walzenoberfläche gleitet, d.h. daß die ausgezogen gezeichnete Linie gilt. Diese ausgezogen gezeichnete Linie zeigt einen mit abnehmendem Winkel θ zunehmenden Druckgradienten, d.h. ein starkes Anwachsen der mittleren Spannung σ bei weiterem Vordringen des Materials. Demgegenüber liefert der mit dem jezt bekannten Startwert mittels Gl. (14.21) berechenbare Verlauf σ_θ in Gl. (14.22) eingesetzt

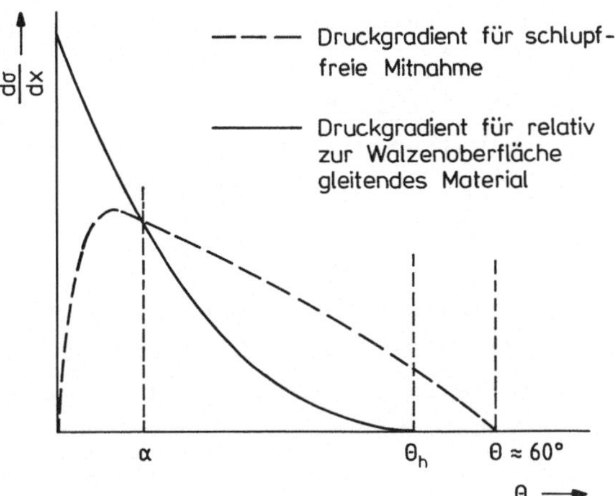

Abb. 14.10:   Typische Verläufe der vertikalen Druckgradienten $\dfrac{d\sigma}{dx}$ über der an der Walzenoberfläche gemessenen Position θ nach [58]

im Bereich $0 \le \theta \le \alpha$ die in Abb. 14.10 für schlupffreie Mitnahme gültige, gestrichelt gezeichnete Kurve. Diese Kurve liegt unterhalb der ausgezogen gezeichneten. Dies bedeutet aber, daß das Material ab $\theta \le \alpha$ auch ohne volle Mobilisierung der Wandreibung und damit ohne Schlupf relativ zur Walzenoberfläche kompaktiert wird. Entsprechend der Kompressibilität des Schüttgutes ergäbe sich nämlich bei relativ zur Walzenoberfläche gleitendem Material eine stärkere Volumenabnahme als zur Erfüllung der Kontinuitätsbedingung nötig ist. Ab $\partial \le \alpha$ gilt dann aber die gestrichelt gezeichnete Kurve. Mit diesen Überlegungen ist eine Prozedur zur Auffindung des Greifwinkels α gefunden: Man berechnet ab θ_h den Spannungsverlauf σ(θ) gemäß dem Charakteristikenverfahren für relativ zur Walzenoberfläche gleitendes Material, ermittelt damit den Druckgradienten gemäß Gl. (14.18) sowie durch Einsetzen des Spannungswertes σ(θ) in Gl. (14.22) den Druckgradienten für schlupffrei mitgenommen gedachtes Material und prüft nach, ob dieser zweite Druckgradient kleiner ist als der erste. Wird Gleichheit der Druckgradienten festgestellt, so ist der Greifwinkel α ermittelt.

14.8 Abhängigkeit des Greifwinkels von Material- und konstruktiven Daten

Bevor man sich Einzelheiten der Abhängigkeit des Greifwinkels α von Materialdaten zuwendet, macht man sich zweckmäßig einige grundlegende Eigenschaften klar. Der Greifwinkel α wird durch Gleichsetzen der

Ausdrücke (14.18) bzw. (14.22) erhalten. Damit ist aber der Greifwinkel unabhängig von σ und unabhängig von jeder absoluten Länge. Für
die Maschinenpraxis bedeutet dies auch, daß der Greifwinkel unabhängig ist von der zwischen den Walzen wirksamen resultierenden Walzkraft
und dem Walzendurchmesser, d.h. bei Modellversuchen stellt sich derselbe Greifwinkel ein.

Für ein inkompressibles Material ($K \rightarrow \infty$) folgt aus (14.22) $\tan \theta \rightarrow 0$
und damit $\alpha = 0$, d.h. ein inkompressibles Material gleitet im gesamten Walzenspalt relativ zur Walzenoberfläche. Der Grenzfall eines extrem leicht kompressiblen Schüttgutes ($K \rightarrow 0$) hat $d\sigma/\partial x \rightarrow 0$ und damit
gemäß Gl. (14.18) $\theta = \pi/2 - \nu$, d.h. $\alpha = \theta_h$ und damit wie zu erwarten
schlupffreie Mitnahme des Materials im gesamten Walzenspalt zur Folge. Wenn die Walzen keine Taschen besitzen und der dimensionslose
Walzenspalt s/D << 1, so hängt der Greifwinkel nur von den Materialdaten K, δ und ν ab. Wie z.B. Abb. 14.11 für vorgegebene Zahlenwerte
K, δ und ν zeigt, ist der berechnete Greifwinkel praktisch unabhängig
von s/D.

Etwas ausgeprägter, aber immer noch gering ist, wie aus Abb. 14.12 zu
entnehmen, die Abhängigkeit des Greifwinkels von der Taschentiefe.

Wie die Abbildungen 14.13 und 14.14 zeigen, hängt der Greifwinkel dagegen merklich von den Materialeigenschaften des zu verarbeitenden
Schüttgutes ab. Je kompressibler ein Material ist, d.h. je kleiner
der Zahlenwert K ist, desto eher wird das Schüttgut schlupffrei mitgenommen. Diese Erwartung wird durch Abb. 14.13 bestätigt, die ab

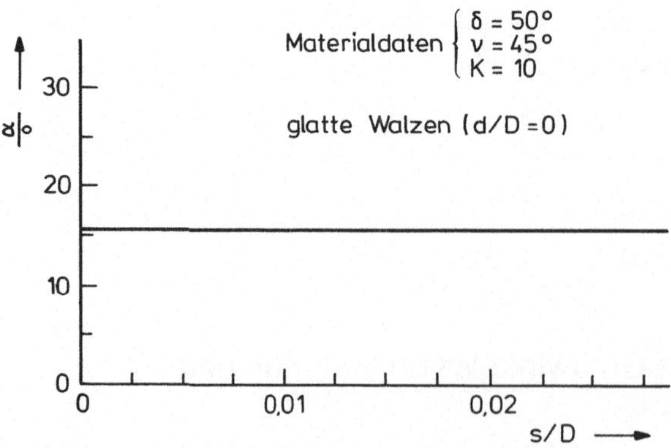

Abb. 14.11:   Greifwinkel α über dimensionslosem Walzenspalt s/D
               für fest vorgegebene Materialdaten nach [58]

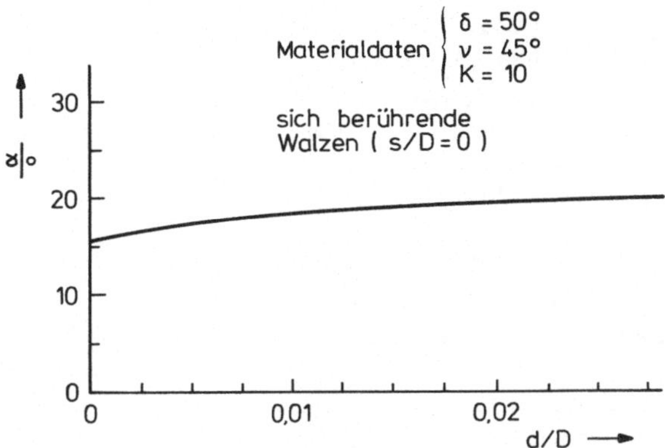

Abb. 14.12:   Greifwinkel α über dimensionsloser Taschentiefe d/D
               für fest vorgegebene Materialdaten nach [58]

nehmende Werte α für zunehmende Werte K zeigt. Ebenso ist das aus
Abb. 14.13 zu entnehmende Ergebnis plausibel, daß eine Erhöhung der
Wandreibung zu früherer schlupffreier Mitnahme führt.

Ebenso ist das in Abb. 14.14 wiedergegebene Ergebnis plausibel, wonach eine Erhöhung des effektiven Reibungswinkels δ , d.h. eine Ab-
nahme der Gleitfähigkeit der Partikeln untereinander im Zustand des
stationären Fließens zu einer Erhöhung des Greifwinkels α führt.

Da der effektive Reibungswinkel Werte $30^{\circ} \lesssim \delta \lesssim 70^{\circ}$ annehmen kann,
dürfen nach Abb. 14.14 Zahlenwerte des Greifwinkels zwischen 7° und
33° erwartet werden.

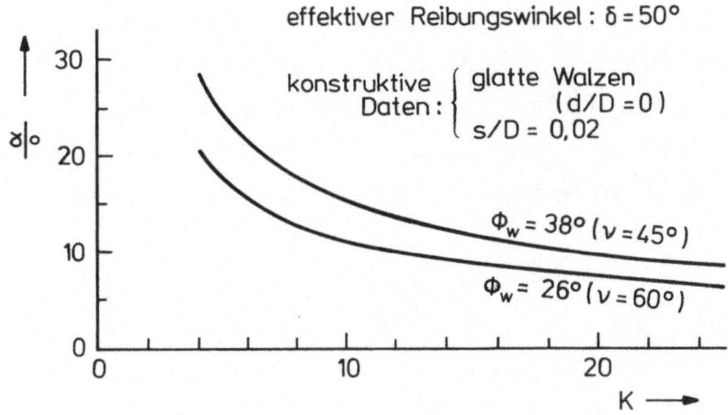

Abb. 14.13:   Abhängigkeit des Greifwinkels α von der Kompressibi-
               litätskonstanten K nach [58]

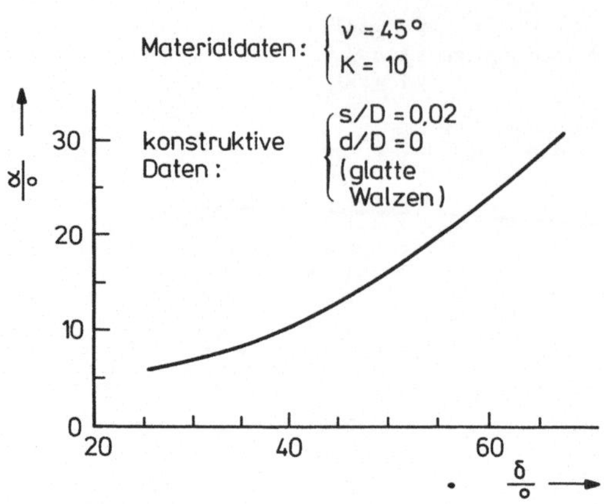

Abb. 14.14:   Abhängigkeit des Greifwinkels α vom effektiven
               Reibungswinkel δ nach [58]

Die vergleichsweise große Variationsbreite der Daten für den Greifwinkel in Abhängigkeit von den Eigenschaften des zu verarbeitenden
Materials gemäß den Abbildungen 14.13 und 14.14 zeigt nachdrücklich,
daß die Pressenauslegung den Materialeigenschaften angepaßt werden
muß.

14.9 Einfluß von Material- und konstruktiven Daten auf die Auslegungsgrößen einer Walzenpresse

Die mit den in den Abschnitten 14.5, 14.6 und 14.7 beschriebenen Methoden berechenbare Druckverteilung auf der vertikalen Symmetrielinie
des Walzenspaltes ist für sich genommen für die Auslegung von Walzenpressen wenig aussagekräftig. Johanson [58] berechnete daher aus der
Druckverteilung integrale Maße wie resultierende Kraft F zwischen den
Walzen bzw. das zum Antrieb einer Walze erforderliche Drehmoment M.
Mit der horizontal gerichteten größten Hauptspannung
$\sigma_1 = \sigma_\theta$ (1 + sin δ) auf der vertikalen Symmetrieachse des Walzenspaltes gemäß Abb. 14.4 wird entsprechend Abb. 14.15 die resultierende
Kraft im Walzenspalt

$$F = \frac{1}{2} \int_{\theta = 0}^{\theta_h} \sigma_1 \, BD \cos \theta \, d\theta .$$ (14.23)

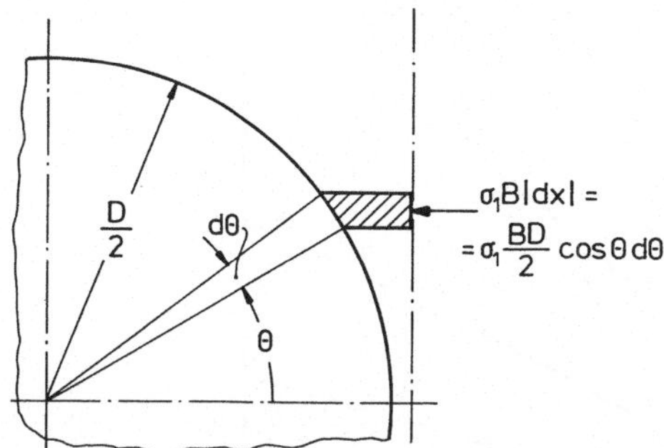

Abb. 14.15:   Zur Ermittlung der resultierenden Walzkraft F

Falls das Material eine merkliche elastische Rückdehnung zeigt, kann auch ein Anteil Walzkraft im Gebiet $\theta < 0$ auftreten. Die meisten Schüttgüter weisen aber eine nur geringe elastische Rückdehnung auf, so daß dieser Anteil in der Regel vernachlässigbar klein ist. Die Rechnungen Johansons ergaben, daß darüber hinaus der Druck im Schlupfgebiet $\theta > \alpha$ so gering ist, daß der davon herrührende Walzkraftanteil ebenfalls vernachlässigbar klein ist. In diesem Fall kann die resultierende Walzkraft zu

$$F = \frac{\sigma_{1\,max}\ B\ D\ \varphi_F}{2} \tag{14.24}$$

mit dem dimensionslosen Beiwert

$$\varphi_F = \int_{\theta=0}^{\theta=\alpha} \left[\frac{(d+s)/D}{d/D + (1 + s/D - \cos\theta)\cos\theta} \right]^K \cos\theta\, d\theta \tag{14.25}$$

berechnet werden. In Gl. (14.24) bezeichnet $\sigma_{1\,max}$ die maximale Hauptspannung in der engsten Stelle des Walzenspaltes. Johanson hat das in Abb. 14.16 wiedergegebene Diagramm zur Ermittlung von φ_F in Abhängigkeit von der Walzenspaltgeometrie bzw. der Kompressibilitätskonstanten berechnet.

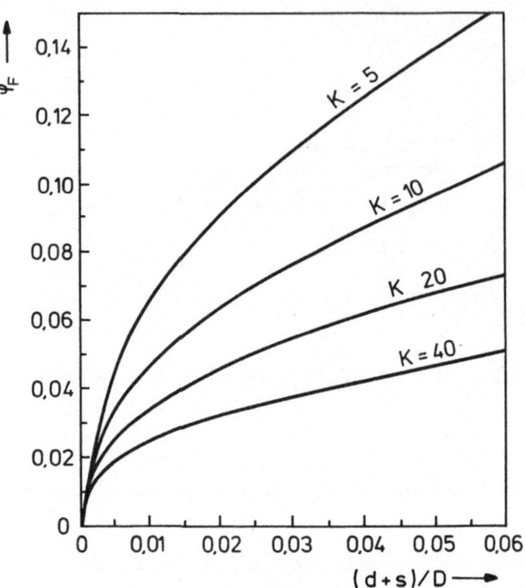

Abb. 14.16:   Walzkraftbeiwert gemäß Gl. (14.25) nach [58]

Unter den gleichen Vereinfachungen läßt sich das Antriebsdrehmoment
einer Walze zu

$$M = \frac{\sigma_{1\,max}\ B\ D^2\ \varphi_M}{8} \qquad (14.26)$$

mit dem Drehmomentbeiwert

$$\varphi_M = \int_{\theta = 0}^{\theta = \alpha} \left[\frac{(d + s)\ /D}{d/D + (1 + s/D - \cos\theta)\ \cos\theta} \right]^K \sin 2\theta\ d\theta$$

$$(14.27)$$

berechnen, für den Johanson ebenfalls das in Abb. 14.17 wiedergegebene Diagramm berechnet hat.

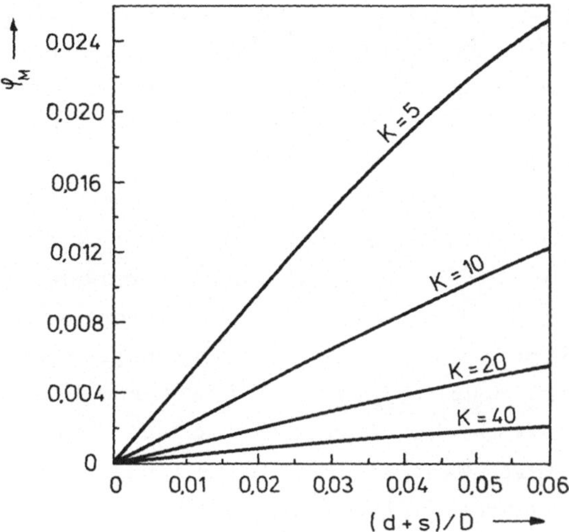

Abb. 14.17:   Drehmomentbeiwert gemäß Gl. (14.27) nach [58]

14.10 Mechanisches Verstärkungsverhältnis einer Walzenpresse

In vielen Fällen arbeiten Walzenpressen mit einer Zwangszufuhr des
Preßgutes, wie beispielsweise in Abb. 14.1 dargestellt. Durch diese
Zwangszufuhr wird am oberen Rand eine vertikale kleinste Hauptspannung p_0 (vergl. Abb. 14.6) aufgebaut. Durch die Mitnahme des Schüttgutes im Walzenspalt wird im engsten Querschnitt eine horizontal wirkende größte Hauptspannung $\sigma_{1\,max}$ erzeugt. In der Regel kann bei
Zwangszufuhr des Preßgutes der Einfluß der Erdschwere auf den Preß-
vorgang vernachlässigt werden. Dann ist ein sinnvolles Maß für die
in der Walzenpresse erzeugte Pressung das Verstärkungsverhältnis
$\sigma_{1\,max}/p_0$.

Wie z.B. aus Abb. 14.4 zu entnehmen, gilt dann

$$\frac{\sigma_{1\,max}}{p_0} \approx \frac{\sigma_{max}}{\sigma_0} \, \frac{1 + \sin\delta}{1 - \sin\delta} , \qquad\qquad (14.28)$$

wenn σ_{max} bzw. σ_0 die mittlere Spannung in der engsten Stelle des
Walzenspaltes bzw. in der Angriffsstelle von p_0 bezeichnen. Der Einfluß der Material- bzw. der Maschinendaten auf den Quotienten σ_{max}/σ_0
ist in den Abbildungen 14.18 bis 14.21 wiedergegeben. Den stärksten

Einfluß auf das Druckverhältnis σ_{max}/σ_0 hat selbstverständlich der Walzenspalt s, daher ist durchgängig in den Abbildungen 14.18 bis 14.21 der dekadische Logarithmus $\log(\sigma_{max}/\sigma_0)$ über dem dimensionslosen Walzenspalt (s/D) mit jeweils Material- bzw. konstruktiven Daten als Parameter aufgetragen.

Wie zu erwarten, wächst das Druckverhältnis mit zunehmender Wandreibung stark an. Geschmierte Walzen, etwa mit einem Reibungswinkel von nur 9° ergeben ein niedriges Druckverhältnis von der Größenordnung $\sigma_{max}/\sigma_0 \simeq 10$, während rauhe Walzen, d.h. ein Reibungswinkel von 33° ein extrem hohes Druckverhältnis $\sigma_{max}/\sigma_0 \simeq 10^{10}$ liefern. Wie Abb. 14.19 zeigt, beeinflußt der effektive Reibungswinkel δ das Druckverhältnis in ähnlicher Weise wie die Wandreibung, hohe innere Reibung des Schüttgutes liefert hohe Druckverhältnisse.

Die Kompressibilität des Schüttgutes beeinflußt das Druckverhältnis in extremer Weise. Entsprechend Abb. 14.20 können sich sehr hohe Druckverhältnisse $(\sigma_{max}/\sigma_0 \simeq 10^{14})$ für vergleichsweise inkompressible Materialien mit Zahlenwerten K = 40 ergeben, während für sehr kompressible Güter (K = 5) bei gleicher Spaltweite nur ein Druckverhältnis $\sigma_{max}/\sigma_0 \simeq 10^{4}$ erreicht wird.

Wie Abb. 14.21 schließlich zeigt, nimmt das Druckverhältnis wie zu erwarten mit zunehmender dimensionsloser Taschentiefe d/D bei gegebenem Walzenspalt ab.

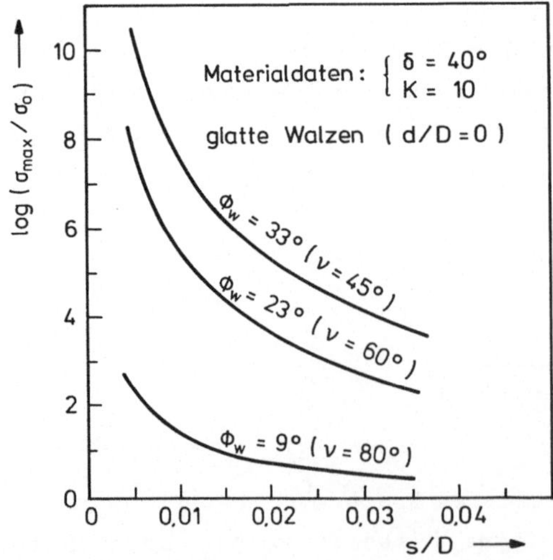

Abb. 14.18: Einfluß des Reibungswinkels Φ_w zwischen Walzenoberfläche und Schüttgut auf das Druckverhältnis σ_{max}/σ_0 nach [58]

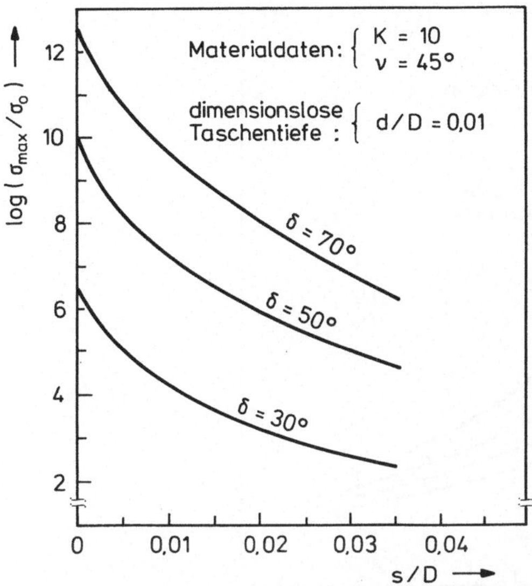

Abb. 14.19:   Einfluß des effektiven Reibungswinkels δ auf das
               Druckverhältnis σ_{max}/σ_0 nach [58]

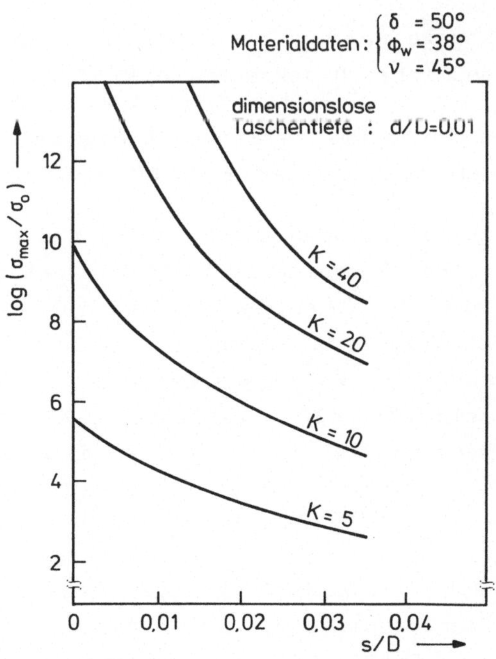

Abb. 14.20:   Einfluß der Kompressibilität des Schüttgutes auf das
               Druckverhältnis σ_{max}/σ_0 nach [58]

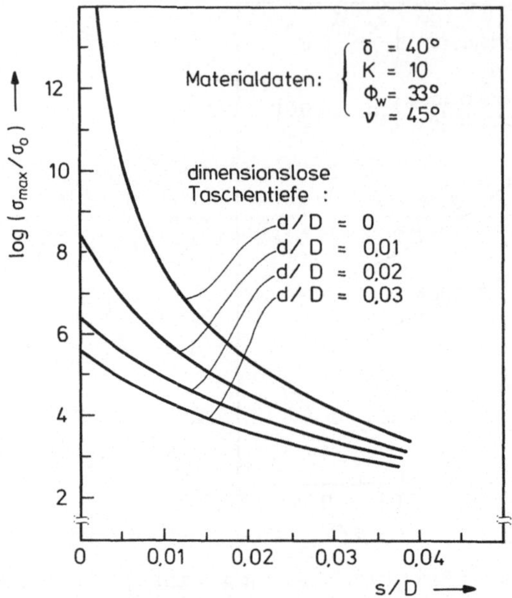

Abb. 14.21:   Abhängigkeit des Druckverhältnisses σ_{max}/σ_0 von der
dimensionslosen Taschentiefe d/D nach [58]

Bei endlichen Taschenabmessungen ergibt sich auch bei sich berührenden Walzen (s/D = 0) ein endliches Druckverhältnis.

Bei den in den Abbildungen 14.18 bis 14.21 wiedergegebenen theoretischen Ergebnissen wurde kein Einfluß der Erdschwere berücksichtigt.

Dies ist wie gesagt dann zulässig, wenn das Material der Walzenpresse
zwangsweise zugeführt wird. Bei Beschickung mit Hilfe der Schwerewirkung allein ist dagegen auch das Eigengewicht des Gutes im Walzenspalt von Einfluß. Zur Abschätzung, wie das Eigengewicht des Materials bei vertikaler Anordnung des Walzenspaltes das Druckverhältnis
beeinflußt, hat Johanson ein spezielles Zahlenbeispiel durchgerechnet. Das Ergebnis dieser Rechnung ist in Abb. 14.22 dargestellt.

Wie man unmittelbar einsieht, lassen sich bei Berücksichtigung von
Volumenkräften nur noch Ergebnisse jeweils für eine bestimmte Walzen-
größe berechnen, beim in Abb. 14.22 dargestellten Beispiel für eine
Presse mit D = 0,254 m Walzendurchmesser. Die (mittlere) Schüttdichte
des Materials wurde zu $\rho_{sch} = 2,4 \cdot 10^3$ kgm^{-3} angenommen. Wie erwartet, liefert die Berücksichtigung des Eigengewichts nicht nur als
Auflast an der Aufgabestelle, sondern auch im Walzenspalt eine Erhöhung des Druckverhältnisses.

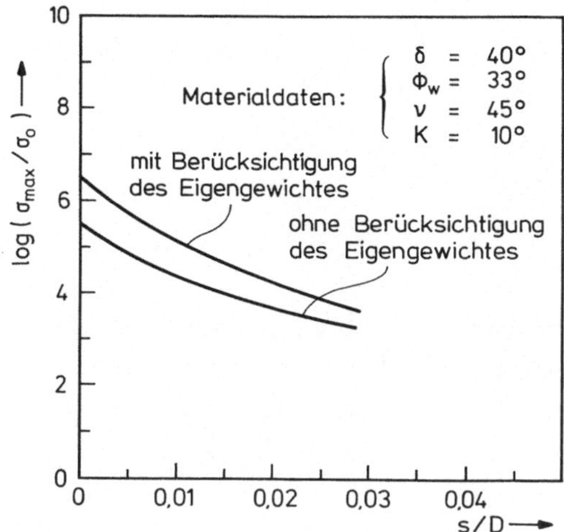

Abb. 14.22:   Einfluß des Eigengewichts des Preßgutes auf das Druckverhältnis, Durchrechnung eines Beispiels nach [58]

14.11 Einfluß von Materialverlusten

Bei allen voranstehend beschriebenen Überlegungen und den darauf be-
ruhenden Ergebnissen wurde angenommen, daß das gesamte zugeführte Material verpresst wird, d.h. daß kein Materialverlust etwa durch seit-
lich herausquellendes Preßgut entsteht. Die Kontinuitätsbeziehung
wurde nur im Bereich ohne Schlupf relativ zur Walzenoberfläche, d.h.
für Winkel $0 \leq \theta \leq \alpha$ benutzt. Materialverluste in diesem Bereich
lassen sich nach Johanson wie folgt berücksichtigen:

Die Materialbilanz lautet bei Materialverlusten
$\rho_{sch\alpha} V_\alpha = \rho_{schm} V_m$ + Verluste im Bereich $0 \leq \theta \leq \alpha$.

Dabei bezeichnen ρ_{schm} und V_m Schüttdichte bzw. Volumen im engsten
Querschnitt des Walzenspaltes. Führt man den relativen Verlust f über

$$\frac{\rho_{schm}}{\rho_{sch\alpha}} = \frac{V_\alpha}{V_m} (1 - f) \qquad (14.29)$$

ein, so folgt aus Gl. (14.20)

$$\frac{\sigma_{max}}{\sigma_\alpha} = (V_\alpha / V_m)^K (1 - f)^K, \qquad (14.30)$$

d.h. die Druckverhältnisse gemäß den Abbildungen 14.18 bis 14.22 sind um den Faktor $(1 - f)^K$ zu vermindern. Insbesondere wird dann auch Gl. (14.28) zu

$$\frac{\sigma_{1\,max}}{p_0} = \frac{\sigma_{max}}{\sigma_0} \frac{1 + \sin \delta}{1 - \sin \delta} (1 - f)^K, \qquad (14.31)$$

wobei σ_{max}/σ_0 für Verhältnisse ohne Materialverlust einzusetzen ist. Der Materialverlust schlägt beim erreichten Druckverhältnis erheblich durch. Für 10% Materialverlust, d.h. bei einem Zahlenwert $f = 0,1$ ergibt sich für einen Kompressibilitätsfaktor $K = 10$ nur ein Drittel des Wertes ohne Materialverlust.

15 Einfluß der Haftkräfte auf das Fluidisationsverhalten feinkörniger Partikeln in Gas/Feststoff-Wirbelschichten

15.1 Problemstellung

Bei der Fluidisation werden Feststoffpartikeln durch einen aufwärtsgerichteten Gasstrom gegen die Erdschwere derart in Schwebe gehalten, daß sie sich nicht mehr in permanentem Kontakt befinden. Seit ihrer Erfindung durch Winkler im Jahr 1922 [61] hat die Gas/Feststoff - Wirbelschicht wegen unbestreitbarer Vorteile bei beabsichtigten Wechselwirkungen zwischen Feststoffphase und Gasphase vielfältige Anwendungen in der Verfahrenstechnik bei chemischen und physikalischen Verfahrensstufen gefunden, beispielsweise zum Agglomerieren, Trocknen, Rösten oder Verbrennen von Feststoffen bzw. bei katalytischen chemischen Reaktionen (siehe hierzu z.B. [62]). Wegen dieser vielfältigen und wirtschaftlich bedeutsamen technologischen Anwendungen entwickelte sich eine intensive Wirbelschichtforschung. Soweit die mechanischen Aspekte der Wirbelschicht betroffen sind, war die Forschung bis vor ca. 10 Jahren von solchen Modellvorstellungen geprägt, die allein auf strömungsmechanischen Überlegungen aufbauten (siehe z.B. [63]). Mit Geldarts Publikation [64] über die unterschiedlichen Typen des Fluidisationsverhaltens von Feststoffen wurde dieses Bild jedoch revisionsbedürftig und seine Ergänzung in Richtung auf Modellvorstellungen unvermeidlich, die auch Überlegungen der Schüttgutmechanik einbeziehen.

15.2 Die vier Feststofftypen nach Geldart

Durch Auswertung zahlreicher eigener und fremder Messungen konnte Geldart [64] hinsichtlich ihres Fluidisationsverhaltens in Gas/Feststoff - Wirbelschichten vier unterschiedliche Typen von Schüttgütern kennzeichnen und voneinander abgrenzen. Diese sind:

Gruppe A:
Materialien mit kleiner Korngröße und/oder niedriger Feststoffdichte,
von denen einige Krack - Katalysatoren typische Beispiele sind, zeigen folgendes Verhalten: Wirbelschichten mit derartigen Materialien
expandieren merklich oberhalb der Minimalfluidisation, bevor Blasenbildung einsetzt.

Wenn die Gaszufuhr schlagartig abgestellt wird, kollabiert das Bett
langsam mit einer Geschwindigkeit von $0,3 \div 0,6$ cm/s, die der Leerrohrgeschwindigkeit in der Suspensionsphase entspricht. Alle Gasblasen steigen schneller als das Zwischenraumgas in der Suspensionsphase. Die mittlere Blasengröße läßt sich auf zwei Wegen reduzieren,
entweder durch eine breite Kornverteilung und/oder kleine mittlere
Korngröße. Es scheint eine maximale Blasengröße zu existieren.

Gruppe B:
Diese Gruppe enthält die meisten Materialien im Bereich mittlerer
Korngrößen und Dichten, d.h. im Bereich

$$40 \ \mu m \le d \le 500 \ \mu m$$

bzw.

$$1,4 \cdot 10^3 \ kg/m^3 \le \rho_s \le 4 \cdot 10^3 \ kg/m^3 .$$

Im Gegensatz zu Gruppe A Feststoffen setzt bei diesen Materialien
Blasenbildung direkt oberhalb der Minimalfluidisation ein. Die Bett-
ausdehnung ist gering und bei plötzlichem Abschalten der Gaszufuhr
kollabiert das Bett sehr rasch. Die meisten Blasen steigen schneller
als das Zwischenraumgas. Eine Begrenzung der maximalen Blasengröße
scheint nicht zu existieren. Unter vergleichbaren Bedingungen, d.h.
insbesondere bei gleichem Abstand vom Anströmboden, scheint die Blasengröße unabhängig von der Korngröße des Feststoffes zu sein.

Gruppe C:
Zur Gruppe C gehören Materialien, die merklich kohäsiv sind. Übliche
Fluidisation derartiger Feststoffe ist extrem schwierig. Die Schüttung wird in kleinen, glatten Rohren als Ganzes vom durchströmenden
Gas angehoben, bzw. das Gas bläst lediglich einzelne Kanäle frei, die
vom Anströmboden bis an die Bettoberfläche reichen. Diese Schwierig-
keit rührt daher, daß die zwischen den Partikeln wirksamen Haftkräfte
merklich größer sind als die Kräfte, welche das Gas auf die Partikeln
auszuüben vermag. Lediglich durch den Einsatz mechanischer Rührer
läßt sich mehr oder weniger schlechte Fluidisation erzwingen.

Gruppe D:

Zu dieser Gruppe zählen Materialien mit großen und/oder sehr schweren Partikeln. Außer den allergrößten Gasblasen steigen die meisten mit geringerer Geschwindigkeit als das Gas im Zwischenraum der Suspensionsphase, derart, daß Gas von unten in die Blasen ein- und am oberen Ende wieder austritt. Deshalb ist bei diesen Feststoffen der Gasaustauschmechanismus zwischen Blasenphase und Suspensionsphase anders als bei den Gruppe A oder Gruppe B Materialien. Die Gasgeschwindigkeit in der Suspensionsphase ist vergleichsweise hoch. Führt man das Fluidisiergas durch eine einzelne, zentrale Bohrung zu, so stellt sich keine übliche Fluidisation, sondern das sogenannte spouted bed [65] ein.

In einem Buch über Schüttgutmechanik interessieren insbesondere die Grenzen zwischen den Gruppen A, B und C. Diese lassen sich nur verstehen, wenn eine zuvor bei Wirbelschichten nicht berücksichtigte Eigenart feinkörniger Schüttgüter in Rechnung gestellt wird, nämlich der mit abnehmender Korngröße zunehmende Einfluß der Haftkräfte zwischen Partikeln.

15.3 Das Verhalten von Materialien der Gruppe C

Das Verhalten der Materialien der Gruppe C läßt sich mit Hilfe der in den voranstehenden Kapiteln bereitgestellten Grundlagen verstehen.

Das Schüttgut sei locker in ein kreiszylindrisches Gefäß vom Durchmesser D mit glatten Wänden, etwa in ein Glasgefäß eingefüllt. Der Wandreibungswinkel sei Φ_W. Bei Anströmung mit einem Gas von unten werde über die Schüttung von der Höhe ΔL ein Druckabfall ΔP gemessen. Die auf die Schüttung ausgeübte Gesamtkraft $(\Delta P \, \pi D^2)/4$ rührt her von dem Strömungswiderstand der Partikeln, d.h. pro Volumeneinheit der Schüttung wirkt der Druckgradient $\Delta P/\Delta L$ als Volumenkraft. Übersteigt bei einem kohäsiven Schüttgut diese Volumenkraft die Schwerewirkung, so stützt sich das Material über auf die Wand nach oben gerichtete Schubspannungen ab. Die resultierende Volumenkraft ist dabei $\Delta P/\Delta L - \rho_{sch} \, g$. Nimmt man weiterhin an, daß der Spannungszustand im Schüttgut sich in vertikaler Richtung nicht ändert ($\partial/\partial_x \equiv 0$), so erhält man völlig analog zu den in Abschnitt 11.3 beschriebenen Überlegungen für die in vertikaler Richtung wirkende Schubspannung τ_{xy} bzw. für die radial gerichtete Normalspannung σ_y:

$$\tau_{xy} = \frac{1}{2}\left(\frac{\Delta P}{\Delta L} - \rho_{sch}\, g\right) y\,,$$

$$\sigma_y = \sigma_\alpha = \text{const.}$$

$$(15.1)$$

Für die maximale Schubspannung an der Wand gilt daher

$$\tau_w = \tau_{xy}\left(\frac{D}{2}\right) = \frac{D}{4}\left(\frac{\Delta P}{\Delta L} - \rho_{sch}\, g\right).\qquad(15.2)$$

Ein kohäsives Schüttgut besitzt eine Druckfestigkeit $f_{c\,stat} > 0$ für stationäres Fließen (vergl. z.B. Abb. 12.11, S. 239). Fließen des Materials setzt daher unmittelbar an der Wand ein, wenn der für den Spannungszustand an der Wand gültige Mohrkreis den stationären Fließort berührt (Abb. 15.1).

Aus Abb. 15.1 liest man für den Fließbeginn ab

$$\tan \Phi_w = \frac{\tau_w}{\sigma_w}\qquad(15.3)$$

bzw.

$$\left(\sigma_w - \frac{f_{c\,stat}}{2}\right)^2 + \tau_w^{\,2} = \frac{f_{c\,stat}^{\,2}}{4}\,.\qquad(15.4)$$

Einsetzen von (15.3) in (15.4) und Auflösen nach $f_{c\,stat}$ liefert

$$f_{c\,stat} = \frac{1 + \tan^2 \Phi_w}{\tan \Phi_w}\,\tau_w\,.\qquad(15.5)$$

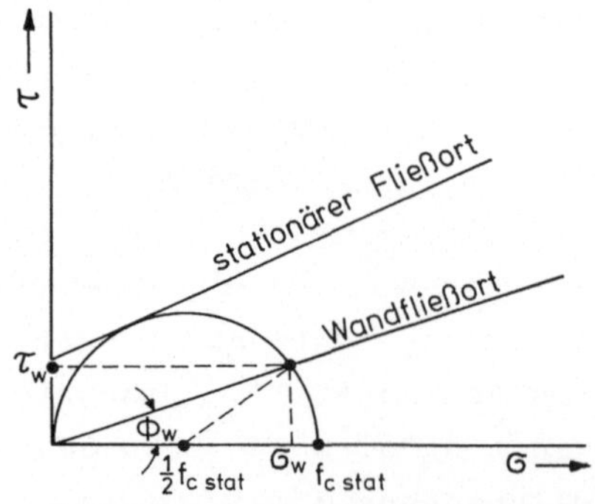

Abb. 15.1:   Spannungszustand bei Fließbeginn an der kreiszylin-
              drischen Wand eines Schüttgutpfropfens

Bei Beachtung von (15.2) folgt dann aus (15.5) schließlich für Fließbeginn des Materials an der Gefäßwand

$$\frac{\Delta P/\Delta L}{\rho_{sch}\, g} = 1 + 2 \sin 2\, \Phi_W\ \frac{f_{c\ stat}}{\rho_{sch}\, g\, D}\ . \qquad (15.6)$$

Die Bedeutung von Gl. (15.6) macht man sich zweckmäßig an Hand eines
Zahlenbeispiels klar. Typische Zahlenwerte für ein untersuchtes kohäsives Schüttgut (Kalkstein) sind:

$$\Phi_W \qquad = 23^\circ \qquad\qquad (\text{vergl. Abb. 12.3, S. 193})$$

$$\rho_{sch} \qquad \simeq 1000\ kg/m^3 \qquad (\text{vergl. Abb. 12.10, S. 209})$$

$$f_{c\ stat} = 0,07\ N/cm^2 \qquad (\text{vergl. Abb. 12.11, S. 209})$$

In Abb. 15.2 ist der dimensionslose Druckgradient $(\Delta P/\Delta L)/(\rho_{sch}\, g)$
über dem Gefäßdurchmesser D aufgetragen. Ein kolbenartiges Anheben
der im Innern unterhalb der Fließgrenze befindlichen Schüttung wird
man nur dann erwarten dürfen, wenn sich das Material unter dem Druckgradienten so verkeilt, daß sein Eigengewicht bedeutungslos ist, d.h.
wenn $(\Delta P/\Delta L)/(\rho_{sch}\, g) \gg 1$. Wie man aus Abb. 15.2 unmittelbar abliest, ist dies bei dem als Beispiel gewählten Material nur für Ge-
fäße mit Abmessungen im Bereich von $D \leq 5$ cm der Fall. Bei genügend
großen Gefäßdurchmessern bricht die Schüttung am Rand schon bei Werten wenig oberhalb des für kohäsionslose Güter gültigen Wertes
$(\Delta P/\Delta L)/(\rho_{sch}\, g) = 1$ auf. Hieraus kann aber nicht auf Fluidisierbarkeit geschlossen werden. Vielmehr werden (bevorzugt in Wandnähe) Gas-
kanäle freigeblasen, während die Schüttung im übrigen in Ruhe bleibt.

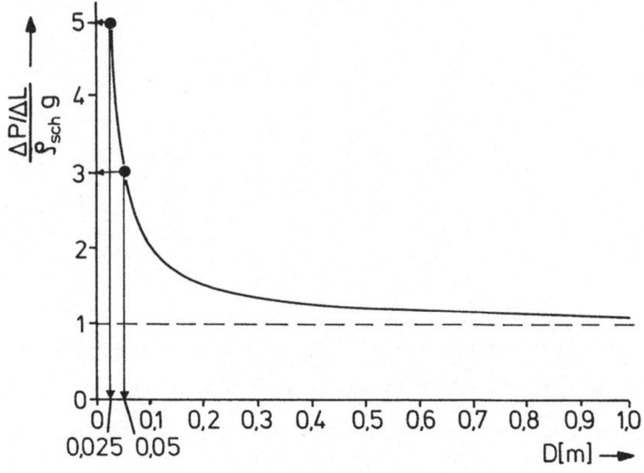

Abb. 15.2:   Dimensionsloser Druckgradient über Gefäßdurchmesser für
             ein Zahlenbeispiel

15.4 Auf die Partikeln bei der Fluidisation ausgeübte Strömungskräfte

Viele auch vergleichsweise feinkörnige Feststoffe lassen sich in Flüssigkeiten recht gut dispergieren. Bei derartigen Systemen sind Haftkräfte zwischen den Partikeln für das Systemverhalten unwesentlich. Bei der Fluidisation mit Flüssigkeiten stellt sich daher Gleichgewicht zwischen Schwere minus Auftrieb und der von der Flüssigkeit ausgeübten Widerstandskraft ein. Wie der Verfasser an anderem Ort [66] gezeigt hat, läßt sich daher aus Expansionsmessungen an homogenen (= Flüssigkeits/Feststoff) Wirbelschichten die Konzentrationsabhängigkeit des Partikelwiderstandes herausrechnen. Das Ergebnis dieser Überlegungen läßt sich wie folgt zusammenfassen:

Bei der Fluidisation steht die Widerstandskraft W_1 pro Partikel mit Schwere minus Auftrieb im Gleichgewicht. Für kugelige Partikeln vom Durchmesser d gilt daher

$$W_1 = \frac{\pi d^3}{6}\,(\rho_s - \rho_f)\,g\,.\qquad\qquad(15.7)$$

Die Eulerzahl ist als Verhältnis von Widerstand zu dynamischem Druck mal Querschnittfläche definiert:

$$Eu \equiv \frac{W_1}{\dfrac{\rho_f}{2}\left(\dfrac{u}{\varepsilon}\right)^2 \dfrac{\pi d^2}{4}}\,.\qquad\qquad(15.8)$$

Einsetzen von (15.7) liefert die Eulerzahl der Fluidisation:

$$Eu_{Fl} = \frac{4}{3}\,\frac{(\rho_s - \rho_f)}{\rho_f}\,\frac{d\,g}{u^2}\,\varepsilon^2\,.\qquad\qquad(15.9)$$

Die Gleichungen (15.7) bis (15.9) besagen insgesamt, daß man durch Expansionsmessungen an homogenen Wirbelschichten, d.h. durch Ausmessen der Abhängigkeit der Schichtporosität ε von der Leerrohrgeschwindigkeit u die Widerstandskraft W_1 pro Partikel bestimmen kann. Das Ergebnis der Auswertung derartiger Messungen ist in Abb. 15.3 wiedergegeben.

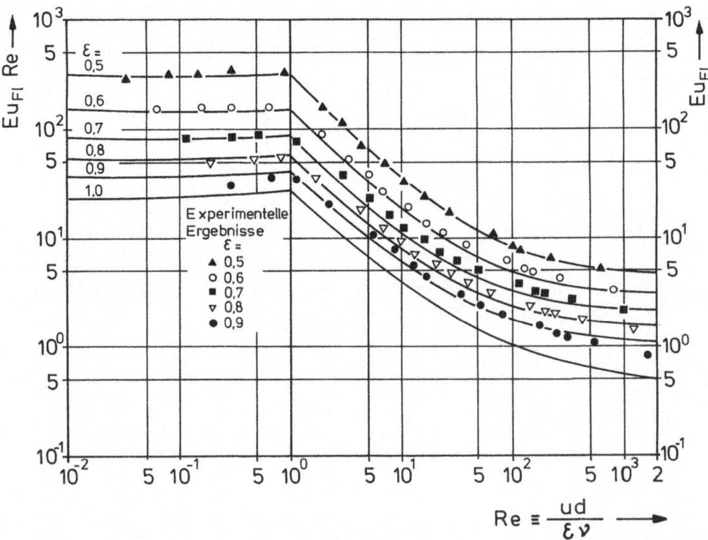

Abb. 15.3:   Dimensionslose Darstellung der Widerstandskraft
pro Partikel

In Abb. 15.3 ist das Produkt $Eu_{Fl} \cdot Re$ für $Re \leq 1$ bzw. ist Eu_{Fl} für $Re \geq 1$ dargestellt. Die Partikel – Reynoldszahl ist dabei durch

$$Re \equiv \frac{ud}{\varepsilon \nu} \qquad\qquad (15.10)$$

definiert. Für die nachstehend beschriebenen Überlegungen ist insbesondere die Erkenntnis wichtig, daß Abb. 15.3 die Konzentrationsabhängigkeit des Partikelwiderstandes allgemein gültig, d.h. auch ohne Erfüllung der Beziehung (15.7) wiedergibt.

15.5 Allgemeingültige Aussagen über die zwischen Partikeln wirksamen Haftkräfte

Bei den in den voranstehenden Kapiteln behandelten Fragen war der Ausgangspunkt das Verhalten eines bestimmten Materials, dessen Eigenschaften als Meßdaten z.B. durch Auswertung von Schertests vorliegen. Die in Kapitel 6 beschriebene Theorie war in ihrer Zielsetzung darauf beschränkt, gemessene Materialeigenschaften aus den Partikelwechselwirkungen heraus zu verstehen. Bei der Beurteilung der Fluidisationseigenschaften unterschiedlicher feinkörniger Schüttgüter steht dagegen die Frage im Vordergrund, welche Spanne der Wechselwirkungen zwischen den Partikeln bei unterschiedlichen Materialien in Rechnung gestellt werden muß. Nach Krupp [17] gilt für die Haftkraft H_0 infolge van der Waals - Bindung bei unverfestigten Kontakten

$$H_0 = \frac{\hbar\bar{\omega}}{8\,\pi\,Z_0^{\,2}}\,R\left(1 + \frac{\hbar\bar{\omega}}{8\,\pi^2\,Z_0^{\,3}\,H}\right). \tag{15.11}$$

In Gl. (15.11) bezeichnen:

$\hbar\bar{\omega}$ [Nm]:   Lifschitz - van der Waals - Konstante,

$Z_0 \simeq 4 \cdot 10^{-10}$ m: Abstand, bei dem Maximum der Haftkraft beobachtet wird,

H [Nm^{-2}]:   Härte des Materials,

R [m]:   charakteristisches Maß der Oberflächenrauhigkeiten.

Als Folge der unvermeidlichen Oberflächenrauhigkeiten realer Materialien hat man in Gl. (15.11) nicht die Partikeldurchmesser, sondern einen die Oberflächenrauhigkeiten charakterisierenden Parameter R einzusetzen. Nach Krupp [17] liefert die Auswertung von Messungen als Richtwert $R \simeq 0,1$ µm für feinkörnige Partikeln. Für unterschiedliche Materialien, d.h. für unterschiedliche Zahlenwerte von $\hbar\bar{\omega}$ und H ergeben sich die in Tabelle 15.1 aufgelisteten Zahlenwerte für die Haftkraft H_0.

Material	$\hbar\bar{\omega}$, eV	H, N m^{-2}	H_0, N
Polypropylen	1,7	10^6	$7,71 \cdot 10^{-7}$
Glaskugeln	7	10^8	$8,76 \cdot 10^{-8}$
Krack-Katalysator	7	10^8	$8,76 \cdot 10^{-8}$

Tabelle 15.1: Lifschitz - van der Waals - Konstante $\hbar\bar{\omega}$, Härte H und Haftkraft H_0 für verschiedene Materialien nach [17]

Aufgrund ihrer geringeren Härte weisen weiche Materialien wie Polypropylen stärkere Haftkräfte auf als härtere Materialien wie Glas, auch wenn die Lifschitz - van der Waals - Konstanten für Polymere kleiner sind als die von Mineralien oder Glas.

15.6 Übergang vom Verhalten gemäß Gruppe A zum Verhalten gemäß Gruppe C

Der Übergang von den Schüttgütern der Gruppe A zu denen der Gruppe C
ist dadurch gekennzeichnet, daß die Fluidisierbarkeit der Materialien
verlorengeht. Diese Problemstellung läßt sich daher wie folgt formulieren: Die Fluidisierbarkeit geht dann verloren, wenn innerhalb
des Bereichs der Leerrohrgeschwindigkeiten, der der Fluidisation zugeordnet werden kann, die von dem durchströmenden Gas auf die Partikeln ausgeübten Strömungskräfte nicht mehr ausreichen, die durch
die Haftkräfte zwischen den Partikeln fixierte Struktur der Feststoffschüttung aufzubrechen.

Der der Fluidisation zugeordnete Bereich der Leerrohrgeschwindigkeiten u ist sinnvoll abgeschätzt durch

$$u_{mf} \leq u \leq w_f \, ,$$

d.h. durch die Minimalfluidisationsgeschwindigkeit u_{mf} einerseits
und die Sinkgeschwindigkeit w_f der Einzelpartikel andererseits.

Das Widerstandsverhalten feinkörniger Partikeln ist dem Stokesschen
Bereich zugeordnet, d.h. es gilt für die Sinkgeschwindigkeit der kugeligen Einzelpartikel

$$3 \, \pi \, d \, \eta \, w_f = (\rho_s - \rho_f) \, \frac{\pi \, d^3}{6} \, g \, . \qquad (15.12)$$

Die Festbettporositäten feinkörniger Schüttgüter liegen im Bereich
$0,5 \lesssim \epsilon \lesssim 0,6$. Für diesen Bereich und für $Re < 1$ liest man aus
Abb. 15.3 den Schätzwert

$$Eu_{Fl} \, Re \simeq 2 \cdot 10^2$$

ab. Mit den Definitionen (15.8) für Eu bzw. (15.10) für Re ergibt
sich für die Widerstandskraft pro Partikel die Abschätzung

$$W_1 \simeq \frac{\pi}{4} \, 10^2 \, \eta d \, \frac{u}{\epsilon} \, . \qquad (15.13)$$

Einsetzen des Maximalwertes $u_{max} \simeq w_f$ liefert aus (15.13) bei Beachtung von (15.12)

$$W_{1\,max} \simeq 10\,\frac{(\rho_s - \rho_f)\,\dfrac{\pi\,d^3\,g}{6}}{\varepsilon}\,.\qquad (15.14)$$

Zur Abschätzung der im Mittel pro Partikel in einer vorgegebenen Richtung durch Haftkräfte übertragbaren Zugkraft wird auf Überlegungen zurückgegriffen, die in den Kapiteln 4 und 6 beschrieben sind. Dort wurde für den Zusammenhang zwischen der pro Kontakt übertragbaren Haftkraft H_0 und der (dreiachsigen) Zugfestigkeit σ_0 die Beziehung (6.6) abgeleitet, die nachstehend als Gl. (15.15) angeschrieben ist:

$$\sigma_0 = \frac{(1 - \varepsilon)\,k\,(\varepsilon)}{\pi\,d^2}\,H_0\,.\qquad (15.15)$$

Zwischen der dreiachsigen Zugfestigkeit σ_0 und der einachsigen Zugfestigkeit σ_1 gilt die Beziehung (6.37), die nachstehend als Gl. (15.16) angeschrieben ist

$$\sigma_1 = \frac{2\,\sin\rho}{1 + \sin\rho}\,\sigma_0\,.\qquad (15.16)$$

In (15.16) bezeichnet ρ den Reibungswinkel des Schüttgutes. Einsetzen von (15.15) in (15.16) liefert

$$\sigma_1 = \frac{2\,\sin\rho}{1 + \sin\rho}\,\frac{(1 - \varepsilon)\,k\,(\varepsilon)}{\pi\,d^2}\,H_0\,.\qquad (15.17)$$

Bei kugeligen Partikeln mit dem Radius $r = d/2$ in gleichmäßiger Zufallspackung ergibt sich die Zahl n der in einer Querschnittsfläche A geschnittenen Kugeln gemäß Gl. (4.6), die nachstehend als Gl.(15.18) angeschrieben ist:

$$n = \frac{3\,A\,(1 - \varepsilon)}{2\,\pi\,r^2}\,.\qquad (15.18)$$

Die mittlere, pro Partikel übertragene Kraft K ergibt sich dann aus

$$n K = \sigma_1 A$$

bei Beachtung von (15.17) und (15.18) zu

$$K = \frac{\sin\rho \; H_0}{(1 + \sin\rho) \; \epsilon}, \qquad (15.19)$$

wenn die Abschätzung $k \, \epsilon \approx 3$ [22] benutzt wird.

Eine sinnvolle dimensionslose Kennzahl läßt sich jetzt dadurch gewinnen, daß man die maximale Widerstandskraft pro Partikel, $W_{1\,max}$ gemäß Gl. (15.14) ins Verhältnis setzt zur mittleren, pro Partikel übertragenen Zugkraft gemäß Gl. (15.19):

$$\frac{W_{1\,max}}{K} = \frac{(1 + \sin\rho) \; 10 \; (\rho_s - \rho_f) \; \dfrac{\pi \; d^3 \; g}{6}}{\sin\rho \qquad\qquad H_0} \approx 5 \; \frac{1 + \sin\rho}{\sin\rho} \; \frac{(\rho_s - \rho_f) \, d^3 \, g}{H_0}.$$

$$(15.20)$$

Man wird insbesondere erwarten, daß keine Fluidisation mehr möglich ist, wenn das durch Gl. (15.20) festgelegte Kräfteverhältnis einen kleineren als einen bestimmten kritischen Wert annimmt, d.h. man wird für den Übergang von Gruppe A zu Gruppe C postulieren

$$5 \; \frac{1 + \sin\rho}{\sin\rho} \; \frac{(\rho_s - \rho_f) \, d^3 \, g}{H_0} = C_1 \qquad (15.21)$$

mit einer Konstanten C_1, die aus Experimenten bestimmt werden muß. Auswertung eines von Geldart [64] mitgeteilten experimentellen Ergebnisses (Katalysatorpartikeln mit einer mittleren Partikelgröße $d = 20 \; \mu m$, einer Dichte $\rho_s = 1000$ kg, Haftkraft pro Kontakt gemäß Tabelle 15.1: $H_0 = 8,76 \cdot 10^{-8}$ N, Schätzwert für die innere Reibung des Schüttgutes: $\rho = 30^{\circ}$, vergl. z.B. Abb. 6.23, S. 94), liefert die Konstante C_1 zu $C_1 = 1,34 \cdot 10^{-2}$.

Mit diesem empirischen Wert läßt sich bei Beachtung der möglichen
Spanne der Haftkräfte gemäß Tabelle 15.1 ($H_0 \simeq 8,76 \cdot 10^{-8}$ N (harte
Materialien) bis $H_0 \simeq 3,71 \cdot 10^{-7}$ N (weiche Materialien)) das in Abb.
15.4 in der linken Bildhälfte eingetragene schraffierte Gebiet
zeichnen. Die zuvor beschriebenen Überlegungen stellen erhöhte Bin-
dungsfestigkeiten infolge von Verfestigung durch das Eigengewicht der
Schüttung vor Beginn der Fluidisation, Gutfeuchte oder elektrostatische Effekte nicht in Rechnung. Wie die gestrichelt gezeichnete
Linie andeutet, muß daher im Einzelfall damit gerechnet werden, daß
die Grenze zwischen Gruppe A - Verhalten und Gruppe C - Verhalten
noch weiter rechts liegt.

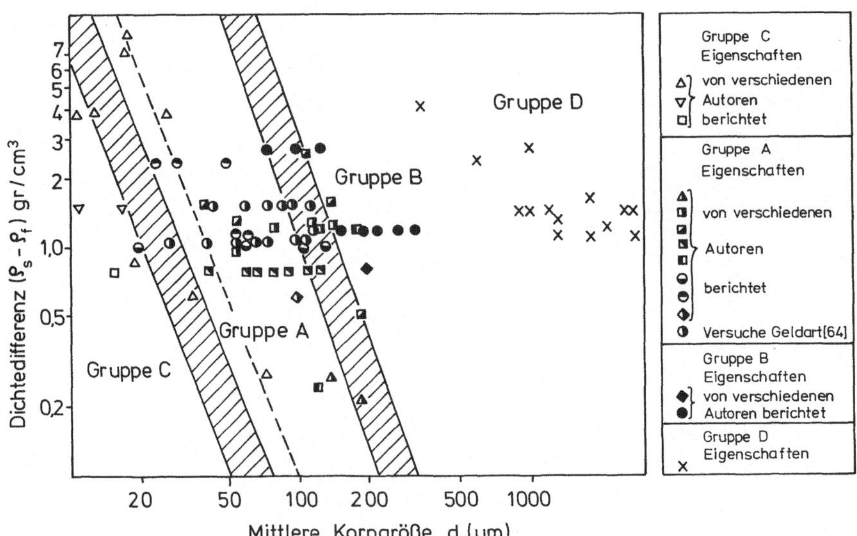

Abb. 15.4:   Diagramm zur Klassifikation des Fluidisationsverhaltens
               von Schüttgütern nach Geldart [64]

Entsprechend dem in Abb. 15.4 dargestellten Vergleich mit experimentellen Beobachtungen beschreibt das hier abgeleitete Kriterium recht
gut die generelle Abhängigkeit der Grenze der Fluidisierbarkeit von
Partikelgröße und Dichtedifferenz (in der doppeltlogarithmischen Auftragung der Abb. 15.4 hat das Kriterium Gl. (15.21) die Steigung -3).

Aufgrund der Abhängigkeit der Haftkräfte von den Materialeigenschaften hat man zu erwarten, daß die Grenze der Fluidisierbarkeit für
harte Materialien eher am linken Ende, für weiche Materialien dagegen
am rechten Ende des schraffierten Gebietes liegt.

15.7 Übergang vom Verhalten gemäß Gruppe B zum Verhalten gemäß Gruppe A

Entsprechend den voranstehend beschriebenen Überlegungen wird man für die Partikeln der Gruppe B postulieren, daß bei diesen Fluidisation tatsächlich nur ein Wechselspiel zwischen Strömungskräften und Schwere minus Auftrieb darstellt, d.h. daß Haftkräfte zwischen den Partikeln für die Fluidisation bedeutungslos sind. Ein einfaches Kriterium für die Abgrenzung zwischen Partikeln der Gruppen A und B wird daher fordern, daß das Verhältnis von Schwerkraft der Partikeln zur Haftkraft H_0 pro Partikelkontakt einen bestimmten Wert C_2 annimmt

$$\frac{(\rho_s - \rho_f)\,\dfrac{\pi\;d^3}{6}\,g}{H_0} = C_2\,, \qquad\qquad (15.22)$$

wobei die Konstante C_2 aus Experimenten zu bestimmen ist. Bei Berücksichtigung der experimentellen Erfahrung, daß Glaspartikeln mit einer Dichte $\rho_s \simeq 2,5 \cdot 10^3$ kgm^{-3} und einer mittleren Partikelgröße $d \simeq 100$ µm Blasenbildung unmittelbar oberhalb der Minimalfluidisation aufweisen, erhält man mit dem Schätzwert $H_0 = 8,76 \cdot 10^{-8}$ N für Glas gemäß Tabelle 15.1 den Zahlenwert $C_2 = 0,16$.

Beachtet man wiederum den Bereich der möglichen Haftkräfte für harte bzw. weiche Materialien, so erhält man mit (15.22) den rechten schraffierten Bereich der Abb. 15.4 als Übergangsbereich zwischen den Gruppen A und B.

Wie der Vergleich mit experimentellen Beobachtungen zeigt, gibt die Steigung -3 der Beziehung (15.22) in der doppellogarithmischen Darstellung der Abb. 15.4 die Abhängigkeit von Dichtedifferenz und Partikelgröße ebenfalls recht gut wieder.

Die Abgrenzung zwischen den Gruppen B und D ist als rein strömungsmechanisches Phänomen anzusehen und wird daher hier nicht weiter verfolgt (siehe hierzu z.B. [66]).

15.8 Experimentelle Überprüfung der theoretischen Überlegungen

Seville und Clift [67] haben zu Recht darauf hingewiesen, daß in die zuvor abgeleiteten Kriterien mehr oder weniger spekulative Werte für die Haftkräfte H_0 eingesetzt wurden. Dies mag eine Erklärung dafür liefern, daß die so ermittelten Konstanten C_1, C_2 eigentlich verblüffend niedrige Zahlenwerte besitzen. Macht man sich von den gewählten Zahlenwerten frei und postuliert lediglich zwei Eigenschaften der Haftkräfte, über die wohl nicht zu diskutiert werden braucht, nämlich

    a) es existiert eine materialabhängige Spanne der Größe der Haftkräfte und

    b) für die Größe der Haftkraft pro Partikelkontakt sind die Oberflächenrauhigkeiten, nicht die Primärabmessungen der Partikeln maßgeblich,

so bleibt offensichtlich der Charakter der hier abgeleiteten Kriterien voll erhalten.

Die Grenze der Fluidisierbarkeit (Übergang von Gruppe A zu Gruppe C) ist unmittelbar einsichtig auf die Dominanz der Haftkräfte zurückzuführen. Zweifel sind jedoch an der Behauptung verständlich, daß der Übergang von Gruppe B zu Gruppe A letztendlich gleichartig ebenfalls darauf zurückzuführen sei, daß Haftkräfte überhaupt an relativer Bedeutung gewinnen. Zur Überprüfung dieser Fragestellung haben daher Seville und Clift [67] ein Schlüsselexperiment durchgeführt, das auch vom methodischen Ansatz her Interesse verdient. Seville und Clift fluidisierten zwei verschiedene Glaskugelfraktionen (ρ_s = 2950 kgm^{-3}, $310 \leq d \leq 425$ µm bzw. $505 \leq d \leq 700$ µm), deren Dichte und Korngrößen diese bei Fluidisation mit Gasen eindeutig der Gruppe B zuordnen. Fluidisationsversuche mit Luft bestätigten diese Erwartungen. Danach wurden die Feststoffschüttungen mit Luft beaufschlagt, in der eine nicht verdunstende Flüssigkeit (Sebacinat = Ester der Sebacinsäure) zerstäubt war. Die Flüssigkeitströpfchen lagerten sich infolge Trägheitsabscheidung auf den Partikeloberflächen an. Insbesondere in den Zwickeln zwischen sich berührenden Partikeln reicherte sich die Flüssigkeit an. Diese Flüssigkeitsbrücken zwischen den Partikeln waren dann fähig, merkliche Haftkräfte zu übertragen (vergleiche hierzu z.B. Abschnitt 6.11). Unterschiedliche Dauer der Beaufschlagung mit Sebacinatnebel erzeugte deshalb unterschiedliche Flüssigkeitssättigungsgrade S und damit entsprechend Abb. 6.30 (S. 119) unterschiedliche Zugfestigkeiten der Schüttung.

Nach bestimmten vorgegebenen Zeitdauern der Beaufschlagung mit Sebacinatnebel wurden die Schüttungen jeweils mit Luft fluidisiert und das Fluidisationsverhalten beobachtet. In den Abbildungen 15.5 und 15.6 sind Versuchsergebnisse für beide Partikelfraktionen wiedergegeben.

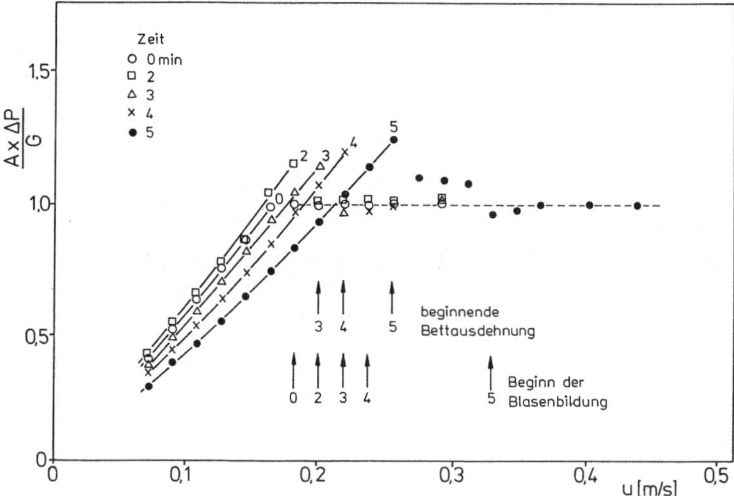

Abb. 15.5:   Druckabfall ΔP mal Querschnittsfläche A, bezogen auf
              Schüttungsgewicht G über der Leerrohrgeschwindigkeit
              u für 310 - 425 µm Glaskugeln nach [67]

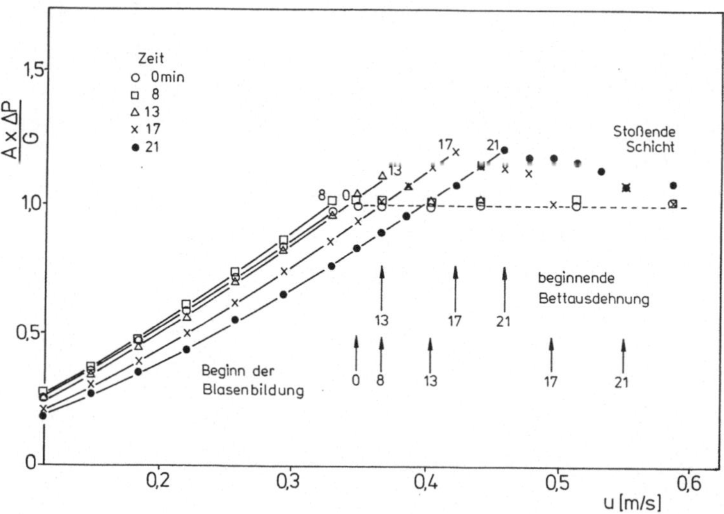

Abb. 15.6:   Druckabfall ΔP mal Querschnittsfläche A, bezogen auf
              Schüttungsgewicht G über der Leerrohrgeschwindigkeit
              u für 505 - 700 µm Glaskugeln nach [67]

Die Zeiten, über welche die Schüttungen dem Sebacinatnebel zuvor ausgesetzt waren, sind in den Abbildungen 15.5 und 15.6 in Minuten angegeben (Ziffern 0 bis 5 in Abb. 15.5 bzw. Ziffern 0 bis 21 in Abb.
15.6).

Wie nicht anders zu erwarten, zeigen die Versuche ohne vorherge-
gangene Sebacinatbeladungen (Ziffern 0 in den Abbildungen 15.5 und
15.6) typisches Gruppe B - Verhalten (keine Überhöhung über
$(A \cdot \Delta P)/G = 1$, unmittelbar nach Erreichen der Minimalfluidisation,
d.h. bei $(A \cdot \Delta P)/G = 1$ einsetzende Blasenbildung). Alle anderen Versuche zeigen bei Erreichen von $(A \cdot \Delta P)/G = 1$ zunächst Schichtexpan-
sion und verzögerte Blasenbildung, also typisches Gruppe A - Verhalten.
Bei genügend hohen Expositionszeiten werden nach Überschreiten der
Minimalfluidisation deutliche Überhöhungen $(A \cdot \Delta P)/G > 1$ gemessen,
die darauf zurückzuführen sind, daß infolge der Haftkräfte gemessene
Druckabfälle höher sind als nur dem Eigengewicht der Schüttung entsprechend (vergl. hierzu auch Abb. 15.2, Gefäßdurchmesser bei den
Versuchen von Seville und Clift: D = 0,152 m).

Im Festbettbereich, d.h. im Bereich ansteigender Kurven vor Einsetzen
der Minimalfluidisation wurden mit zunehmender Sebacinatbeladung abnehmende Druckverluste gemessen. Dieser Effekt ist wohl darauf zurückzuführen, daß eine Schüttung, deren Zwickeln zwischen den Partikeln zunehmend durch Flüssigkeit verlegt sind, insgesamt strömungs-
günstiger ist. Wie in Abb. 15.6 angedeutet, wurden bei den höchsten
Beladungen auch stoßende Schichten beobachtet. Dies bedeutet, daß sogar die Grenze zum Gruppe C - Verhalten erreicht werden konnte. Insgesamt zeigen die Versuche unzweideutig, daß es tatsächlich bei den
Übergängen von Gruppe B - Verhalten zu Gruppe A - Verhalten bzw.
Gruppe C - Verhalten auf die relative Größe der Haftkräfte im Vergleich zu den anderen Kräften ankommt, da Seville und Clift nur die
Größe der Haftkräfte manipuliert haben.

16 Anhang

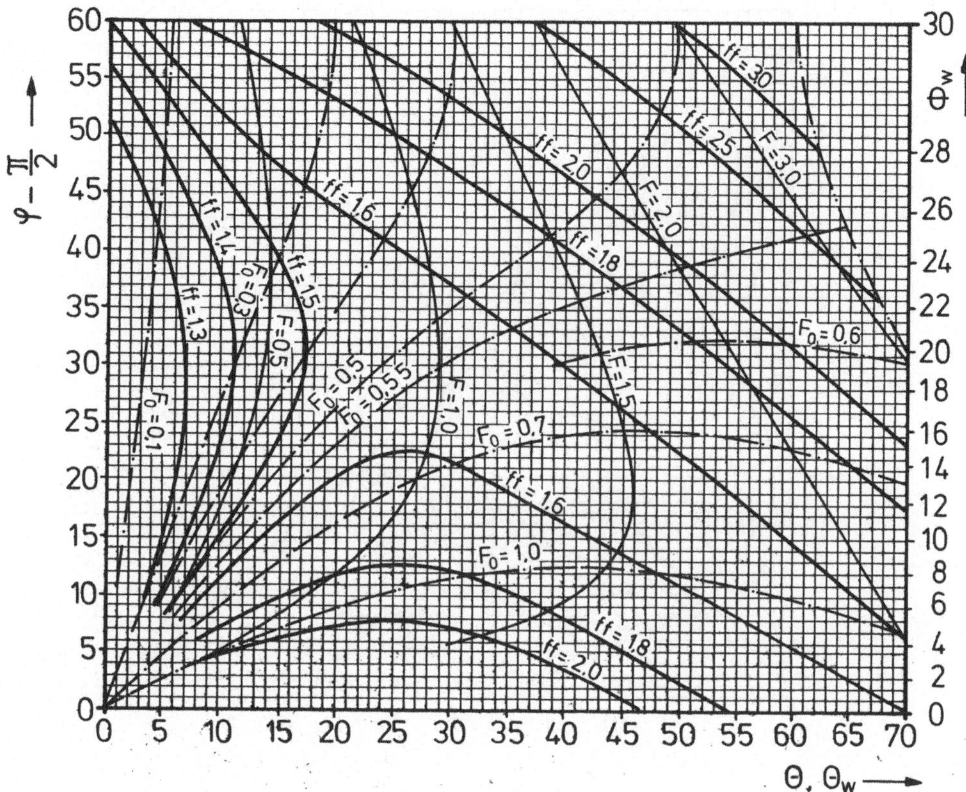

Abb. 16.1:   Ebener Fließzustand
(effektiver Gutreibungswinkel $\delta = 30^\circ$)

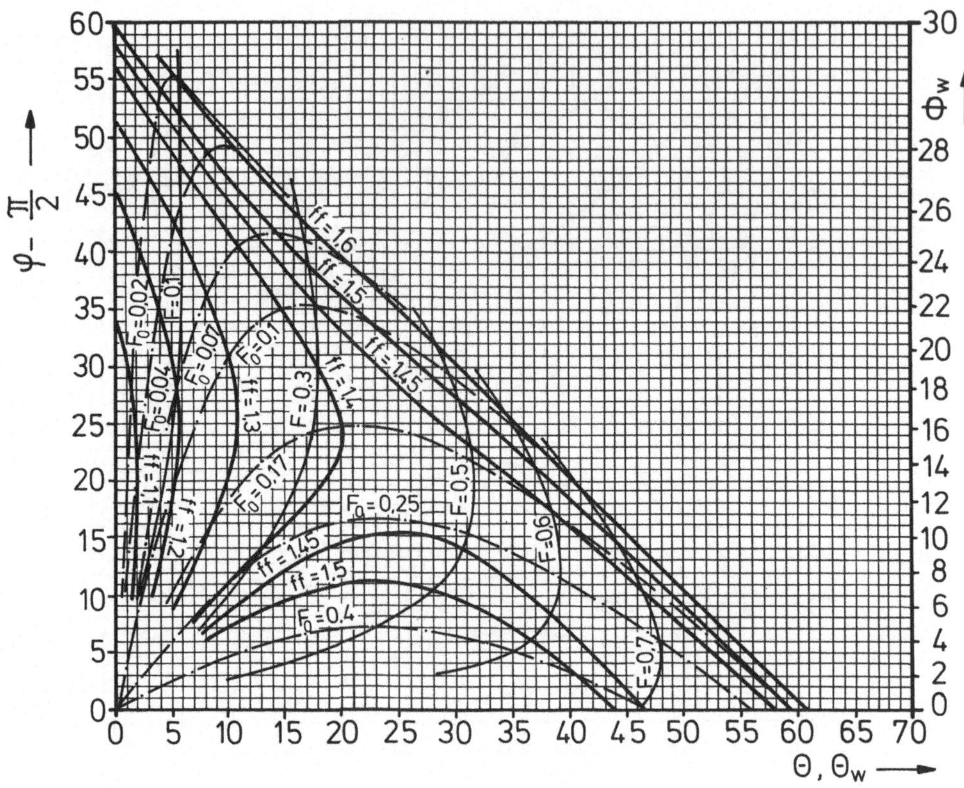

Abb. 16.2:   Rotationssymmetrischer Fließzustand
              (effektiver Gutreibungswinkel δ = 30°)

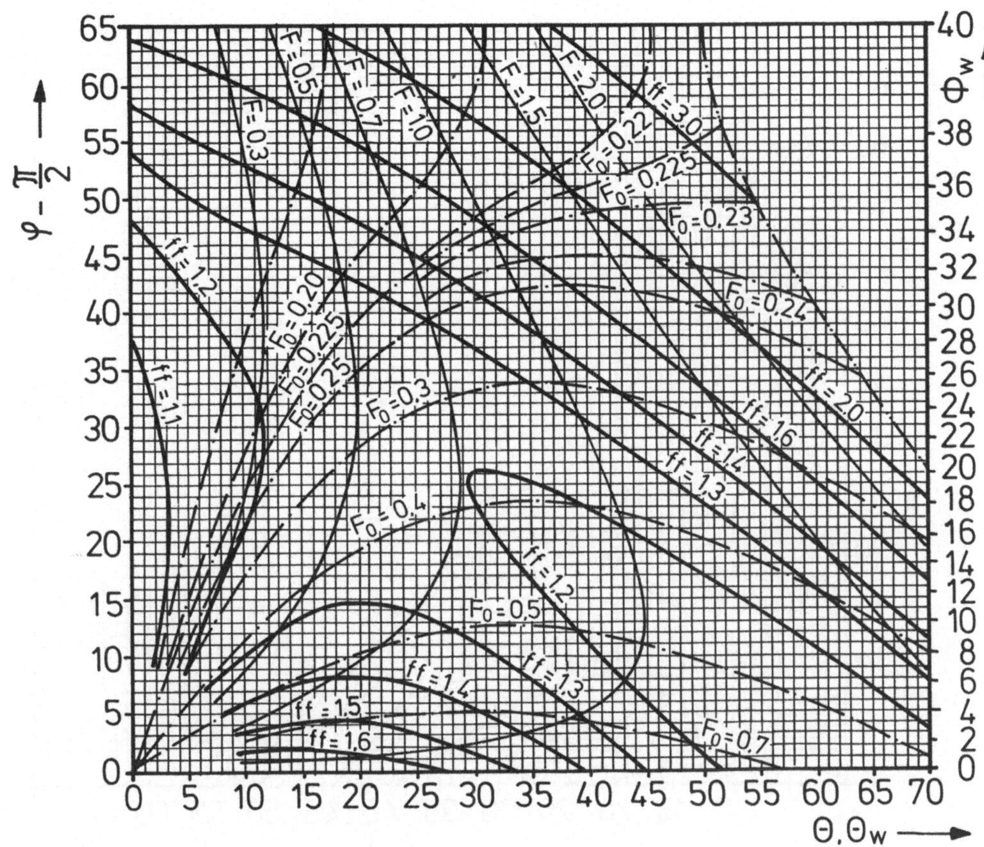

Abb. 16.3:   Ebener Fließzustand
               (effektiver Gutreibungswinkel δ = 40°)

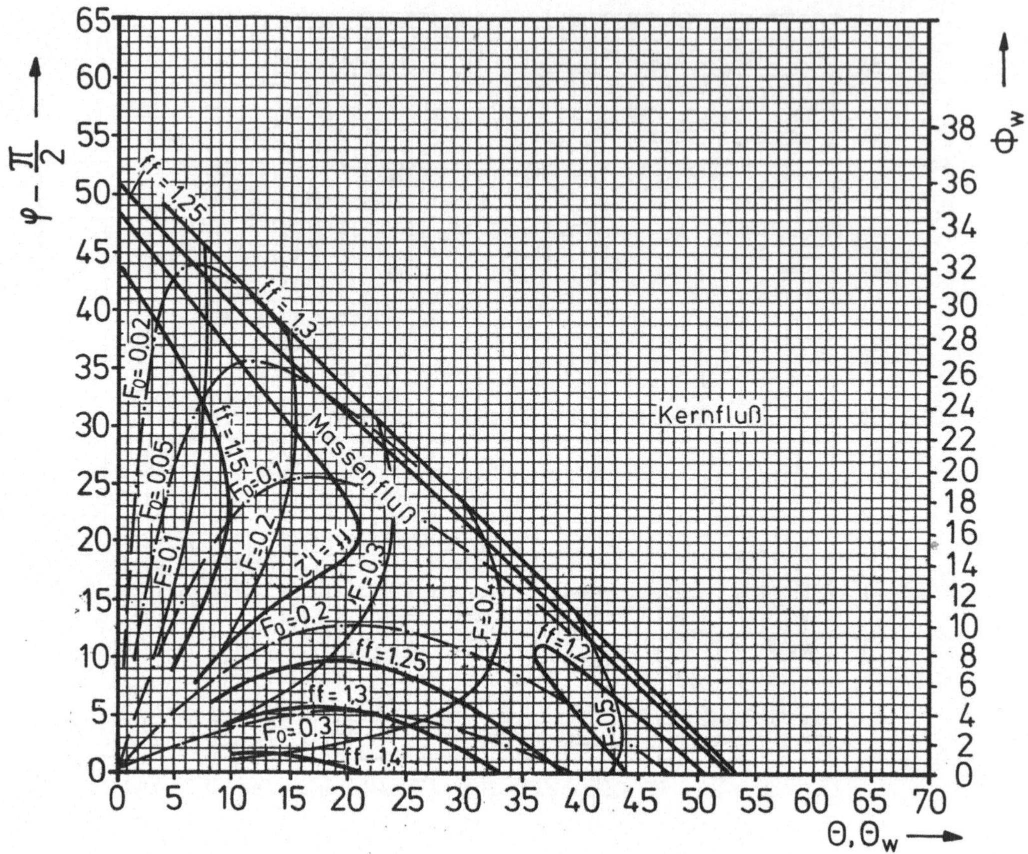

Abb. 16.4:   Rotationssymmetrischer Fließzustand
              (effektiver Gütreibungswinkel $\delta = 40^{\circ}$)

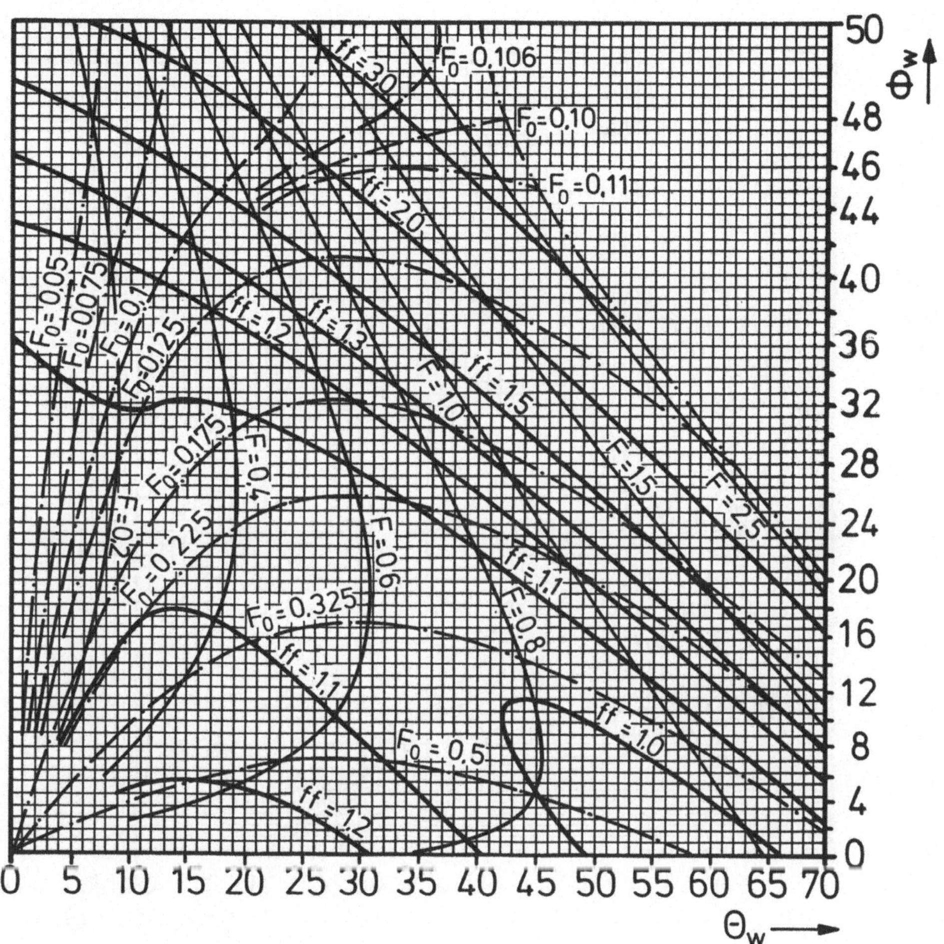

Abb. 16.5:   Ebener Fließzustand
               (effektiver Gutreibungswinkel δ = 50°)

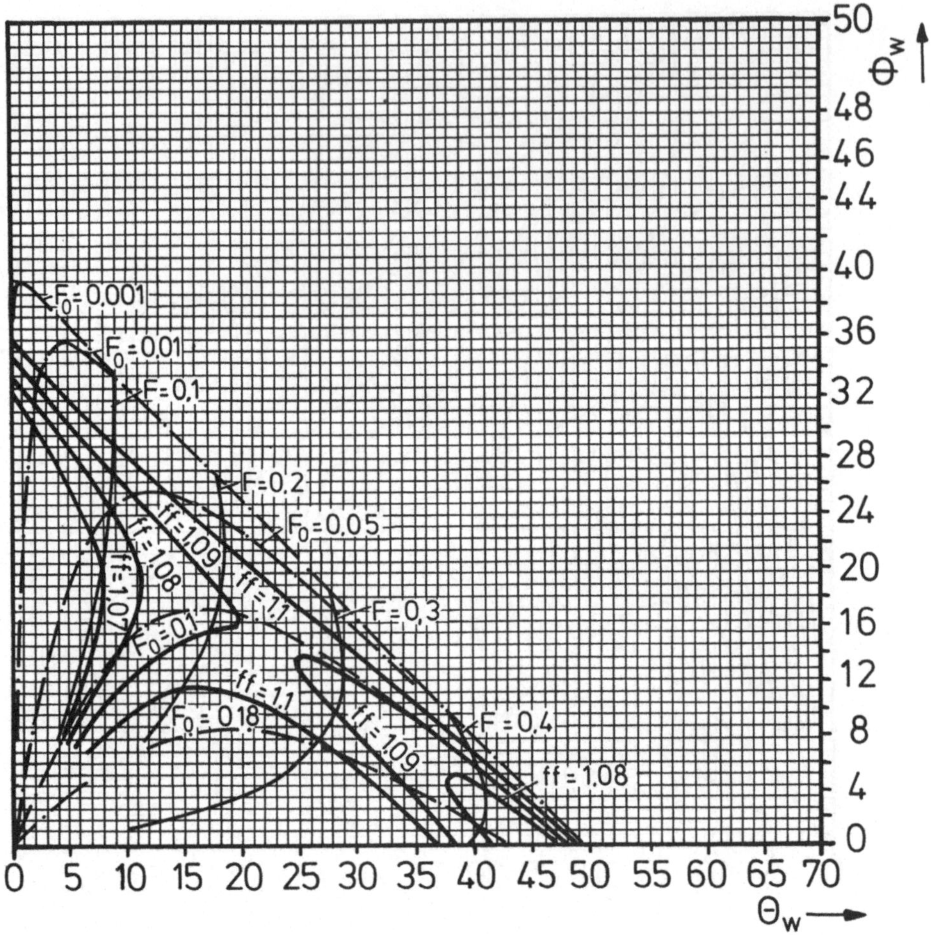

Abb. 16.6:   Rotationssymmetrischer Fließzustand
              (effektiver Gutreibungswinkel δ = 50°)

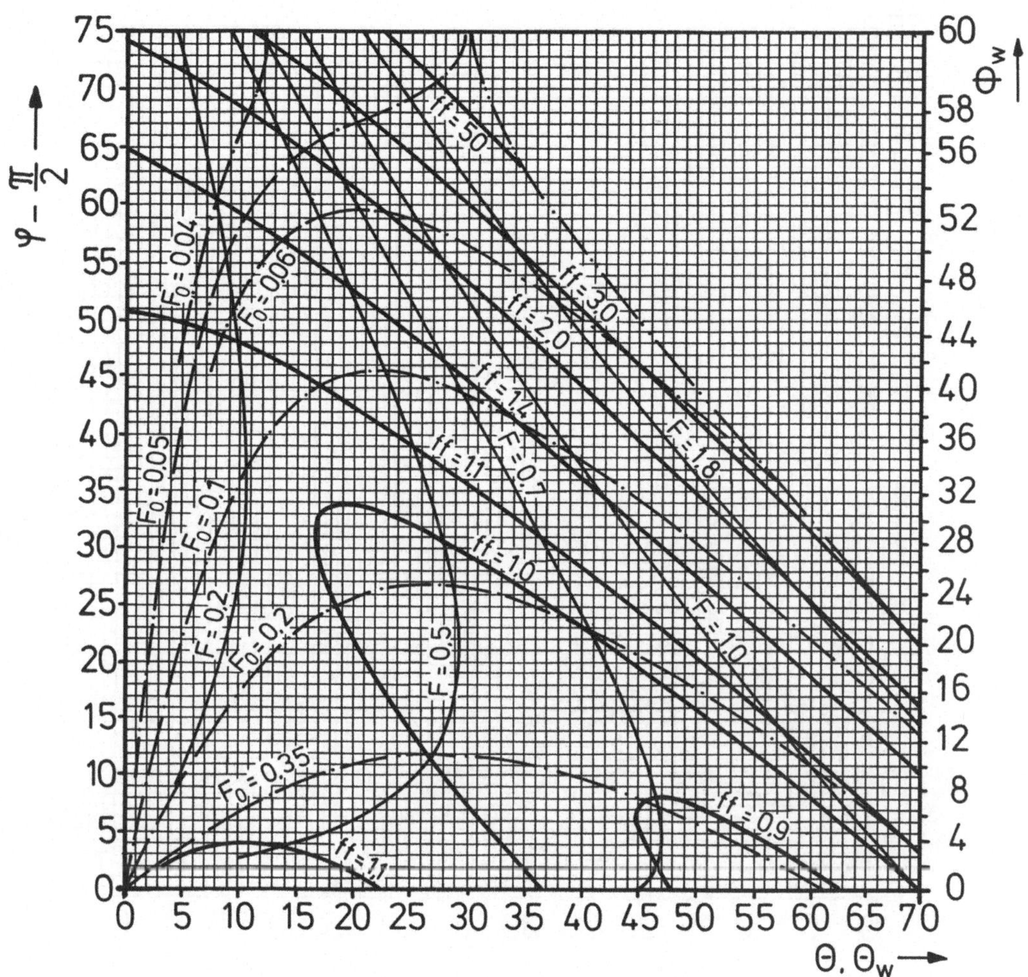

Abb. 16.7:   Ebener Fließzustand
               (effektiver Gutreibungswinkel δ = 60°)

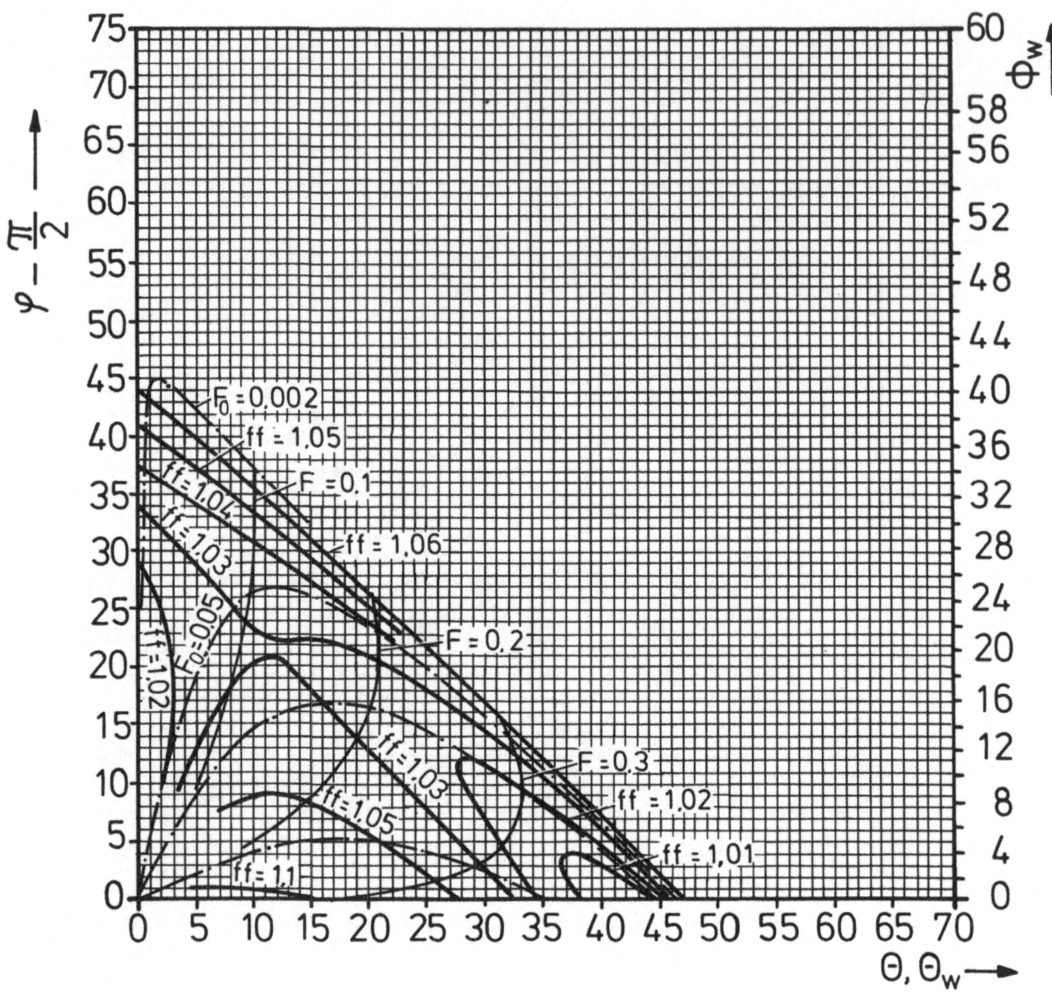

Abb. 16.8:   Rotationssymmetrischer Fließzustand
(effektiver Gutreibungswinkel $\delta = 60^\circ$)

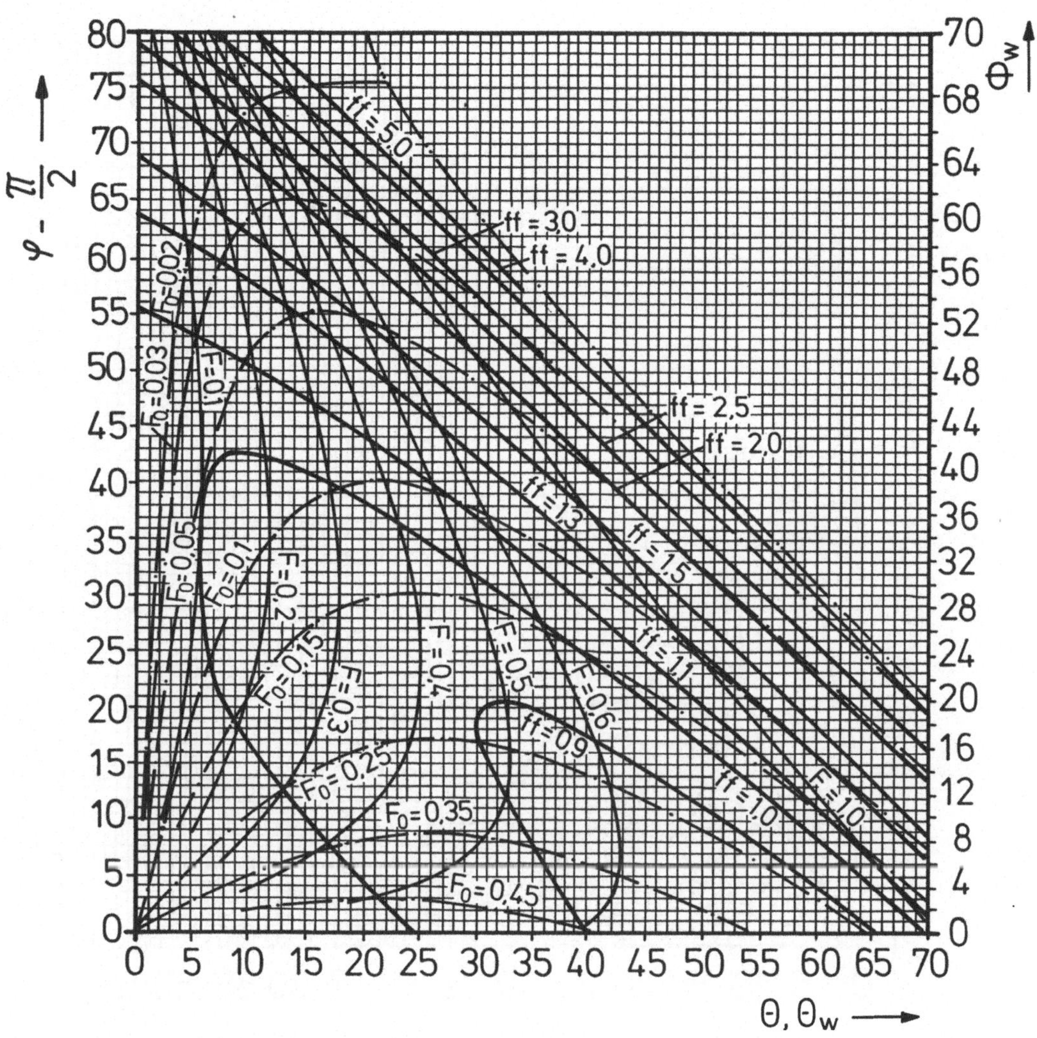

Abb. 16.9: Ebener Fließzustand
(effektiver Gutreibungswinkel δ = 70°)

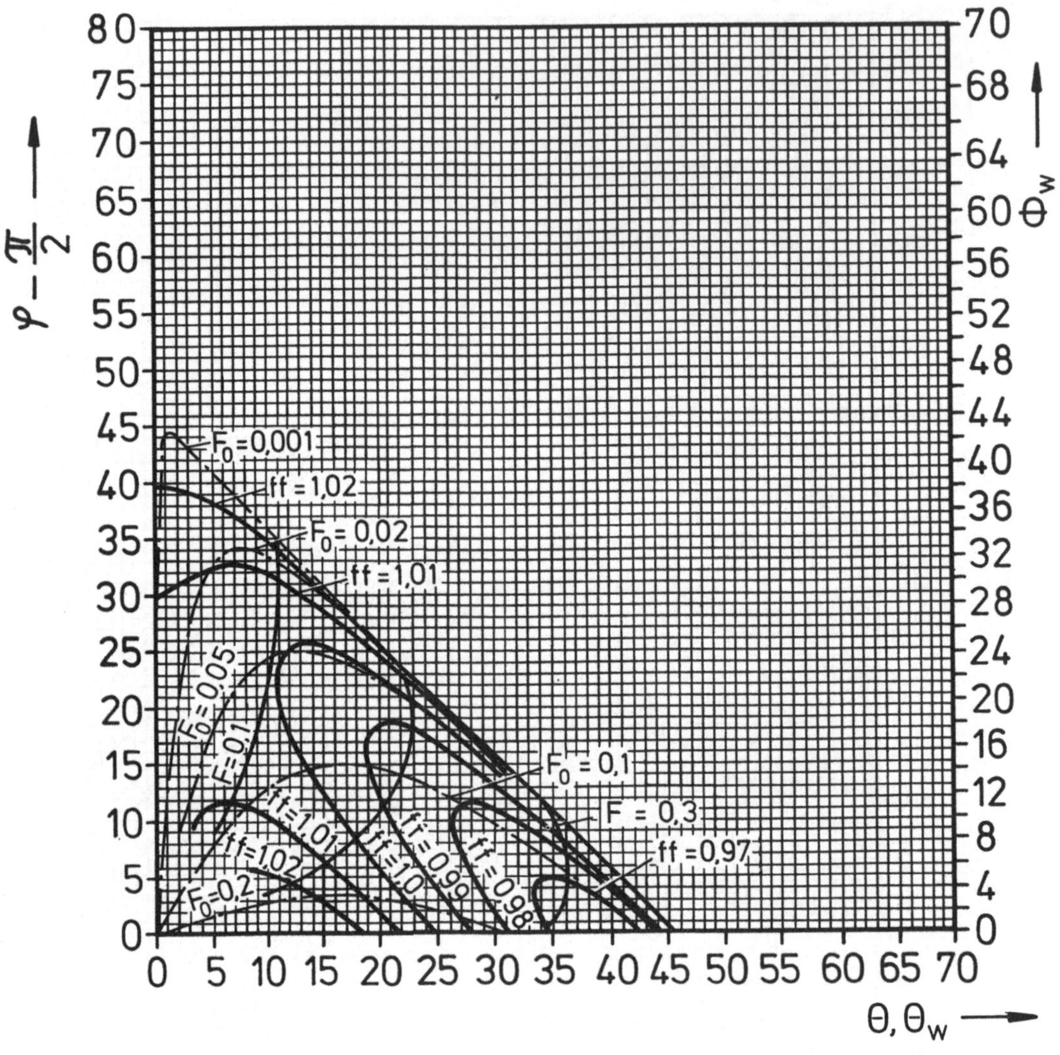

Abb. 16.10:   Rotationssymmetrischer Fließzustand
                (effektiver Gutreibungswinkel δ = 70°)

17 Nomenklatur

Anmerkung: Wegen unterschiedlicher Problemstellungen ließ sich die zweimalige (dreimalige) Verwendung ein und desselben Symbols nicht vermeiden. In der Regel wurde die zweite bzw. dritte Verwendung auf jeweils ein (zwei) Kapitel begrenzt. Die entsprechenden Kapitel sind in der nachstehenden Liste mit aufgeführt.

Symbol		Einheit
a	Differentialquotient, definiert durch Gl. (7.20)	$-$
A	Querschnittsfläche	m^2
dA	differentielles Flächenelement	m^2
A^*	Hamakerkonstante	Nm
A_0	Ausgangsgut	$-$
dA_1, dA_2, dA_3	Flächenelemente in Ebenen x = const, y = const, z = const, vergl. Abb. 3.2	m^2
A_p	Gesamtschnittfläche der Partikeln	m^2
A_ζ	Partikelschnittfläche im Abstand ζ, vergl. Abb. 4.2	m^2
b	Differentialquotient, definiert durch Gl. (7.20)	$-$
B	Walzenbreite	m
c	Kohäsion	Nm^{-2}
c	Differentialquotient, definiert durch Gl. (7.20) (Kapitel 7)	$-$
C	resultierende Druckkraft in einem Kontakt	N
C_M	Parameter der resultierenden Druckkraft	N
C_R	Parameter der resultierenden Druckkraft	N
d	Partikeldurchmesser	m
d	äquivalente Schichtdicke (Kapitel 14)	m
$d_{F\,50}$	Medianwert der Kornverteilung des Feingutes	m
d_{Fg}	Korngröße Feingut	m
d_G	Auslaufdurchmesser der Großausführung	m

d_{G50}	Medianwert der Kornverteilung des Grobgutes	m
d_{Gg}	Korngröße Grobgut	m
d_M	Auslaufdurchmesser des Modells	m
d_{min}	zulässiger Mindestdurchmesser des Austrittsquerschnitts	m
D	Durchmesser	m
D_G	Durchmesser der Großausführung	m
D_M	Durchmesser des Modells	m
D_S	Schachtdurchmesser	m
D_{SG}	Schachtdurchmesser bei Großausführung	m
D_{SM}	Schachtdurchmesser beim Modell	m
$\underline{e}_1, \underline{e}_2, \underline{e}_3$	Basisvektoren des Hauptachsensystems	–
$\underline{e}_x, \underline{e}_y, \underline{e}_z$	Basisvektoren eines kartesischen x, y, z - Koordinatensystems	–
E	Elastizitätsmodul	Nm^{-2}
$E_i (i = 1, 2)$	Elastizitätsmodul des Materials i	Nm^{-2}
Eu	Eulerzahl, definiert durch Gl. (15.8)	–
Eu_{Fl}	Eulerzahl der Fluidisation, definiert durch Gl. (15.9)	–
f	Abplattungsfläche	m^2
f	anteiliger Materialverlust (Kapitel 14)	–
$f\,(r, \theta)$	Funktion in einer der Differentialgleichungen des Spannungsfeldes	–
f_c	Druckfestigkeit	Nm^{-2}
$f_{c\,exp}$	experimentell ermittelte Druckfestigkeit	Nm^{-2}
$f_{c\,min}$	Druckfestigkeit bei kritischem Austrittsquerschnitt	Nm^{-2}
$f_{c\,stat}$	Druckfestigkeit für stationäres Fließen	Nm^{-2}
$f_e\,(\theta)$	das ebene Geschwindigkeitsfeld beschreibende Funktion	$m^2\,s^{-1}$
ff	Fließfaktor, definiert durch Gl. (11.14)	–
ff_{exp}	gemessener Fließfaktor	–
$f_{rot}\,(\theta)$	das rotationssymmetrische Geschwindigkeitsfeld beschreibende Funktion	$m^3\,s^{-1}$
F	Betrag des Kraftvektors $\underline{F}$	N
$\underline{F}$	Kraftvektor	N
$F\,(\theta)$	dimensionslose Spannungsfunktion, definiert durch Gl. (9.2)	–
$F\,(r, \theta)$	dimensionslose Spannungsfunktion, definiert durch Gl. (9.12)	–
F_0	$= F\,(\theta = 0)$	–

F_1, F_2	zwei Feingutfraktionen, vergl. Abb. 6.15	-
F_{el}	elastische Widerstandskraft	N
F_H	Haftkraft pro Partikelkontakt	N
F_{Ka}	Kapillarkraft einer Flüssigkeitsbrücke	N
Fl_1, Fl_2	zwei verschiedene Fließorte, vergl. Abb. 6.3	-
F_M	Kontaktkraftparameter	N
F_p	pro Partikelkontakt übertragene äußere Last	N
F_{pl}	plastische Widerstandskraft	N
F_R	Kontaktkraftparameter	N
F_{Ra}	Randkraft einer Flüssigkeitsbrücke	N
F_{vdW}	van der Waalskraft	N
F_w	Widerstandskraft	N
g	Erdbeschleunigung	ms^{-2}
$\underset{\sim}{g}$	Vektor der Erdbeschleunigung	ms^{-2}
$g\,(r,\,\theta)$	Funktion in einer der Differentialgleichungen des Spannungsfeldes	-
g_1, g_2, g_3	Metrikkoeffizienten	Dimensionen verschieden
G	Grobgut	-
G	Gewicht der Schüttung (Kapitel 15)	N
h	Abplattung	m
dh	differentielles Höhenelement	m
$h\,(r,\,\theta)$	Funktion in einer der Differentialgleichungen des Spannungsfeldes	-
h_0	Strecke, siehe Abb. 14.2	m
h_B	Höhe einer Flüssigkeitsbrücke	m
h_S	Höhe über Konusspitze	m
H	Haftkraft	N
H	Härte des Feststoffes (Kapitel 15)	Nm^{-2}
dH	Kontakthäufigkeit für das Oberflächenelement dS	-
$H\,(n,\,\omega)$	dimensionslose Funktion	-
H_0	Haftkraft im unverfestigten Kontakt	N
H_G	Höhe des Bunkers der Großausführung	m
H_M	Haftkraftparameter	N
H_M	Höhe des Modellbunkers (Kapitel 13)	m
H_p	Haftkraft nach dem Pressen	N
H_R	Haftkraftparameter	N

$j\,(r,\theta)$	Funktion in einer der Differential-gleichungen des Spannungsfeldes	–
$J_1,\ J_2,\ J_3$	skalare Invarianten des Spannungs-tensors, definiert durch Gl. (3.19)	$Nm^{-2},N^2m^{-4},N^3m^{-6}$
k	Koordinationszahl	–
k_{12}	Elastizitätskonstante für zwei Haftpartner	m^2N^{-1}
$k_i\ (i=1,\,2)$	Elastizitätskonstante des Materials i	m^2N^{-1}
K	Gesamtkraft, die von allen geschnittenen Partikeln über-tragen wird	N
K	Kompressibilitätskonstante (Kapitel 14)	–
dK	Beitrag der Partikeln im Abstand ζ zur Gesamtkraft	N
dl	differentielles Längenelement vor der Verformung	m
dl_1	differentielles Längenelement nach der Verformung	m
$dl_1^{\ *}$	differentielles Längenelement nach der Verformung	m
ΔL	Längenelement	m
$m\ (=0,1)$	Faktor zur Unterscheidung zwischen ebenem und rotationssymmetrischem Feld	–
m_F	Masse Feingut	kg
m_G	Masse Grobgut	kg
M	Moment	Nm
n	Anzahl der insgesamt geschnittenen Partikeln	–
n	dimensionslose Koordinate (Kapitel 13)	–
$\underset{\sim}{n}$	Normaleneinheitsvektor	–
$\underset{\sim}{n}^{(3)}$	zur Hauptspannung σ_3 gehörender Normaleneinheitsvektor	–
$n_x,\ n_y,\ n_z$	Komponenten des Normaleneinheits-vektors bei Bezug auf ein kartesisches x, y, z - Koordinaten-system	–
$n_x^{(3)},\ n_y^{(3)},\ n_z^{(3)}$	Komponenten des Normaleneinheits-vektors $\underset{\sim}{n}^{(3)}$ bei Bezug auf ein kar-tesisches x, y, z - Koordinaten-system	–
n_ζ	Anzahl der geschnittenen Partikeln mit Abstand ζ	–

N	Normalkraft	N
N_V	Normalkraft beim Verfestigen	N
O	Koordinatenursprung	–
p	partielle Ableitung, siehe Gl. (7.16)	–
p_0	Vordruck im Walzenspalt	Nm^{-2}
p_f	plastischer Fließdruck	Nm^{-2}
p_k	Kapillardruck	Nm^{-2}
p_{ke}	Eintrittskapillardruck	Nm^{-2}
P	Punkt in einem Kontinuum	–
P_1	verschobener Punkt P	–
P_{el}	elastischer Zustandspunkt, vergl. Abb. 5.1	–
$\Delta P/\Delta L$	Druckgradient	Nm^{-3}
q	partielle Ableitung, siehe Gl. (7.16)	–
Q	Punkt in einem Kontinuum	–
Q_1	verschobener Punkt Q	–
Q_3	Massensummenanteil einer Kornverteilung	–
r	Koordinate	m
r	Partikelradius (Kapitel 4 und 15)	m
$\underset{\sim}{r}$	Fahrstrahl	m
r_0	Koordinatenwert eines Bezugspunktes	m
R	Punkt in einem Kontinuum	–
R	Radius in der Spannungsebene (Kapitel 3)	Nm^{-2}
ΔR	halbe radiale Erstreckung des Bunkers	m
R_1	verschobener Punkt R	–
$R_1,\ R_2$	Radien einer Flüssigkeitsbrücke (Kapitel 6), vergl. Abb. 6.27	m
R_2'	Radius des Eintauchkreises einer Flüssigkeitsbrücke (Kapitel 6), vergl. Abb. 6.27	m
Re	Reynoldszahl	–
R_m	Abstand der Bunkermitte von der Drehachse	m
R_{max}	Größtradius in der Spannungsebene	Nm^{-2}
R_{min}	Kleinstradius in der Spannungsebene	Nm^{-2}
s	Parameter einer charakteristischen Kurve	–
s	Scherweg (Kapitel 10)	m
s	Walzenspalt (Kapitel 14)	m
$\underset{\sim}{s}$	Schnittspannungsvektor	Nm^{-2}
$\underset{\approx}{s}$	Spannungstensor	Nm^{-2}
s^*	Scherweg bei Maximalwert der Schubspannung	m
$\underset{\sim}{s}_1,\ \underset{\sim}{s}_2,\ \underset{\sim}{s}_3$	Schnittspannungsvektoren auf Ebenen x = const, y = const, z = const	Nm^{-2}

s_x, s_y, s_z	Komponenten des Schnittspannungs-vektors bei Bezug auf x, y, z - Koordinatensystem	Nm^{-2}
S	dimensionsloses Spannungsmaß, definiert durch Gl. (7.11)	-
S	Punkt in einem Kontinuum (Kapitel 3 und 8)	-
S	Sättigungsgrad eines Porenraumes (Kapitel 6)	-
dS	Oberflächenelement einer Partikel	m^2
S_1	verschobener Punkt S	-
t	Zeit	s
Δt	Zeitspanne	s
T	Tangentialkraft	N
T_V	Tangentialkraft beim Verfestigen	N
u	Komponente des Geschwindigkeits-vektors $\underset{\sim}{u}$	ms^{-1}
u	Lösungsfunktion einer partiellen Differentialgleichung (Kapitel 7)	-
u	Leerrohrgeschwindigkeit (Kapitel 15)	ms^{-1}
$\underset{\sim}{u}$	Geschwindigkeitsvektor	ms^{-1}
Δu	Komponente des Verschiebungsvektors $\Delta\underset{\sim}{u}$	m
$\Delta\underset{\sim}{u}$	Verschiebungsvektor	m
u_0	Geschwindigkeit im Bezugspunkt r_0	ms^{-1}
u_0	Koordinatenwert auf einer Lösungsfläche (Kapitel 7)	-
u_{mf}	Minimalfluidisationsgeschwindigkeit	ms^{-1}
u_r	Geschwindigkeitskomponente	ms^{-1}
u_θ	Geschwindigkeitskomponente	ms^{-1}
v	Komponente des Geschwindigkeitsvektor $\underset{\sim}{u}$	ms^{-1}
Δv	Komponente des Verschiebungsvektors $\Delta\underset{\sim}{u}$	m
dV	differentielles Volumenelement	m^3
V_m	Volumen im engsten Spaltquerschnitt	m^3
V_T	Volumen einer Tasche	m^3
V_α	Volumenelement in der Position α	m^3
V_θ	Volumenelement im Walzenspalt	m^3
w	Komponente des Geschwindigkeits-vektors $\underset{\sim}{u}$	ms^{-1}
Δw	Komponente des Verschiebungsvektors $\Delta\underset{\sim}{u}$	m
w_f	Sinkgeschwindigkeit der Einzelpartikel	ms^{-1}
W_1	Widerstandskraft pro Partikel	N
$W_{1\,max}$	Maximalwert der Widerstandskraft W_1	N
x	Koordinate	m

x'	Koordinate	m
x_0	Koordinatenwert einer Lösungsfläche	–
x_1	Flüssigkeitsgehalt, definiert durch Gl. (6.29)	–
y	Koordinate	m
y'	Koordinate	m
y_0	Koordinatenwert einer Lösungsfläche	–
y_{max}	maximale Spannweite einer stabilen Gutbrücke	m
z	Koordinate	m
z'	Koordinate	m
z^*	zur z – Achse parallele Zentralachse, vergl. Abb. 3.3	m
Z	Schleuderziffer	–
Z	Anzahl der Taschen (Kapitel 14)	–
Z_0	charakteristische Haftdistanz	m
Z_c	Schleuderziffer bei Verfestigung	–
Z_f	Schleuderziffer bei Fließbeginn	–
α	Koordinate	–
α	Greifwinkel (Kapitel 14)	–
α^*	Sektor des Fliehkraftfeldes	–
α_0	Winkel, definiert durch Gl. (13.15)	–
$\alpha_1,\ \alpha_2,\ \alpha_3$	beliebige orthogonale Koordinaten	Dimensionen verschieden
β	Winkel einer Flüssigkeitsbrücke, vergl. Abb. 6.27	–
γ	Oberflächenspannung einer Flüssigkeit	Nm^{-1}
δ	effektiver Reibungswinkel	–
δ	geometrisches Mittel der Durchmesser der Haftpartner (Kapitel 5)	m
$\delta_1,\ \delta_2$	Durchmesser zweier Haftpartner	m
Δ	Koeffizientendeterminante	$N^3 m^{-6}$
ε	Hohlraumvolumenanteil (Porosität)	–
$\dot{\varepsilon}_{ij}\ (i,j=1,2,3)$	Elemente des Tensors der Deformationsgeschwindigkeiten	s^{-1}
ε_F	Hohlraumvolumenanteil des Feingutes	–
$\dot{\underset{\approx}{\varepsilon}}_{ij}$	Tensor der Deformationsgeschwindigkeiten	s^{-1}
$\Delta\underset{\approx}{\varepsilon}_{ij}$	Verzerrungstensor	–
$\Delta\varepsilon_{xx},\Delta\varepsilon_{yy},\Delta\varepsilon_{zz},$ $\Delta\varepsilon_{xy},\Delta\varepsilon_{xz},\Delta\varepsilon_{yz}$	Elemente des Verzerrungstensors	–

ζ	Abstand, vergl. Abb. 4.2	m
ζ	dimensionslose Koordinate (Kapitel 13)	–
η	Viskosität	$Nm^{-2}s$
η	dimensionslose Spannungsfunktion (Kapitel 14), definiert durch Gl. (14.7)	–
θ	Koordinate	–
θ	Randwinkel einer Flüssigkeitsbrücke (Kapitel 6)	–
θ_h	Winkel, vergl. Abb. 14.2	–
θ_w	Wandwinkel	–
$\varkappa$	Anstiegsmaß, definiert durch Gl. (5.6)	–
λ	relative Abstandsänderung	–
λ_p	Druckverhältnis, definiert durch Gl. (2.2)	–
λ_x, λ_y, λ_z	relative Abstandsänderungen in den Richtungen x, y, z	–
μ	Reibwert	–
μ	Winkel (Kapitel 14)	–
ν	kinematische Zähigkeit (Kapitel 15)	m^2s^{-1}
ν	Winkel (Kapitel 14), vergl. Abb. 14.4	–
ν_i (i = 1, 2)	Poissonzahl des Materials i	–
ξ	Winkel, definiert durch Gl. (6.12)	–
ξ	dimensionslose Spannungsfunktion (Kapitel 14), definiert durch Gl. (14.7)	–
$\Delta\xi_1$, $\Delta\xi_2$, $\Delta\xi_3$	Koordinateninkremente	verschiedene Dimensionen
ρ	Reibungswinkel	–
ρ_f	Fluiddichte	kgm^{-3}
ρ_l	Flüssigkeitsdichte	kgm^{-3}
ρ_s	Feststoffdichte	kgm^{-3}
ρ_{sch}	Schüttdichte	kgm^{-3}
ρ_{schm}	Schüttdichte im engsten Spaltquerschnitt	kgm^{-3}
$\rho_{sch\alpha}$	Schüttdichte in der Position α	kgm^{-3}
$\rho_{sch\theta}$	Schüttdichte in der Position θ	kgm^{-3}
σ	Normalspannung	Nm^{-2}
σ_0	dreiachsige Zugfestigkeit eines unverfestigten Schüttgutes	Nm^{-2}
σ_1, σ_2, σ_3	Hauptspannungen	Nm^{-2}
$\sigma_{1\,max}$	größte Hauptspannung im engsten Spaltquerschnitt	Nm^{-2}

$\sigma_{1\,min}$	größte Hauptspannung bei kritischem Austrittsquerschnitt	Nm^{-2}
σ_{1w}	größte Hauptspannung an der Wand	Nm^{-2}
σ_f	Fließspannung	Nm^{-2}
σ_h	Horizontalspannung	Nm^{-2}
σ_H	Horizontalkomponente der pro Flächeneinheit von der Wand auf das Schüttgut übertragenen Kraft	Nm^{-2}
σ_{max}	Maximalspannung	Nm^{-2}
σ_M	Mittelpunkt eines Mohrkreises	Nm^{-2}
σ_r	Normalspannung	Nm^{-2}
σ_R	Radius eines Mohrkreises	Nm^{-2}
σ_v	Vertikalspannung	Nm^{-2}
$\sigma_{v\,max}$	maximale Vertikalspannung	Nm^{-2}
σ_V	verfestigende Normalspannung	Nm^{-2}
σ_{VM}	Mittelpunkt des Mohrkreises der Verfestigung	Nm^{-2}
σ_{VR}	Radius des Mohrkreises der Verfestigung	Nm^{-2}
σ_w	Normalspannung an der Wand	Nm^{-2}
σ_x, σ_y, σ_z	Normalspannungen (Elemente des Spannungstensors)	Nm^{-2}
σ_{Z1}	einachsige Zugfestigkeit	Nm^{-2}
σ_{Z3}	dreiachsige Zugfestigkeit	Nm^{-2}
σ_α	Umfangsspannung	Nm^{-2}
σ_α	Spannung in der Position α (Kapitel 14)	Nm^{-2}
σ_θ	Normalspannung	Nm^{-2}
σ_φ	Normalspannung	Nm^{-2}
σ_ψ	Normalspannung	Nm^{-2}
Σ_M	Mittelpunkt des Mohrkreises bei stationärem Fließen	Nm^{-2}
Σ_R	Radius des Mohrkreises bei stationärem Fließen	Nm^{-2}
τ	Schubspannung	Nm^{-2}
$\tau_{r\theta}$	Schubspannung	Nm^{-2}
τ_V	verfestigende Schubspannung	Nm^{-2}
τ_w	Wandschubspannung	Nm^{-2}
τ_{xy}, τ_{yx}, τ_{xz}, τ_{zx}, τ_{yz}, τ_{zy}	Schubspannungen (Elemente des Spannungstensors)	Nm^{-2}
τ_φ	Schubspannung	Nm^{-2}
τ_ψ	Schubspannung	Nm^{-2}

φ	Winkel zwischen vorgegebener Ebene und Hauptspannungsebene	–
φ^*	Winkel zwischen vorgegebener Richtung und der Richtung der größten Hauptdeformationsgeschwindigkeit	–
φ_1, φ_2	Hauptspannungsrichtungen	–
φ_e	stationärer Reibungswinkel, definiert durch Gl. (6.2)	–
φ_F	dimensionslose Kraftfunktion	–
φ_M	dimensionslose Momentfunktion	–
φ_{xy}, φ_{xz}, φ_{yz}	Winkel, vergl. Abb. 3.15	–
Φ	Winkel, der die Orientierung eines Kontaktes festlegt	–
Φ_W	Wandreibungswinkel	–
χ	Winkel	–
ψ	Winkel	–
ψ, ψ'	Winkel im Mohrkreis (Kapitel 13), vergl. Abb. 13.2	–
ω	Winkel, vergl. Abb. 7.4	–
ω^* (n)	Minorante zur Funktion ω (n)	–

18 Literaturverzeichnis

1   Bradley, R.S.: Phil. Mag. **13** (1932) S. 853

2   De Boer, J.H.: Trans. Faraday Soc., **32** (1936) S. 10

3   Hamaker, H.C.: Physica, **4** (1937) S. 1058

4   Derjagin, B.V.: Kolloid Z., **69** (1934) S. 155

5   Morgan, B.B.: The Brit. Coal Util. Res. Assoc., Monthly Bull.,
     25 (1961) S. 125

6   Janssen, M.: Z. Ver. Dt. Ing. **39** (1895) S. 1045

7   Schütz, W. und Schubert, H.: Chem.-Ing.-Techn. **48** (1976) S. 567

8   Mutsers, S.M.P. und Rietema, K.: Powder Technology **18** (1977)
     S. 239

9   Geldart, D.: Powder Technology **6** (1972) S. 201

10   Leipholz, H.: Einführung in die Elastizitätstheorie, G. Braun,
     Karlsruhe 1968

11   Brown, R.L. und Richards, J.C.: Principles of Powder Mechanics,
     Pergamon Press, Oxford 1970

12   Jenike, A.W.: Gravity Flow of Bulk Solids, Bull. of the
     University of Utah Bull. No. 108, 1961

13   Schwedes, J.: Fließverhalten von Schüttgütern in Bunkern,
     Verlag Chemie, Weinheim 1968

14   Debbas, S.: Über die Zufallsstruktur von Packungen aus kugeligen
     und unregelmäßig geformten Körnern, Dissertation Universität
     Karlsruhe 1965

15   Rumpf, H.: Chem.-Ing.-Techn. 30 (1958) S. 144

16   Dahneke, B.: J. Colloid Interface Sci. 40 (1972) S. 1

17   Krupp, H.: Adv. Colloid Interface Sci. 1 (1967) S. 111

18   Hertz, H.: Zur Ableitung der Hertzschen Gleichungen siehe z.B.:
     I. Szabó, Höhere Technische Mechanik, S. 169, Springer, Berlin
     1964

19   Hencky, H.: Z. Angew. Math. Mech. 3 (1923) S. 241

20   Inshlinsky, A.J.: J. Appl. Math. Mech. (USSR), 8 (1944)
     S. 233 (Engl. Übersetzung)

21   Schwedes, J.: Scherverhalten leichtverdichteter, kohäsiver
     Schüttgüter, Dissertation Universität Karlsruhe 1971

22   Smith, W.O., Foote, P.D. und Busang, P.F.: Phys. Rev. 34
     (1929) S. 1271

23   Schönert, K. und Steier, K.: Chem.-Ing.-Techn. 43 (1971) S. 773

24   Kurz, H.P. und Münz, G.: Powder Technology 11 (1975) S. 37

25   Stainforth, P.T., Ashley, R.C. und Morley, J.N.B.: Powder
     Technology 4 (1970) S. 250

26   Schmidt, P.: Aufbereitungstechn. 5 (1964) S. 335

27   Tomas, J.: Freiberger Forschungshefte A 677, 1983

28   Schubert, H.: Untersuchungen zur Ermittlung von Kapillardruck
     und Zugfestigkeit von feuchten Haufwerken aus körnigen Stoffen,
     Dissertation Universität Karlsruhe 1972

29   Schubert, H.:Chemie-Ing.-Techn. 45 (1973) S. 396

30   Schubert, H.: Kapillarität in porösen Feststoff-Systemen,
      Springer, Berlin 1982

31   Kamke, E.: Differentialgleichungen, Lösungsmethoden und
      Lösungen, Bd. II, Akad. Verlagsges. Geest u. Portig, Leipzig,
      4. Aufl. (1965)

32   Sokolovski, V.V.: Statics of Soil Media, Butterworths Scientific
      Publ., London 1960

33   Johanson, J.R.: J. Appl. Mech. **31**, Trans. ASME **86**, Series E,
      1964, S. 499

34   Jenike, A.W. und Johanson, J.R.: Stress and Velocity Fields in
      Gravity Flow of Bulk Solids,
      Bull. of the University of Utah, Bull. No. 116, 1962

35   Jenike, A.W.: Storage and Flow of Solids,
      Bull. of the University of Utah, Bull. No. 123, 1964

36   v. Kármán, Th.: Verhandlungen des zweiten Internationalen Kon-
      gresses für technische Mechanik, Zürich 1927

37   Hourtaux, J.: Compt. Rend., Paris 1959 S. 2489

38   Gerritsen, A.H.: Powder Technology **34** (1983) S. 203

39   Haaker, G. und Rademacher, F.J.C.: Proc. Intern. Sympos. on
      Powder Technology, Kyoto (1981) S. 126

40   Goldscheider, M. und Gudehus, G.: Proc. 8th Int. Conf. Soil
      Mech. Found. Eng., Moskau (1973) S. 143

41   Walker, D.M.: Chem. Engng. Sci. **21** (1966) S. 975

42   Molerus, O. und Schöneborn, P.R.: Chem.-Ing.-Techn. **43** (1971)
      S. 741

43   Enstadt, G.: A Novel Theory on the Arching and Doming in Mass
      Flow Hoppers, Thesis Bergen 1981

44   Wright, H.: Iron and Steel **46** (1973) S. 252

45   Enstadt, G.: Chem. Engng. Sci. **30** (1975) S. 1273

46   Buick, K.: Chem.-Ing.-Techn. **48** (1976) S. 261

47   Egerer, B.: Kritische Auslaufdurchmesser bei Massenflußbunkern
      für kohäsive Schüttgüter, Dissertation Universität Erlangen-
      Nürnberg 1982

48   Egerer, B. und Molerus, O.: Chem.-Ing.-Techn. **55** (1983) S. 482

49   Egerer, B.: Aufbereit. Tech. **24** (1983) S. 155

50   Pokrovsky, G.I. und Federov, I.S.: Studies of Soil Pressures
      and Soil Deformations by Means of a Centrifuge,
      Proc. 1st Int. Conf. Soil Mech. **1** (1936) S. 70

51   Roscoe, K.H.: Géotechnique **20** (1970) S. 129

52   Molerus, O. und Schöneborn, P.R.: Verfahrenstechn. **11** (1977)
      S. 232

53   Molerus, O. und Schöneborn, P.R.: Powder Technology **16**
      (1977) S. 265

54   Cutress, J.O. und Pulfer, R.F.: Powder Technology **1**
      (1967) S. 213

55   Jenike, A.W. und Yen, B.C.: Proc. of the 5th Symp. on Rock
      Mech., Univ. of Minn. 1962, Pergamon Press Oxford 1963 S. 689

56   Herrmann, W.: Das Verdichten von Pulvern zwischen zwei Walzen,
      Verlag Chemie 1973

57   Rumpf, H.: Chem.-Ing.-Technik **30** (1958) S. 144 und S. 329

58   Johanson, J.R.: Trans. of ASME **12** (1965) S. 842

59   Johanson, J.R.: Proc. of the 9th Biennial Briquetting Con-
      ference 1965 S. 17

60   Johanson, J.R.: Proc. of the 11th Briquetting Conference
      1969 S. 135

61   DRP 437 970 (1922) F. Winkler

62   Werther, J. und Molerus, O.: Chem. Techn. 5 (1976) S. 129

63   Davidson, J.F. und Harrison, D.: Fluidized Particles,
      Cambridge Univ. Press, Cambridge 1963

64   Geldart, D.: Powder Technology 7 (1973) S. 285

65   Mathur, K.B.: Kapitel 17 Spouted Beds in Fluidization
      (J.F. Davidson and D. Harrison edit.) Academic Press London
      and New York 1971

66   Molerus, O.: Fluid-Feststoff-Strömungen, Springer, Berlin 1982

67   Seville, J.P.K. und Clift, R.: Powder Technology 37
      (1984) S. 117

O. Molerus

Fluid-Feststoff-Strömungen

Strömungsverhalten feststoffbeladener Fluide und kohäsiver Schüttgüter

1982. 112 Abbildungen. XI, 262 Seiten
Broschiert DM 98,-. ISBN 3-540-11321-5

Inhaltsübersicht: Widerstandsverhalten der Einzelkugel. – Kohärente Darstellung des Druckverlustverhaltens von Festbetten und des Ausdehnungsverhaltens homogener (Flüssigkeits-/Feststoff-)Wirbelschichten. – Beschreibung feststoffbeladener Strömungen bei technologischen Aufgabenstellungen mittels geeigneter Kennzahlenkombinationen. – Gas/Feststoff-Wirbelschichten. – Druckverlust bei der hydraulischen Förderung. – Vorausberechnung des Druckverlustes bei stationären Förderzuständen der pneumatischen Förderung. – Theorie der Fließeigenschaften kohäsiver Schüttgüter. – Anhang. – Sachverzeichnis.

Thema des Buches sind Fluid Feststoff-Strömungen, bei denen Partikelkollektive durch Strömungskräfte und/oder Kontaktkräfte zwischen den Partikeln in Bewegung versetzt werden.
Es werden von der Physik der Vorgänge her begründete Auslegungsdaten für die Festbettdurchströmung, für Flüssigkeits-Feststoff- und Gas-Feststoff-Wirbelschichten, für die hydraulische und die pneumatische Förderung sowie für die Beschreibung des Fließverhaltens kohäsiver Schüttgüter hergeleitet. Ausgehend von den jeweils wesentlichen Grundgleichungen werden Gleichungen oder Zustandsdiagramme zur Beschreibung des Systemverhaltens entwickelt. Alle theoretischen Vorhersagen werden durch Vergleich mit Messungen überprüft und der Theorie nicht zugängliche Parameter oder Zusammenhänge durch Auswertung von Messungen eindeutig bestimmt.

Springer-Verlag
Berlin
Heidelberg
New York
Tokyo